非局部反应扩散方程

韩帮胜 杨 晗 著

科学出版社

北 京

内 容 简 介

本书以反应扩散方程的基本理论为基础,以生物、物理和化学等自然学科为背景,将几类主要的微分方程、积分方程作为研究对象,介绍非局部反应扩散方程的基本理论、基本方法以及一些常见的应用. 内容包括非局部反应扩散方程的行波解、对应柯西问题解的适定性以及斑图动力学理论; 主要用到的方法有 Leray-Schauder 度理论、稳定性分析、单调迭代方法、常数变易法、上下解方法、多尺度分析、Turing 分支理论、数值模拟等. 本书所介绍的内容简明扼要, 深入浅出, 并尽量反映该内容的思想本质, 从多个角度阐述了非局部反应扩散方程的核心内容. 书中彩图可扫封底二维码查看.

本书可作为高等院校数学系各专业的研究生参考书、基础数学专业的本科生选修参考书, 亦可供基础数学、计算数学、应用数学以及生物数学等方面的科研人员参考.

图书在版编目(CIP)数据

非局部反应扩散方程/韩帮胜, 杨晗著. —北京: 科学出版社, 2023.5
ISBN 978-7-03-074856-0

I. ①非⋯　Ⅱ. ①韩⋯ ②杨⋯　Ⅲ. ①扩散方程-研究　Ⅳ. ①O175.26

中国国家版本馆 CIP 数据核字(2023)第 027657 号

责任编辑: 王丽平 李 萍 孙翠勤 / 责任校对: 彭珍珍
责任印制: 吴兆东 / 封面设计: 无极书装

科学出版社 出版
北京东黄城根北街 16 号
邮政编码: 100717
http://www.sciencep.com
北京科印技术咨询服务有限公司数码印刷分部印刷
科学出版社发行　各地新华书店经销
*
2023 年 5 月第 一 版　开本: 720 × 1000　1/16
2024 年 1 月第二次印刷　印张: 15 1/4
字数: 280 000
定价: 88.00 元
(如有印装质量问题, 我社负责调换)

前　　言

非局部反应扩散方程作为一类特殊的抛物方程, 与物理、化学、生物等自然学科和工程技术中的很多领域都有着广泛的联系, 研究其空间动力学可以很好地阐明许多问题的本质与内涵, 抓住了这些东西, 可以更好地帮助我们了解物理、化学和生物等科学, 进而深入理解很多自然现象.

本书从最基本的几个非局部反应扩散模型开始入手, 不仅介绍处理不同反应项的技巧和方法, 而且着重通过对不同模型的研究来突出非局部效应的影响. 本书作为一本入门性质的书, 不可能做得太广泛、太全面, 而涵盖所有的相关研究课题. 我们的思想是, 通过比较系统地介绍非局部反应扩散方程的行波解, 对应柯西问题解的适定性和分支与斑图, 读者可以触类旁通, 在接触其他领域中的非局部问题时, 能从本书中得到一些提示, 那么我们的目的就达到了.

本书共分为 9 章. 第 1 章从经典的反应扩散方程入手, 着重介绍非局部反应扩散方程的行波解以及分支和斑图的发展历程与研究现状; 第 2 章主要讨论 Allee 效应和非局部效应合在一起对行波解的影响, 通过应用 Leray-Schauder 度理论、各种分析估计和数值模拟给出了行波解的存在性以及一个大致的轮廓; 第 3 章主要考虑聚集项对非局部反应扩散方程的影响, 除了给出一般情况下行波解的存在性, 我们还给出了单调行波解的存在性结果; 第 4 章主要将突变引入到模型中来, 讨论具有非局部效应的反应-扩散-突变模型的柯西问题解的存在性、唯一性和全局稳定性; 第 5—9 章开始讨论非局部效应对反应扩散系统的影响, 具体地在第 5 章我们研究一个捕食-食饵模型的初值问题, 通过建立新的比较原理给出解的存在性、唯一性以及一些其他解的性质; 第 6 章研究非局部 Lotka-Volterra 竞争系统的行波解, 首先通过两点边值问题和 Schauder 不动点定理给出行波解的存在性, 进一步给出一种具体的快波和波随非局部性强弱的变化、波的轮廓的变化; 第 7 章讨论非局部 Lotka-Volterra 竞争系统的分支和斑图, 通过分支讨论给出可能出现 Turing 分支的区域, 并结合多尺度分析和数值模拟给出相应系统的斑图动力学; 第 8 章在上一章的基础上讨论相应系统的柯西问题, 给出了解的存在性、唯一性、一致有界性以及解的渐近行为; 第 9 章考虑非局部效应对 Belousov-Zhabotinski 反应扩散系统的影响, 讨论相应模型的行波解以及对应柯西问题解的适定性.

在本书的撰写过程中, 作者的研究生为书稿的校对和修改做了很多工作. 常梦雪整理校对了第 9 章, 谌良斌和吴鸿杰校正了本书的格式, 孔德玉、张妍和米少月也对部分内容提出了修改建议.

　　本书的出版得到了国家自然科学基金 (项目编号: 11801470、12161052、U22A20231) 和西南交通大学研究生教材 (专著) 经费建设项目 (项目编号: YJSJYJS202109-0001) 的专项资助, 在此一并致谢!

　　由于作者水平有限, 书中若有不妥之处, 真诚地希望读者批评指正.

作　者
2023 年 4 月

目　　录

第 1 章　绪　　论

1.1　反应扩散方程的行波解

抛物型方程是非线性科学研究的重要内容之一. 而反应扩散方程作为一类特殊的抛物方程, 因为其行波解 (一类特殊的形式不变解) 可以描述物理、化学、生态学中的很多自然现象, 如物理学中的晶体状态转化[20]、化学反应 (Belousov-Zhabotinski 反应) 中的物质浓度变化[166] 以及生态学中的种群增长[5, 8, 12, 16]、传染病传播[129] 等, 受到越来越多数学家、生态学家、物理学家以及化学家的关注, 参见 Volpert 等的专著 [175] 和叶其孝等的专著 [198]. 关于反应扩散方程行波解的研究最早可以追溯到 1937 年, Fisher[47] 在研究生物基因的空间传播时考虑了如下 Fisher 方程

$$\frac{\partial u(x,t)}{\partial t} = d\frac{\partial^2 u}{\partial x^2}(x,t) + ru(x,t)(1 - au(x,t)), \tag{1.1}$$

其中 $x \in \mathbb{R}$, $t > 0$, $u \in \mathbb{R}$, d, r, a 均为正参数. 几乎同时 Kolmogorov 等[101] 研究了更一般的反应扩散方程

$$\frac{\partial u(x,t)}{\partial t} = d\frac{\partial^2 u}{\partial x^2}(x,t) + f(u(x,t)), \quad t > 0, \quad x \in \mathbb{R} \tag{1.2}$$

的行波解. 由于方程 (1.1) (或 (1.2)) 的形如 $u(x,t) = \phi(x - ct)$ 的行波解 (这里 $c > 0$ 表示波的传播速度, ϕ 表示波形) 形式简单, 研究方便且应用广泛, 很快便得到了快速发展 (参见 [11, 46, 129, 175, 176, 177, 191, 198, 209]), 成为偏微分方程动力学研究的一个重要领域. 而在行波解的研究中, 存在性问题是最基本也是最首要的问题. 关于经典反应扩散方程行波解存在性的研究方法很多, 如相平面分析法 [198]、打靶法[40, 46] 以及单调迭代方法[39] 等都是非常有效的方法, 且结果相对也比较完善.

然而正如 Weinberger 等在文章 [180] 中所说, 现实生活中事物并不是孤立存在的, 而是相互之间有联系的, 是一个有机的整体, 从而考虑反应扩散系统的动力学行为 (包括行波解) 是非常必要的. Lotka-Volterra 系统作为一个典型的生态模型, 是由 Lotka[102] 和 Volterra[173] (分别在研究化学反应和解释 Fiume 港鱼群变

化规律时) 提出的, 其模型的一般形式为

$$\begin{cases} \dfrac{du}{dt} = r_1 u(1 - b_1 u - a_1 v), \\ \dfrac{dv}{dt} = r_2 v(1 - b_2 v - a_2 u), \end{cases} \tag{1.3}$$

其中 $x \in \mathbb{R}$, $t > 0$. 近年来, 研究者还发现 Lotka-Volterra 模型不仅可以描述生态系统中的很多现象, 也可以用在其他社会科学和自然科学领域中. 例如, 它是物理学中著名的 KdV 方程的离散化[13]; 另外, 像经济学、生物学、化学中的很多用常微分方程建立的模型都可以转化为 Lotka-Volterra 系统. 关于系统 (1.3) 的研究, Sigmund 及其研究小组做出了重要贡献并以此为主题在 1998 年 ICM 上做了一小时报告 [157], 另外, 关于 Lotka-Volterra 系统的相关研究还可以参见 [178] 及其参考文献. 然而模型 (1.3) 忽略了种群个体的迁徙和走动, 忽略了所处环境中个体分布的不均匀等, 也就是说, 一个生态系统中的个体除了在时间方向的演化外, 还需要考虑空间方向的变化. 因此考虑时空综合效应的数学模型 (例如偏微分方程组) 将更加符合实际. 特别地, 将扩散引入模型 (1.3) 中可得如下模型

$$\begin{cases} \dfrac{du}{dt} = d_1 u_{xx} + r_1 u(1 - b_1 u - a_1 v), \\ \dfrac{dv}{dt} = d_2 v_{xx} + r_2 v(1 - b_2 v - a_2 u). \end{cases} \tag{1.4}$$

系统 (1.4) 总是有三个平衡点 $(0,0)$, $\left(\dfrac{1}{b_1}, 0\right)$, $\left(0, \dfrac{1}{b_2}\right)$, 并且当 $(a_1-b_2)(a_2-b_1) > 0$ 时, 系统 (1.4) 存在第四个平衡点

$$(u^*, v^*) = \left(\frac{a_1 - b_2}{a_1 a_2 - b_1 b_2}, \frac{a_2 - b_1}{a_1 a_2 - b_1 b_2} \right).$$

通过相平面分析法, 对系统 (1.3) 或 (1.4) 的解有如下分类 (参见 [72])

(i) 如果 $a_1 > b_2$ 且 $a_2 < b_1$, 则当 $t \to \infty$ 时 $(u,v) \to \left(0, \dfrac{1}{b_2}\right)$;

(ii) 如果 $a_1 < b_2$ 且 $a_2 > b_1$, 则当 $t \to \infty$ 时 $(u,v) \to \left(\dfrac{1}{b_1}, 0\right)$;

(iii) 如果 $a_1 > b_2$ 且 $a_2 > b_1$, 则当 $t \to \infty$ 时 (u,v) 依赖于初值收敛于 $\left(0, \dfrac{1}{b_2}\right)$, $\left(\dfrac{1}{b_1}, 0\right)$ 或者 (u^*, v^*) 中的其中一个;

(iv) 如果 $a_1 < b_2$ 且 $a_2 < b_1$, 则当 $t \to \infty$ 时 $(u,v) \to (u^*, v^*)$.

对于情形 (iii), 存在一条不变的分界线使得如果初值在这条分界线之上, 则当 $t \to \infty$ 时, 解 (u,v) 收敛到平衡点 (u^*,v^*), 此时 (u^*,v^*) 是不稳定平衡点, 而平衡点 $\left(\dfrac{1}{b_1},0\right)$, $\left(0,\dfrac{1}{b_2}\right)$ 都是稳定的, 因此这种情形也称为双稳的. 对于情形 (i) 和 (ii), 系统 (1.4) 只有一个平衡点是稳定的, 因此称这两种情形为单稳的. 而情形 (iv) 则描述了两种群共存的现象.

近年来, 关于系统 (1.4) 行波解的研究很多, 对于双稳的情形, Kan-on 在文章 [99] 和 [97] 中分别研究了稳态解的不稳定性和驻波的存在性. Gardner[56] 采用度理论的方法证明了行波解的存在性. 关于行波解的存在性还可以参见 Conley 和 Gardner 的文章 [33], 他们采用的方法是 Morse 指标. 此外, Kan-on 还在文章 [96] 中说明了双稳情形下的波速是唯一的. 而关于双稳行波解稳定性的研究还可以参见 [56, 100].

关于单稳的情形, Hosono[76] 采用奇异摄动的方法给出了小扩散情形下行波解的存在性. Okubo 等在文章 [140] 中证明了存在一个 c^*, 当 $c > c^*$ 时, 系统 (1.4) 存在连接两个半平衡点 $\left(\dfrac{1}{b_1},0\right)$ 和 $\left(0,\dfrac{1}{b_2}\right)$ 的行波解, 而当 $c < c^*$ 时不存在这样的行波解. 紧接着, Kan-on[98] 证明了当且仅当 $c \geqslant c^*$ 时, 系统 (1.4) 存在连接两个半平衡点的单调行波解, 而关于最小波速的研究可以参见 [64, 77, 79, 107].

对于两种群共存的情形, 也就是情形 (iv), Tang 和 Fife 在文章 [168] 中证明了存在一个 $c_0 > 0$, 当 $c \geqslant c_0$ 时系统 (1.4) 存在连接 $(0,0)$ 到 (u^*,v^*) 的行波解, 而当 $c < c_0$ 时不存在这样的行波解. 随后, van Vuuren 在文章 [174] 中进一步将上述结果推广到多种群耦合的反应扩散系统上并得到了类似的结论.

1.2 非局部反应扩散方程的行波解

正如上一节所说, 经典的反应扩散方程可以解释现实生活中的很多问题, 然而在建立模型时忽略了时间滞后效应以及个体的空间移动能力. 事实上, 它们是普遍存在且非常重要的, 例如, 生物个体在空间的传播是需要时间的 (有研究表明当一个人受到外界刺激时, 信号在他的神经系统中的传播速度为 100 米/秒), 当前时刻的气候情况跟此前气候的状态是息息相关的, 资源的再生、动 (植) 物的生长等都是需要一定时间的, 处于潜伏期的病人不仅具有传染性还有空间移动能力. 这些都是经典反应扩散方程反映不了的, 因此, 研究者就将时滞或非局部时滞引入数学模型中来. 从理论上来看, 考虑这些因素之后建立的模型将更加符合实际; 而从建模的角度来看, 引入时滞和非局部时滞是模型精确化的一个非常有效且重要的途径.

1.2.1   单个方程的行波解

将时滞引入数学模型中便产生了时滞反应扩散方程. Schaaf[156] 最早研究了这一类方程的行波解, 考虑了模型

$$\partial_t u(x,t) - \partial_x^2 u(x,t) = f(u(x,t), u(x,t-\tau)), \quad \tau \in \mathbb{R}^+, \tag{1.5}$$

其中 τ 表示时滞, 且 f 满足

$$f(0,0) = f(1,1) = 0,$$

并且通过应用最大值原理、上下解方法、相平面分析以及扰动理论, 证明了方程 (1.5) 行波解的存在性和稳定性. 进一步, Smith 和 Zhao[163] 借助于 Liapunov 稳定性等方法给出了方程 (1.5) 行波解的唯一性和全局渐近稳定性. 需要指出的是, Schaaf 的方法只能应用到非线性项是 Hodgkin-Huxley 类型或满足拟单调的时滞反应扩散方程, 例如, 模型

$$\frac{\partial u(x,t)}{\partial t} = d\Delta u(x,t) + ru(x,t-\tau)(1-u(x,t)). \tag{1.6}$$

Wu 和 Zou[191] 进一步考虑了非线性项不满足拟单调条件时时滞反应扩散方程行波解的存在性, 并将结果应用到模型

$$\frac{\partial u(x,t)}{\partial t} = d\Delta u(x,t) + ru(x,t)(1-u(x,t-\tau)). \tag{1.7}$$

更多关于时滞反应扩散方程 (1.6) 或 (1.7) 以及其他类似方程的研究参见 [105, 134, 144, 171, 190, 210, 214]. 另外, 这一类方程抽象之后就是偏泛函微分方程, 由于这类方程的研究比较困难, 所以来自动力系统、微分方程 (包括常微分方程、偏微分方程和泛函微分方程)、半群理论中的许多概念、方法和结果都被引入这一类方程的研究中, 具体参见 Wu 的专著 [177].

引入时滞之后, 很大程度上使模型更加符合实际, 更加精确, 但是对于某些问题, 时滞反应扩散方程还是描述不清楚. 例如考虑生物种群时, 种群个体在空间中是走动的, 其位置随着时间的不同而不同. Britton[14, 16] 首先考虑了这个问题, 他在研究种群动力学时指出当前种群的变化受到一个作用在全空间历史上的卷积影响 (也就是说, 当前的种群个体是过去各个可能的位置来到当前位置的, 时滞项不仅需要考虑时间的滞后, 也必须考虑空间的加权平均作用, 具体地, 这个加权作用是通过一个加权函数, 而这个加权函数是在假设个体是随机走动的条件下利用概

率分析得到的, 通常称这个加权函数为非局部时滞), 并建立了如下的单种群模型

$$\frac{\partial u}{\partial t}(x,t) = \Delta u(x,t) + u(x,t)\left(1 + \alpha u(x,t) - (1+\alpha)(g*u)(x,t)\right), \quad x \in \Omega, \quad t > 0,$$
(1.8)

其中 $\alpha \geqslant 0$ 为常数且

$$(g*u)(x,t) = \int_{-\infty}^{t} \int_{\Omega} g(x-y, t-s)u(y,s)dyds.$$

另外, 在方程 (1.8) 中 αu 项表示个体 (局部) 聚在一起的优势; $-(1+\alpha)(g*u)$ 项表示因为资源消耗而导致整体种群密度过高的劣势. 通过应用分支讨论的办法, 他们指出方程 (1.8) 中的一致稳态 $u = 1$ 可以分支出周期稳态、驻波和周期行波解. 紧接着, Gourley[58] 考虑了 $\alpha = 0$ 的情形, 也就是考虑了方程

$$\frac{\partial u}{\partial t}(x,t) = \frac{\partial^2 u}{\partial x^2}(x,t) + \mu u(x,t)(1 - \phi * u), \quad x \in \mathbb{R}, \quad t > 0,$$
(1.9)

其中 $\mu > 0$ 是一个常数且

$$(\phi * u)(x,t) := \int_{\mathbb{R}} \phi(x-y)u(y,t)dy, \quad x \in \mathbb{R}.$$

另外, 核函数 $\phi(x)$ 是一个有界函数且满足

$$\phi(x) \geqslant 0, \quad \phi(0) > 0, \quad \int_{\mathbb{R}} \phi(x)dx = 1.$$

用扰动的办法证得当非局部充分弱 (非局部作用区间充分小) 时, 方程 (1.9) 存在连接平衡点 0 到 1 的行波解, 而当非局部充分强时行波会失去单调性而出现 "波峰". Al-Omari 和 Gourley 在文章 [10] 中采用同样的方法考虑了一个具有年龄结构的非局部反应扩散方程并得到了类似的结论. Ashwin 等在 [3] 中用几何奇异摄动的办法证得时滞充分小 (或者非局部充分弱) 时方程的行波解是持久的, 并指出其性质与经典的 Fisher-KPP 方程类似, 而当时滞充分大 (或非局部充分强) 时行波会失去单调性而出现振荡. Liang 和 Wu 在 [124] 中考虑了拟单调的情形, 并采用单调迭代的技术证明了行波解的存在性. 类似的结果还可以参见 Wang 等的文章 [184] (他们所采用的方法是单调迭代和非标准序关系). Genieys 等在 [71] 中发现非局部时滞可以导致方程的正平衡点失去稳定性并通过数值模拟得到了各种类型的行波解. Ai 在 [1] 中考虑了一个一般方程 (具有非局部时滞和一个小的参数), 首先证得参数充分小时波是持久的, 进一步取特殊的核函数, 通过几何奇异摄动的

方法证明了行波解以及最小波速的存在性. 以上考虑的都是单稳的情形, 更多单稳情形下非局部时滞反应扩散方程的研究参见 [60, 121, 126, 142, 148, 181, 186]. 关于双稳的情形, Apreutesei[7] 通过研究算子的正则性以及 Fredholm 性质证明了非局部充分弱时行波解的存在性, 更多结果可以参见 [2, 8, 42, 185, 187].

　　近年来, 关于非局部反应扩散方程行波解的研究有了很大进展. 在不要求非局部充分弱的情形下, Berestycki 等[28] 采用 Leray-Schauder 度理论证明了当 $c \geqslant c^* = 2\sqrt{\mu}$ 时, 方程 (1.9) 存在连接平衡点 0 到未知正稳态的行波解, 而当 $c < c^*$ 时不存在这样的行波解. 紧接着 Nadin 等在文章 [137] 中用数值模拟的办法说明了这个未知的正稳态恰好就是方程 (1.9) 的解 $u = 1$. Fang 和 Zhao 进一步在文章 [55] 中给出了方程 (1.9) 存在连接平衡点 0 到 1 的单调行波解的充分必要条件. 最近, Alfaro 和 Coville 在文章 [4] 中严格地证明了当波速 c 充分大时, 方程 (1.9) 存在连接 0 到 1 的行波解. Hamel 和 Ryzhik 在文章 [84] 中证明了方程 (1.9) 存在周期稳态且柯西 (Cauchy) 问题的解是一致有界的, 另外, 当初值具有紧支集时, 传播速度也有上下界. Faye 和 Holzer 在文章 [51] 中采用中心流形的办法证明了方程 (1.9) 存在如下形式的调制波

$$u(t,x) = U(x - ct, x), \quad \lim_{\xi \to -\infty} U(\xi, x) = 1 + P(x), \quad \lim_{\xi \to +\infty} U(\xi, x) = 1,$$

其中 $P(x)$ 是方程

$$0 = v_{xx} - \mu v - \mu v(\phi * v), \quad x \in \mathbb{R}$$

的稳态周期解. 此外, 这一模型也可以通过数值模拟的办法来研究, 参见 [3, 8, 12, 58, 60, 67, 71], 并且数值模拟比理论研究展现了更多解的行为. 更多关于方程 (1.9) 或者其他类似非局部反应扩散方程行波解的研究参见 [1, 5, 6, 41, 42, 58, 61, 136, 142, 181, 182, 184, 185] 及其参考文献.

　　然而模型 (1.9) 反映不出群体聚集的优势, 也反映不出 Allee 效应对种群的影响. Song 等在文章 [160] 中曾考虑过 Allee 效应对种群的影响, 并提出了如下模型

$$\frac{\partial u}{\partial t} = \frac{\partial^2 u}{\partial x^2} + ru(x,t)\left[1 - a_1(f*u)(x,t) - a_2(f*u)^2(x,t)\right], \quad (x,t) \in \mathbb{R} \times [0,\infty),$$

$$(1.10)$$

其中 $f \in L^1(\mathbb{R} \times [0,\infty), \mathbb{R}^+)$, $\int_0^\infty \int_{-\infty}^\infty f(y,s)dyds = 1$ 且

$$(f*u)(x,t) = \int_{-\infty}^t \int_{-\infty}^\infty f(x-y, t-s)u(y,s)dyds.$$

但他们仅考虑了两类特殊的核函数 $f(x,t) = \frac{1}{\tau^2}e^{-\frac{t}{\tau}}\delta(x)$ (其中 $\delta(x)$ 是 Dirac 函

数) 和 $f(x,t) = \frac{1}{\sqrt{4\pi t}} e^{-\frac{x^2}{4t}} \frac{1}{\tau} e^{-\frac{t}{\tau}}$, 且考虑的都是 τ 充分小时的情形 (也就是非局部充分弱的情形). 对于一般的情形 (一般的核函数且对非局部性没有要求), 他们的方法不再适用, 可以预测的是对于一般的情形, 由于缺乏拟单调性和比较原理, 方程 (1.10) 的行波解肯定会更加复杂且出现有趣的现象. 而关于聚集效应, Gourley 等在文章 [60] 以及 Billingham 在文章 [12] 中都曾提及过, 他们考虑了如下的模型

$$\frac{\partial u}{\partial t} = \frac{\partial^2 u}{\partial x^2} + u\left\{1 + \alpha u - \beta u^2 - (1 + \alpha - \beta)(\phi * u)\right\}, \quad (t,x) \in (0,\infty) \times \mathbb{R},$$
$$(1.11)$$

其中 α 和 β 都是正常数且满足 $0 < \beta < 1 + \alpha$. 但同样地, 他们仅仅考虑了非局部充分弱[60] 或者非常强的情形[12]. 由于 αu (聚集项) 的引入, 方程 (1.11) 的解不能被其在零平衡点附近的线性化方程所控制, 再加上非局部时滞引起的比较原理不成立, 因此其核函数取一般情形时, 关于方程 (1.11) 行波解的研究还是空白的.

1.2.2 系统的行波解

Zou 和 Wu[213] 最早将时滞引入系统中, 考虑了如下时滞反应扩散系统

$$\frac{\partial u}{\partial t}(x,t) = A\frac{\partial^2 u}{\partial x^2}(x,t) + f(u(x,t), u(x,t-\tau)), \quad t \geqslant 0, \quad x \in \mathbb{R},$$

通过应用单调迭代的方法, 他们证明了行波解的存在性. 进一步, Wu 和 Zou[191] 又考虑了一个更为一般的时滞反应扩散系统并证明了如果反应项满足 QM (拟单调) 条件或 QM^* (指数拟单调) 条件时系统存在连接两个平衡点的行波解. 需要指出的是, 他们的方法不仅可以应用到时滞反应扩散方程 (参见 [122]), 也可以应用到时滞反应扩散系统 (参见 [94, 95]). 紧接着, Ma[128] 应用 Schauder 不动点定理对反应项满足 QM (拟单调) 的情形进行了改进, 降低了对迭代序列单调性的要求, 从而使得上下解更容易构造. Huang 和 Zou[95] 进一步将其应用到反应项满足 QM^* (指数拟单调) 的情形. 然而并不是所有的模型都满足 QM 或者 QM^* 条件 (例如文章 [154, 157] 中的两个例子), 为此, Li 等[119] 研究了如下模型

$$\begin{cases} \dfrac{\partial u_1(x,t)}{\partial t} = d_1\dfrac{\partial^2 u_1(x,t)}{\partial x^2} + f_1(u_1(x,t-\tau_{11}), u_2(x,t-\tau_{12})), \\[3mm] \dfrac{\partial u_2(x,t)}{\partial t} = d_2\dfrac{\partial^2 u_2(x,t)}{\partial x^2} + f_2(u_1(x,t-\tau_{21}), u_2(x,t-\tau_{22})), \end{cases} \quad (1.12)$$

并提出了反应项 f 满足的更为一般的 WQM (弱拟单调) 条件和 WQM^* (指数弱拟单调) 条件, 通过应用 Schauder 不动点定理、交错迭代技术和上下解方法, 他们给出了当反应项 f 满足 WQM 或 WQM^* 条件时, 系统 (1.12) 行波解的存在性结果. 紧接着, Pan[145] 考虑了一个更一般的具有时滞项的 Gilpin-Ayala 型竞争系统, 通过应用交错迭代技术和上下解方法证明了行波解的存在性. Li 等[109] 考虑了系统 (1.12) 反应项 f 满足 PQM 或 PQM^* 时行波解的存在性, 并将其结果应用到具体的 (具有时滞项的) Lotka-Volterra 竞争-合作系统. Fang 和 Wu[54] 考虑了如下模型

$$\begin{cases} u_t - u_{xx} = u(1 - u(t - \tau, x) - a_1 v), \\ v_t - dv_{xx} = rv(1 - v(t - \tau, x) - a_2 u), \end{cases} \tag{1.13}$$

并证得存在一个 $\tau(c)$, 当 $\tau \leqslant \tau(c)$ 时, (1.13) 存在连接 $(0,0)$ 到共存态的单调行波解的充分必要条件是 $c \geqslant c_{\min} := \max\{2, 2\sqrt{dr}\}$. 需要指出, 在文章 [54] 中不要求非线性项满足拟单调等条件. Lin 和 Ruan[120] 考虑了具有分布时滞的 Lotka-Volterra 系统, 通过应用 Schauder 不动点定理, 构造收缩矩形等方法证得了行波解的存在性及其渐近行为. 另外, Gan 等[73], Wang 和 Zhou[192], Yu 和 Yuan[204] 等研究了三种群模型的时滞反应扩散系统行波解的存在性. Huang 等[83], Hsu 等[80, 90], Lin 和 Li[116] 等研究了具有时滞项的格微分系统的行波解. 更多关于时滞反应扩散系统的研究参见 [93, 94, 108, 110, 112, 117, 125, 192, 205] 及其参考文献.

另外, 时滞和扩散会导致非局部时滞的出现, 从而产生非局部时滞模型. 由于这类具有非局部时滞的模型在理论研究和实际应用中都有着非常重要的作用, 从而很快吸引了大量研究者. Gourley 和 Ruan[68] 研究了下述模型

$$\begin{cases} \dfrac{\partial u_1}{\partial t}(x, t) = d_1 \dfrac{\partial^2 u_1}{\partial x^2}(x, t) + r_1 u_1(x, t)[1 - a_1 u_1(x, t) - b_1 (g_1 * u_2)(x, t)], \\ \dfrac{\partial u_2}{\partial t}(x, t) = d_2 \dfrac{\partial^2 u_2}{\partial x^2}(x, t) + r_2 u_2(x, t)[1 - a_2 u_2(x, t) - b_2 (g_2 * u_1)(x, t)], \end{cases} \tag{1.14}$$

其中

$$(g_1 * u_2)(x, t) = \int_{-\infty}^0 \int_{\mathbb{R}} \frac{e^{\frac{s}{\tau_1}}}{\sqrt{-4\pi d_2 s}} e^{\frac{y^2}{4d_2 s}} u_2(x - y, t - s) dy ds,$$

$$(g_2 * u_1)(x, t) = \int_{-\infty}^0 \int_{\mathbb{R}} \frac{e^{\frac{s}{\tau_2}}}{\sqrt{-4\pi d_1 s}} e^{\frac{y^2}{4d_1 s}} u_1(x - y, t - s) dy ds.$$

通过应用线性链技术和几何奇异摄动方法, 他们证明了小时滞情形下, 系统 (1.14) 存在连接两个半平衡点的行波解. 需要指出的是, 系统 (1.14) 所描述的种群个体在空间中移动的历史效应是很显著的. 紧接着, Wang 等[184] 考虑了一个更为一般的非局部时滞反应扩散模型

$$\frac{\partial u}{\partial t}(t,x) = D\frac{\partial^2 u}{\partial x^2}(t,x) + f(u(t,x),\ (g*u)(t,x)), \tag{1.15}$$

其中 $t \geqslant 0, x \in \mathbb{R}, D = \text{diag}(d_1, d_2, \cdots, d_n), d_i > 0, i = 1, 2, \cdots, n,\ n \in \mathbb{N}$; $u(t,x) = (u_1(t,x),\ u_2(t,x), \cdots, u_n(t,x))^{\mathrm{T}}, f \in C(\mathbb{R}^{2n},\ \mathbb{R}^n)$ 且

$$(g*u)(t,x) = \int_{-\infty}^{t}\int_{\mathbb{R}} g(t-s, x-y)u(s,y)dyds.$$

通过应用单调迭代技术以及对相应的行波系统应用非标准序关系, 他们证明了系统 (1.15) 存在行波解. 进一步, Wang 等[182] 将文章 [184] 中的方法应用到非局部 Lotka-Volterra 合作系统, 证得当非局部时滞充分小时, 系统存在连接 (0,0) 到正平衡点的行波解. Lin 和 Li 在文章 [106] 中, 通过引入新的变量, 将系统 (1.14) 化为四维无时滞反应扩散系统, 证得当 $a_1 < b_2$ 且 $a_2 < b_1$ 时, 系统 (1.14) 存在连接 (0,0) 到正平衡点的行波解. 此外, 他们还考虑了系统 (1.14) 对应的初值问题, 证得系统的双稳波是渐近稳定的且传播速度是唯一的. Yang 和 Wang[201] 进一步应用文章 [184] 中建立的单调迭代技术证明了非局部 Lotka-Volterra 竞争系统存在连接半平衡点到共存态的行波解. Wang 和 Lv[183] 通过引入新的变量, 研究了 $d_1 = d_2$ 时系统 (1.14) 整体解的存在性. 更多关于非局部反应扩散系统的研究参见 [3, 75, 106, 118, 123, 125, 203] 及其参考文献.

为了更好地解决实际问题, 研究者们一直在对 Lotka-Volterra 竞争模型进行改进, 从最初的加扩散项 (也就是增加一个 Laplace 项), 到后来的考虑时滞或非局部时滞. 然而受限于技术等原因, 目前研究者在考虑时滞 (或非局部时滞) 时, 大都考虑时滞项 (或非局部时滞项) 出现在种间竞争项 (也就是交叉项), 而当时滞 (或非局部时滞) 项出现在种内竞争项时, 他们的相关研究必须加上某些限制条件, 如前面所介绍的反应项 f 满足 QM 条件或 QM^* 条件或 WQM 条件或 WQM^* 条件, 又或者是要求时滞充分小或者非局部充分弱, 然而现实生活中的问题并没有这些限制条件, 那么当时滞 (或非局部时滞) 项出现在种内竞争且没有限制条件时, 相应系统的行波解是怎样的呢? 关于这方面的研究目前仍然是一个公开问题.

1.3 非局部反应扩散方程的分支和斑图

所谓分支是指依赖于某一参数的系统, 当这一参数在某个特定值附近做充分小的扰动变化时, 系统的某些性质会发生本质变化的现象. 通常我们把这个特定值称为分支点. 近些年来, 分支理论的研究一直受到学者们的广泛关注, 并且取得了很大的发展, 研究内容也越来越深入, 从最初的研究常微分方程中的分支问题到研究泛函微分方程中的分支问题 (参见 [53]). 然而关于反应扩散系统中的分支问题的研究较少, 这是因为引入 Laplace 算子之后, 对特征值的分析带来了不小难度, 另外, 相比较于常微分方程所确定的有限维动力系统, 偏微分方程所确定的动力系统是无穷维的. 但反应扩散系统中的分支问题有着十分重要的研究价值和现实意义. 1952 年, Turing 在他的论文[165] *The chemical basic of morphogenesis* (《生物形态的化学基础》) 中提出了一个惊人的说法——扩散导致不稳定. 他指出在耦合反应扩散系统中当两个扩散系数相差很大时, 常数平衡点的稳定性将发生变化 (由原来的稳定变得不稳定), 并将由这种不稳定性所导致产生的非常数解称为 Turing 模式. 随后, 研究者在物理、化学以及生态学等众多领域中进一步探索了这一现象, 参见 [65, 129].

斑图 (pattern) 是指在空间或时间上具有某种规律性的非均匀宏观结构, 普遍存在于自然界之中. 一般来说, 斑图可以分为两类: 一类是存在于热力学平衡态条件下的斑图; 一类是离开热力学平衡态条件下产生的斑图. 例如, 有机聚合物中自组织形成的斑图和化学中晶体结构都属于第一类斑图, 而水面上的波浪、天上的条状云、动物的花纹都属于第二类. 对于第一类斑图, 由于它的形成可以用统计物理学以及平衡态热力学等原理来解释, 人们对它的形成已经有了比较系统、深入的了解, 而对后一类型, 热力学原理将不再适用, 人们只能试图从动力学角度对其形成的原因和规律进行探索.

正如上面所述, 分支问题和斑图生成问题已成为现代科学中一个非常重要且有实际意义的课题. Busenberg 和 Huang[21] 考虑了一个单种群时滞反应扩散方程, 证得当时滞充分小时正平衡点是稳定的, 而当时滞大于某一临界值时方程的正平衡点就变得不再稳定而在其周围出现 Hopf 分支. Huang[78] 进一步考虑了一个更一般的时滞反应扩散方程在 Dirichlet 边界条件下解的全局动力学行为. Chen 和 Shi[36] 研究了具有 Dirichlet 边界条件的非局部反应扩散方程的正平衡点的稳定性及 Hopf 分支. 更多关于时滞 (或非局部) 反应扩散方程 Hopf 分支的研究参见 [37, 38, 48, 59, 66, 161, 194, 196] 及其参考文献. Yan 和 Zhang[208] 通过应用隐函数定理讨论了时滞 Lotka-Volterra 竞争系统的 Hopf 分支. Chen 等[35] 通过分析特征方程讨论了时滞 Lotka-Volterra 捕食饵系统的 Hopf 分支, 更多关于时滞 Lotka-Volterra 系统分支问题的讨论参见 [74, 130, 197] 及其参考文献. 接下来, 我们主要介绍一下关于斑图生成的问题. 近年来, 越来越多的人开始关注时空斑图的形成, 为了弄清楚它的形成机理, 他们将精力都集中在研究反应扩散方程的动力学行为和分支现象上, 为此他们考虑了很多因素, 包括噪声[127]、时滞[30]、非局部时滞[16, 193, 200, 202, 212] 等. 特别地, 非局部时滞对空间斑图的形成起到了非常重要的作用. Gourley 等[60] 以及 Yang 和 Xu[202] 研究了单种群非局部反应扩散方程的时空斑图. Ruan[150] 研究了如下模型

$$
\begin{cases}
\dfrac{\partial N}{\partial t} = d_1 \dfrac{\partial^2 N}{\partial x^2} + D(N^0 - N(t,x)) - aP(t,x)f(N(t,x)) \\
\qquad + r_1 \displaystyle\int_{-\infty}^{t} F(t-\tau)P(\tau,x)d\tau, \\
\dfrac{\partial P}{\partial t} = d_2 \dfrac{\partial^2 P}{\partial x^2} + P(t,x)\left[-(r+D) + a_1 \displaystyle\int_{-\infty}^{t} G(t-\tau)f(N(\tau,x))d\tau \right],
\end{cases}
\tag{1.16}
$$

并指出非局部时滞效应在模型 (1.16) 的斑图生成过程中起到非常重要的作用, 如果没有非局部时滞, 系统 (1.16) 将会是全局稳定的. Boushaba 和 Ruan[27] 进一步通过局部分支讨论得到, 当 (1.16) 的扩散系统变化时, 系统 (1.16) 会出现 Turing 型空间斑图, 而当时滞变化时会出现时空斑图. Gourley 和 Britton[62] 研究了

$$
\begin{cases}
u_t = D\Delta u + u\left[1 + \alpha u - (1+\alpha)(G**u) \right], \\
v_t = \Delta v + av(u-b),
\end{cases}
\tag{1.17}
$$

其中

$$
(G**u)(x,t) = \int_{\mathbb{R}^n} \int_{-\infty}^{t} G(x-y, t-s)u(y,s)dsdy,
$$

并说明非局部时滞可以导致更复杂的分支现象. 目前关于非局部效应对系统的斑图生成影响的研究很少, Xu 等[193] 考虑了特殊的核函数 $G(x,t) = \dfrac{1}{4\pi t}e^{-\frac{|x|^2}{4t}}\dfrac{1}{\tau}e^{-\frac{t}{\tau}}$, 通过应用偏微分方程中的 Turing 分支理论, 他们研究了时滞 (τ) 和捕食速率 (a) 对模型 (1.17) 斑图生成的影响, 并通过数值模拟给出了模型 (1.17) 的各种不同的时空斑图. 但是他们考虑的仅仅是单个方程具有非局部时滞, 当两个方程的反应项都出现非局部时滞时, 系统的斑图又是怎样的呢? 目前关于这方面的研究仍然是空白的.

第 2 章　具有 Allee 效应的非局部反应
扩散方程的行波解

2.1　背景及发展现状

本章主要研究如下具有 Allee 效应的非局部反应扩散方程

$$\frac{\partial u}{\partial t} = \frac{\partial^2 u}{\partial x^2} + ru\left[1 - a_1(\phi * u) - a_2(\phi * u)^2\right], \quad (x,t) \in \mathbb{R} \times [0,\infty), \qquad (2.1)$$

其中 $r, a_1, a_2 > 0$, 且

$$(\phi * u)(x,t) := \int_{\mathbb{R}} \phi(x-y)u(y,t)dy, \quad x \in \mathbb{R}.$$

另外, 核函数 $\phi(x)$ 是非负函数且满足

$$\phi(x) \geqslant 0, \quad \phi(0) > 0 \quad \text{和} \quad \int_{\mathbb{R}} \phi(x)dx = 1,$$

并且对任意 $\lambda \in \left(0, \sqrt{\dfrac{1}{r}}\right)$, 都有 $\int_{\mathbb{R}} \phi(y)e^{\lambda y}dy < \infty$.

显然方程 (2.1) 有三个平衡点

$$u_- := \frac{-a_1 - \sqrt{a_1^2 + 4a_2}}{2a_2} < 0, \quad u_0 := 0 \quad \text{和} \quad u_+ := \frac{-a_1 + \sqrt{a_1^2 + 4a_2}}{2a_2} > 0.$$

这一类具有非局部反应项的模型出现在很多领域, 如物种进化[8]、生态学[50] 及种群动力学[71] 等. 关于 (2.1) 的研究可以追溯到 Gopalsamy 和 Ladas 的文章 [63] 和 Ruan 的文章 [151]. 他们研究了如下时滞方程

$$\frac{dx}{dt} = x(t)\left[a + bx(t-\tau) - cx^2(t-\tau)\right], \qquad (2.2)$$

其中 a, b, c, τ 是实常数, 且 $a, c > 0$, $\tau \in [0, +\infty)$. 模型 (2.2) 可以描述具有 Allee 效应的单种群增长——也就是在种群密度较低时, 种内互惠起主导作用; 当种群密

度较高时, 种内竞争起主导作用. 在文章中他们证明了, 如果 $\tau u^*(2cu^*-b) \leqslant \dfrac{3}{2}$, 则方程 (2.2) 的所有解都趋于它唯一的正平衡解 $u^* = \dfrac{b+\sqrt{b^2+4ac}}{2c}$. 而当 τ 充分大时, 方程 (2.2) 的解会在 u^* 附近出现振荡.

然而, 模型 (2.2) 忽略了 (现实世界中) 个体在空间中的移动. 为解决这个问题, 受 Britton [16] 的启发, Song 等在文章 [160] 中提出了如下模型

$$\frac{\partial u}{\partial t} = \frac{\partial^2 u}{\partial x^2} + ru(x,t)\left[1 - a_1(f*u)(x,t) - a_2(f*u)^2(x,t)\right], \quad (x,t) \in \mathbb{R} \times [0,\infty),$$
$$(2.3)$$

其中 $f \in L^1(\mathbb{R} \times [0,\infty), \mathbb{R}^+)$, $\displaystyle\int_0^\infty \int_{-\infty}^\infty f(y,s)dyds = 1$ 且

$$(f*u)(x,t) = \int_{-\infty}^t \int_{-\infty}^\infty f(x-y,t-s)u(y,s)dyds.$$

他们考虑了两种具体的核函数 $f(x,t) = \dfrac{1}{\tau^2}e^{-\frac{t}{\tau}}\delta(x)$ 和 $f(x,t) = \dfrac{1}{\sqrt{4\pi t}}e^{-\frac{x^2}{4t}}\dfrac{1}{\tau}e^{-\frac{t}{\tau}}$, 其中 $\delta(x)$ 是 Dirac 函数. 通过应用线性链技术和几何奇异扰动方法[45], 作者证明了当 τ 充分小时, 存在一个波速 $c \geqslant 2\sqrt{r}$ 使得方程 (2.3) 具有连接 0 到 u_+ 的行波解 (而此时的波速恰好为 c). 需要指出的是, 当 (2.3) 中的 $f(x,t) = \phi(x)\delta(t)$ 时, 方程 (2.3) 就变成了我们要考虑的模型 (2.1). 当方程 (2.3) 具有一类核函数时, 文章 [160] 中的方法是失效的. 不过当非局部充分弱的时候 (例如, $\phi(x) = \sqrt{4\pi\rho}e^{-\frac{x^2}{4\rho}}$ 且 $\rho > 0$ 充分小), 可以通过应用 Wang 等在文章 [184] 中的方法得到类似的结果. 然而, 对于一般的核函数, 方程 (2.1) 的行波解的存在性始终是未知的. 另外, 由于方程 (2.1) 不满足拟单调性, 因此方程 (2.1) 的行波解可能会出现很多更加复杂有趣的现象. 最近, 当方程 (2.1) 中的系数 a_1, a_2 满足 $a_1 > 0$, $a_2 = 0$ 时, 关于行波解的研究有了很大的进展, 参见 [1, 3, 4, 5, 6, 8, 28, 51, 55, 58, 60, 84, 136, 137, 142].

本章旨在对于一般的核函数 $\phi(x)$ 研究方程 (2.1) 的行波解. 具体地, 因为方程 (2.1) 不满足比较原理, 我们将用 Leray-Schauder 度理论来证明方程 (2.1) 存在连接 0 到未知正稳态的行波解. 紧接着, 我们证明了当 c 充分大时, 未知的正稳态恰好就是方程的正平衡点 u_+. 最后, 取特殊的核函数, 通过数值模拟我们说明了这个未知的正稳态也可能是周期稳态.

下面给出本章的主要结果.

定理 2.1 对任意 $c \geqslant c^* = 2\sqrt{r}$, 存在行波解 $u(x-ct)$ 满足

$$-u''(x) - cu'(x) = ru(x)\left[1 - a_1(\phi*u)(x) - a_2(\phi*u)^2(x)\right], \quad x \in \mathbb{R}, \quad (2.4)$$

且有如下边界条件

$$\liminf_{x\to-\infty} u(x) > 0 \quad \text{和} \quad \lim_{x\to+\infty} u(x) = 0. \tag{2.5}$$

另外, 当 $c < 2\sqrt{r}$ 时, 不存在这样的行波解.

定理 2.2 令

$$\bar{c} = \max\left\{\sqrt{4r+1},\ 2rn_2K\left(ra_1K^2 + ra_2K^3\right) + r\sqrt{n_2}K\left(2K + \frac{a_1}{a_2}\right)\right\},$$

其中

$$n_2 = \int_{\mathbb{R}} x^2\phi(x)dx, \quad K = \frac{4}{3}u_+ \left(\int_0^{\sqrt{\frac{1}{2r}}} \phi(z)dz\right)^{-1}.$$

则当 $c > \bar{c}$ 时, 定理 2.1 中的行波解还满足 $u(-\infty) = u_+$.

本章的结构如下. 在 2.2 节中, 我们将证明行波解的存在性. 在 2.3 节中, 进一步给出快波存在性的证明. 在 2.4 节中, 为了解更多方程解的性态, 我们取特殊的核函数进行数值模拟, 并对相应的结果给出解释.

2.2 行波解的存在性

本节我们将证明定理 2.1, 也就是行波解的存在性. 具体地, 在 2.2.1 小节中我们将给出各种先验估计, 从而证明有界区域上解的存在性. 在 2.2.2 小节中我们将考虑 $c = 2\sqrt{r}$ 时, 在整个区域 $\mathbb{R}$ 上行波解的存在性, 并给出 $c < 2\sqrt{r}$ 时, 行波解的不存在性. 在 2.2.3 小节中我们将证明当 $c > 2\sqrt{r}$ 时, 方程存在连接 0 到未知正稳态的行波解.

2.2.1 有界区域上解的存在性

这一小节我们将证明对任意的 $a > 0$, $0 \leqslant \tau \leqslant 1$ 和 $\varepsilon \in \left(0, \frac{u_+}{4}\right)$, 存在常数 $c = c_{\tau,\varepsilon}^a$ 和函数 $u = u_{\tau,\varepsilon}^a \in C^2([-a, a], \mathbb{R})$ 满足

$$T_{\tau,\varepsilon}(a): \begin{cases} -u'' - cu' = \tau 1_{\{u\geqslant 0\}} ru\left[1 - a_1(\phi*\overline{u}) - a_2(\phi*\overline{u})^2\right], & x \in (-a, a), \\ u(-a) = u_+, \quad u(0) = \dfrac{\varepsilon}{2}, \quad u(a) = 0, \end{cases}$$

其中

$$\overline{u} = \begin{cases} u_+, & x \in (-\infty, -a), \\ u, & x \in (-a, a), \\ 0, & x \in (a, \infty). \end{cases}$$

这里我们将构造一个从局部问题 $T_{0,\varepsilon}(a)$ 到非局部问题 $T_{1,\varepsilon}(a)$ 的同伦, 进一步借助于 Leray-Schauder 度理论给出问题 $T_{1,\varepsilon}(a)$ 的解.

为了方便, 在不引起混淆的情形下, 我们仍然用 u 来代替 $\bar{u}$. 接下来证明问题 $T_{\tau,\varepsilon}(a)$ 的任意解 (c, u) 都满足 $u \geqslant 0$. 反证, 假设 (c, u) 是 $T_{\tau,\varepsilon}(a)$ 的解且在 x_l 处 u 达到负的最小值, 则 $x_l \in (-a, a)$ 且在 x_l 的邻域内有 $-u'' - cu' = 0$, 由比较原理得 $u \equiv u(x_l)$, 显然这是不可能的, 因此对任意 $T_{\tau,\varepsilon}(a)$ 的解都有 $u \geqslant 0$. 再次应用比较原理即可得

$$u > 0 \text{ 且 } -u'' - cu' = \tau ru \left[1 - a_1(\phi * u) - a_2(\phi * u)^2\right], \quad x \in (-a, a). \quad (2.6)$$

下面我们给出关于 c, u 的各种先验估计, 首先给出 u 的先验估计.

引理 2.1 存在 $M > u_+$ (仅依赖于核函数 ϕ 和常数 r, a_1, a_2) 和 $a_0 > 0$ (仅依赖于常数 r), 使得对任意 $0 \leqslant \tau \leqslant 1$, $a > a_0$ 和 $\varepsilon \in \left(0, \dfrac{u_+}{4}\right)$, 问题 $T_{\tau,\varepsilon}(a)$ 的每一个解 (c, u) 都满足

$$0 \leqslant u(x) \leqslant M, \quad x \in [-a, a].$$

证明 如果 $\tau = 0$, 也就是

$$T_{0,\varepsilon}(a): \begin{cases} -u''(x) - cu'(x) = 0, & x \in (-a, a), \\ u(-a) = u_+, \quad u(0) = \dfrac{\varepsilon}{2}, \quad u(a) = 0. \end{cases}$$

很容易验证 $0 \leqslant u(x) \leqslant u_+ \leqslant M$ 成立. 而当 $0 < \tau \leqslant 1$, 我们假设

$$\widetilde{M} := \max_{x \in [-a, a]} u(x) > u_+,$$

要不然则结论成立. 结合边界条件可知, 存在一个 $x_m \in (-a, a)$ 使得 $u(x_m) = \widetilde{M}$. 又由方程 (2.6) 可知在 x_m 处有

$$1 - a_1(\phi * u)(x_m) - a_2(\phi * u)^2(x_m) \geqslant 0,$$

从而

$$(\phi * u)(x_m) \leqslant u_+.$$

又因为 $u \geqslant 0$, 则对任意的 $x \in (-a, a)$ 有

$$-u'' - cu' = \tau ru \left[1 - a_1(\phi * u) - a_2(\phi * u)^2\right]$$

$$\leqslant ru \leqslant r\widetilde{M}. \quad (2.7)$$

接下来我们首先考虑 $c < 0$ 的情形. 假设 $c < 0$, 对方程 (2.7) 的两边同时乘以 $e^{-|c|x}$ 得

$$\left(u'e^{-|c|x}\right)' \geqslant -r\widetilde{M}e^{-|c|x}, \quad x \in (-a, a).$$

紧接着, 在不等式两边同时从 $x \ (< x_m)$ 到 x_m 积分并结合 $u'(x_m) = 0$ 得

$$u'(x) \leqslant \frac{r\widetilde{M}}{|c|}\left(1 - e^{|c|(x-x_m)}\right), \quad x \in (-a, x_m).$$

又因为 $u(x_m) = \widetilde{M}$, 再次对上式两边从 x 到 x_m 积分得

$$u(x) \geqslant \widetilde{M}\left[1 + \frac{r\widetilde{M}}{|c|}(x - x_m) + \frac{r\widetilde{M}}{|c|^2}\left(1 - e^{|c|(x_m-x)}\right)\right]$$

$$\geqslant \widetilde{M}\left[1 - r(x - x_m)^2 g(|c|(x_m - x))\right],$$

其中 $g(y) := \dfrac{e^{-y} + y - 1}{y^2}$. 显然, 当 $y \geqslant 0$ 时有 $0 \leqslant g(y) \leqslant \dfrac{1}{2}$, 从而

$$u(x) \geqslant \widetilde{M}\left[1 - \frac{r}{2}(x - x_m)^2\right], \quad x \in [-a, x_m]. \tag{2.8}$$

特别地, 因为 $u(-a) = u_+$, 则

$$u_+ \geqslant \widetilde{M}\left[1 - \frac{r}{2}(a + x_m)^2\right]. \tag{2.9}$$

取 $a_0 = \sqrt{\dfrac{1}{2r}}$, 并令

$$x_0 := \sqrt{\frac{1}{2r}},$$

则如果 $x_m \in (-a, -a + x_0)$, 由不等式 (2.9) 得

$$\widetilde{M} \leqslant u_+\left(1 - r\frac{(a + x_m)^2}{2}\right)^{-1}$$

$$\leqslant u_+\left(1 - \frac{r}{2}x_0^2\right)^{-1}$$

$$= \frac{4}{3}u_+.$$

而如果 $x_m \in [-a + x_0, a)$, 由不等式 (2.8) 得

$$u_+ \geqslant (\phi * u)(x_m)$$

$$\geqslant \int_0^{x_0} \phi(z)u(x_m - z)dz$$

$$\geqslant \widetilde{M} \int_0^{x_0} \phi(z)\left(1 - \frac{r}{2}z^2\right)dz.$$

进一步结合 x_0 的定义得

$$\widetilde{M} \leqslant \frac{4u_+}{3}\left(\int_0^{\sqrt{\frac{1}{2r}}} \phi(z)dz\right)^{-1}.$$

取 $M = \frac{4u_+}{3}\left(\int_0^{\sqrt{\frac{1}{2r}}} \phi(z)dz\right)^{-1}$, 则在 $c < 0$ 的情形下, 对任意 $x \in [-a, a]$ 都有 $0 \leqslant u(x) \leqslant M$ 成立.

对于 $c > 0$ 的情形, 可以采用类似的办法, 只不过需要在证明的过程中将积分区域用 $[x_m, a]$ 来代替原来的 $[-a, x_m]$. 而对于 $c = 0$ 的情形, 可以对不等式 $-u'' \leqslant 2M^2$ 在 $[x, x_m]$ 上两次积分, 一样可以得到不等式 (2.8), 剩下的证明过程跟上面的讨论类似, 在此我们不再赘述. $\qquad\square$

接下来, 我们给出 c 的先验估计.

引理 2.2 对任意 $\varepsilon \in \left(0, \frac{u_+}{4}\right)$, 存在一个 $a_0(\varepsilon) > 0$ 使得对任意的 $0 \leqslant \tau \leqslant 1$ 和 $a \geqslant a_0$, 问题 $T_{\tau,\varepsilon}(a)$ 的每一个解 (c, u) 都满足 $c \leqslant 2\sqrt{r} =: c_{\max}$.

证明 用反证法, 假设 $c > 2\sqrt{r}$. 定义函数 $\varphi_Z(x) := Ze^{-\sqrt{r}x}$, 则它满足

$$-c\varphi_Z' - \varphi_Z'' > r\varphi_Z. \tag{2.10}$$

因为 $u \geqslant 0$, 所以 u 满足不等式

$$-u'' - cu' = \tau ru[1 - a_1\phi*u - a_2(\phi*u)^2] \leqslant ru. \tag{2.11}$$

又因为 $u(x) \in L^\infty(-a, a)$, 则当 $Z > 0$ 充分大时有 $u(x) < \varphi_Z(x)$, 而当 $Z < 0$ 时有 $u(x) > \varphi_Z(x)$, 从而定义

$$Z_0 = \inf\{Z : \varphi_Z(x) > u(x),\ x \in [-a, a]\}.$$

显然 $Z_0 > 0$ 且存在一个 $x_0 \in [-a, a]$ 使得 $\varphi_{Z_0}(x_0) = u(x_0)$. 进一步, 由 (2.10) 和 (2.11) 以及最大值原理可得 $x_0 \notin (-a, a)$. 又因为 $Z_0 > 0$, 所以 $x_0 = -a$. 结合 $\varphi_{Z_0}(-a) = u_+$, 可知 $Z_0 = u_+e^{-\sqrt{r}a}$. 然而当 $a > \frac{1}{\sqrt{r}}(\ln(2u_+) - \ln\varepsilon)$ 时有

$$u(0) \leqslant \varphi_{Z_0}(0) = u_+e^{-\sqrt{r}a} < u(0) = \frac{\varepsilon}{2},$$

这显然是一个矛盾, 于是当 $a > \dfrac{1}{\sqrt{r}} \left(\ln(2u_+) - \ln \varepsilon \right)$ 时, 必有 $c \leqslant 2\sqrt{r}$. 因此取 $a_0 = \dfrac{1}{\sqrt{r}} \left(\ln(2u_+) - \ln \varepsilon \right)$ 便可得到最终的结论. □

引理 2.3　对任意 $a > 0$ 和 $\varepsilon \in \left(0, \dfrac{u_+}{4} \right)$, 存在一个 $\widehat{c}_{\min}(a, \varepsilon) > 0$ 使得对任意的 $0 \leqslant \tau \leqslant 1$, 问题 $T_{\tau, \varepsilon}(a)$ 的每一个解 (c, u) 都满足 $c \geqslant -\widehat{c}_{\min}(a, \varepsilon)$.

证明　由于问题 $T_{\tau, \varepsilon}(a)$ 的任意解 (c, u) 都满足 $-u'' - cu' + r(a_1 M + a_2 M^2)u \geqslant 0$, 其中 M 的定义见引理 2.1, 剩下的证明与 Alfaro 等在文章 [6] 中的引理 2.3 的证明类似, 不再赘述. □

引理 2.4　存在一个 $c_{\min} > 0$ 和 $a_0 > 0$, 使得对任意 $a \geqslant a_0$ 和 $\varepsilon \in \left(0, \dfrac{u_+}{4} \right)$, 问题 $T_{1, \varepsilon}(a)$ 的每一个解 (c, u) 都满足 $c \geqslant -c_{\min}$.

证明　不妨假设 $c \leqslant -1$ (要不然则结论成立), 并如引理 2.1 中定义 M.

首先, 我们证明 u' 是一致有界的. 因为 $(e^{cx} u'(x))' = e^{cx}(u''(x) + cu'(x))$, 则对任意的 $x < y$ 都有

$$e^{cx} u'(x) - e^{cy} u'(y) = -\int_y^x ru(z) \left(1 - a_1(\phi * u)(z) - a_2(\phi * u)^2(z) \right) e^{cz} dz.$$

由引理 2.1 可知

$$\left| ru(z) \left(1 - a_1(\phi * u)(z) - a_2(\phi * u)^2(z) \right) \right| \leqslant rM(1 + a_1 M + a_2 M^2) =: P,$$

从而对任意的 $x, y \in [-a, a]$ 且 $x > y$ 有

$$u'(y) e^{|c|(x-y)} - \frac{P}{|c|} e^{|c|(x-y)} \leqslant u'(x)$$

$$\leqslant u'(y) e^{|c|(x-y)} + \frac{P}{|c|} e^{|c|(x-y)}. \tag{2.12}$$

取 $x = a$ 并结合 $u'(a) \leqslant 0$ 可得

$$u'(y) \leqslant \frac{2P}{|c|}, \quad y \in (-a, a). \tag{2.13}$$

定义

$$L_0 := 2 \max_{c \leqslant -1} \frac{1}{|c|} \ln \left(\frac{Mc^2}{P} + 1 \right).$$

接下来我们证明对任意 $c \leqslant -1$ 和 $a \geqslant a_0 := \dfrac{L_0}{2}$ 都有

$$-\frac{2P}{|c|} \leqslant u'(x), \quad x \in (-a, a - L_0]. \tag{2.14}$$

用反证法. 假设存在 $y \in (-a, a - L_0]$ 使得 $-\dfrac{2P}{|c|} > u'(y)$. 由 (2.12) 可得对任意 $x > y$ 有

$$u'(x) \leqslant -\frac{P}{|c|} e^{|c|(x-y)}.$$

对上式两边从 y 到 a 积分并结合 $u(a) = 0$ 得

$$M \geqslant u(y) \geqslant \frac{P}{c^2} \left(e^{|c|(a-y)} - 1 \right) \geqslant \frac{P}{c^2} \left(e^{|c|L_0} - 1 \right),$$

这与 L_0 的定义相矛盾, 从而对任意 $c \leqslant -1$ 和 $a \geqslant a_0 := \dfrac{L_0}{2}$ 都有 (2.14) 式成立.

又因为 $\phi \in L^1(\mathbb{R})$, 则存在 $R > 0$ 使得

$$M \int_{[-R,R]^c} \phi \, dx \leqslant \frac{3u_+}{32} \leqslant \frac{u_+ - \varepsilon}{8}.$$

另外, 我们还知道在 $T_1(a)$ 中 $u(-a) = u_+$, $u(0) = \dfrac{\varepsilon}{2}$, 从而可以定义一个最大的负数 x_0 使得 $u(x_0) = \dfrac{1}{2}\left(u_+ + \dfrac{\varepsilon}{2} \right)$. 进一步由不等式 (2.14) 知, 对任意 $x \in [x_0 - R, x_0 + 2R] \cap [-a, a]$, 当 $c \leqslant -\dfrac{32PR}{2u_+ - \varepsilon}$ 时都有

$$u(x) \geqslant \frac{u_+}{2} + \frac{\varepsilon}{4} - \frac{2P}{|c|}2R \geqslant \frac{u_+}{4} + \frac{3\varepsilon}{8}. \tag{2.15}$$

类似地, 由 (2.13) 得

$$u(x) \leqslant \frac{u_+}{2} + \frac{\varepsilon}{4} + \frac{2P}{|c|}2R \leqslant \frac{3u_+}{4} + \frac{\varepsilon}{8}. \tag{2.16}$$

从而由 (2.15) 和 (2.16) 知, 当 $-c$ 充分大时有 $[x_0 - R, x_0 + 2R] \subset (-a, 0)$. 所以对任意 $x \in [x_0, x_0 + R]$ 都有

$$(\phi * u)(x) \leqslant \int_{[-R,R]} \phi(y) u(x-y) dy + \int_{[-R,R]^c} \phi(y) u(x-y) dy$$

$$\leqslant \max_{[x_0-R,\,x_0+2R]} u + M \int_{[-R,\,R]^c} \phi dx$$

$$\leqslant \frac{7u_+}{8},$$

其中 c 与式 (2.15) 中的相同.

接下来分两种情况来证明最终的结论. 如果 u 在 $[x_0, x_0 + R]$ 上不是非增的, 由 x_0 的定义可知, 存在一个 $\widetilde{x} \in (x_0, x_0 + R)$ 使得 $u(x)$ 在 $\widetilde{x}$ 达到局部最小. 由 (2.6), 可得 $(\phi * u)(\widetilde{x}) \geqslant u_+$, 而它只能在 $c > -\dfrac{32PR}{2u_+ - \varepsilon} \geqslant -\dfrac{128PR}{7u_+}$ 时成立, 从而结论成立.

如果 u 在 $[x_0, x_0 + R]$ 上是非增的, 因为 $c \leqslant 0$, 则对任意的 $x \in [x_0, x_0 + R]$, 都有

$$u''(x) \leqslant u''(x) + cu'(x)$$

$$= -ru[1 - a_1\phi * u - a_2(\phi * u)^2]$$

$$\leqslant -r\left(\frac{u_+}{4} + \frac{3\varepsilon}{8}\right)\left[1 - a_1\frac{7a_1u_+}{8} - a_2\left(\frac{7u_+}{8}\right)^2\right]$$

$$\leqslant -\frac{ru_+}{4}\left[1 - \frac{7a_1u_+}{8} - a_2\left(\frac{7u_+}{8}\right)^2\right],$$

从而

$$u'(x_0) - u'(x_0 + R) \geqslant \frac{ru_+R}{4}\left[1 - a_1\frac{7a_1u_+}{8} - a_2\left(\frac{7u_+}{8}\right)^2\right].$$

结合不等式 (2.13) 和 (2.14) 得

$$c \geqslant -\frac{16P}{ru_+R\left(1 - a_1\dfrac{7a_1u_+}{8} - a_2\left(\dfrac{7u_+}{8}\right)^2\right)}.$$

最后, 令

$$c_{\min} := \max\left\{\frac{16P}{ru_+R\left(1 - a_1\dfrac{7a_1u_+}{8} - a_2\left(\dfrac{7u_+}{8}\right)^2\right)}, \frac{128PR}{7u_+}\right\},$$

则对于任意 $a \geqslant a_0 = \dfrac{L_0}{2}$ 和 $\varepsilon \in \left(0, \dfrac{u_+}{4}\right)$, 问题 $T_{1,\varepsilon}(a)$ 的任意解都满足 $c \geqslant -c_{\min}$, 从而结论成立. □

接下来, 应用 Leray-Schauder 度理论给出问题 $T_{1,\varepsilon}(a)$ 的一个解 (c, u).

命题 2.1 对任意 $\varepsilon \in \left(0, \dfrac{u_+}{4}\right)$, 存在 $a_0(\varepsilon) > 0$ 使得对任意 $a \geqslant a_0$, 问题 $T_{1,\varepsilon}(a)$ 都存在一个解 (c, u) 满足

$$\begin{cases} -u'' - cu' = ru(1 - a_1(\phi * u) - a_2(\phi * u)^2), & x \in (-a, a), \\ u(-a) = u_+, \ u(0) = \dfrac{\varepsilon}{2}, \ u(a) = 0, \\ u > 0, \quad x \in (-a, a) \end{cases}$$

和

$$\|u\|_{C^2(-a,a)} \leqslant K, \quad -c_{\min} \leqslant c \leqslant c_{\max},$$

其中 K 是常数并且不依赖于 ε 和 a.

证明 令 $\varepsilon \in \left(0, \dfrac{u_+}{4}\right)$. 给定一个定义在 $(-a, a)$ 上的函数 $v \geqslant 0$ 使它满足 $v(-a) = u_+$ 和 $v(a) = 0$. 考虑一族线性问题

$$S_\tau^c(a): \begin{cases} -u'' - cu' = \tau rv(1 - a_1 \phi * v - a_2(\phi * v)^2), & x \in (-a, a), \\ u(-a) = u_+, \quad u(a) = 0. \end{cases}$$

定义 $X \to X$ 的映射 F_τ 为

$$F_\tau: (c, v) \mapsto \left(\dfrac{\varepsilon}{2} - v(0) + c, u_\tau^c := S_\tau^c(a) \text{ 的解}\right),$$

其中 $X := \mathbb{R} \times C^{1,\alpha}(-a, a)$, 空间 X 上的范数为 $\|(c, v)\|_X := \max(|c|, \|v\|_{C^{1,\alpha}})$. 显然构造问题 $T_{1,\varepsilon}(a)$ 的解 (c, u) 相当于证明算子 $Id - F_1$ 的核为非平凡的. 因为 F_τ 是紧的且连续依赖于 $0 \leqslant \tau \leqslant 1$, 从而我们可以应用 Leray-Schauder 度理论.

定义

$$E := \{(c, v): -\widehat{c}_{\min}(a, \varepsilon) - 1 < c < c_{\max} + 1, \ v > 0, \ \|v\|_{C^{1,\alpha}} < M + 1\} \subset X,$$

其中 $\widehat{c}_{\min}(a, \varepsilon)$, $c_{\max}$ 和 M 的定义分别见引理 2.3、引理 2.2 和引理 2.1. 由引理 2.1—引理 2.3, 很容易知道存在一个 $a_0(\varepsilon) > 0$ 使得对任意 $a \geqslant a_0$ 和 $\tau \in [0, 1]$,

算子 $Id - F_\tau$ 在边界 ∂E 上不会消失. 从而由同伦不变性得

$$\deg(Id - F_1, E, 0) = \deg(Id - F_0, E, 0).$$

另外, 通过直接计算可得

$$u_0^c(x) = u_+ \frac{e^{-cx} - e^{-ca}}{e^{ca} - e^{-ca}}, \quad c \neq 0$$

和

$$u_0^c(x) = -\frac{u_+}{2a}x + \frac{u_+}{2}, \quad c = 0.$$

此外, 我们还知道 $u_0^c(x)$ 关于 c 是递减的. 因此, 应用另外的两个同伦映射 (具体细节参见 [28, p.2834] 或者 [5, 6]), 可得 $\deg(Id - F_0, E, 0) = -1$, 从而进一步得到 $\deg(Id - F_1, E, 0) = -1$. 这说明存在一个 $(c, u) \in E$ 满足 $T_{1,\varepsilon}(a)$. 又由引理 2.2 和引理 2.3 知 $-c_{\min} \leqslant c \leqslant c_{\max}$. 最后, 由标准的椭圆一致性估计可以直接得到存在一个不依赖于 ε 的常数 $K > 0$, 使得 $\|u\|_{C^2(-a,a)} \leqslant K$ 成立. □

2.2.2　$c = 2\sqrt{r}$ 时行波解的存在性

这一小节, 我们将证明 $c = 2\sqrt{r}$ 时行波解的存在性, 也就是证明存在 (c, u) 满足 (2.4) 和 (2.5). 首先, 我们给出一个关键性引理, 它在这一小节起到重要的作用.

引理 2.5　对任意 $\widetilde{M} > 0$ 和 $\xi < \eta$, 存在一个 $\varepsilon = \varepsilon(\widetilde{M}, \xi, \eta) > 0$ (且满足 $\varepsilon \in (0, u_+/4)$), 使得如果 $(c, u(x))$ 是 (2.4) 的解且 c, u 满足 $c \in [\xi, \eta], 0 \leqslant u \leqslant \widetilde{M}$ 和 $\inf_{x \in \mathbb{R}} u(x) > 0$, 则有 $\inf_{x \in \mathbb{R}} u(x) > \varepsilon$.

证明　反证, 假设 (c_n, u_n) 是方程 (2.4) 的解序列且满足

$$\eta_n := \inf_{x \in \mathbb{R}} u_n > 0 \text{ 且随着 } n \to +\infty \text{ 有 } \eta_n \to 0.$$

另外, c_n, u_n 还满足 $c_n \in [\xi, \eta], 0 < u_n < \widetilde{M}$. 令 $v_n = u_n/\eta_n$, 因为对任意的 n 都有 $\inf_{x \in \mathbb{R}} v_n = 1$, 则存在 $x_n \in \mathbb{R}$ 使得 $v_n(x_n) \leqslant 1 + \dfrac{1}{n}$.

进一步, 令 $w_n(x) = v_n(x + x_n)$, 则

$$-w_n'' - c_n w_n' = r w_n(1 - a_1(\phi * \widehat{u}_n) - a_2(\phi * \widehat{u}_n)^2),$$

其中 $\widehat{u}_n(x) = u(x + x_n)$. 又因为 $\sup_{x \in \mathbb{R}} u_n(x) \leqslant \widetilde{M}$ 并且上面的系数关于 n 都是一致有界的, 从而可以提取 w_n 的子列使它局部一致收敛到函数 $w_\infty(x)$, 提取 c_n 的子列使它满足 $c_n \to \bar{c} \in [\xi, \eta]$. 另外, 因为 $u_n(0) \leqslant \eta_n \left(1 + \dfrac{1}{n}\right)$, 由 Harnack 不

等式得 $\widehat{u}_n(x)$ 在 $x \in \mathbb{R}$ 上局部一致收敛到 0, 从而

$$-w_\infty''(x) - \bar{c}w_\infty'(x) = rw_\infty(x), \quad x \in \mathbb{R}.$$

结合 $w_\infty(x)$ 的定义, 我们知道 $w_\infty(0) = 1$ 并且 $w_\infty \geqslant 1$. 另一方面, 由强最大值原理易得 $w_\infty \equiv 1$, 然而因为 $r \neq 0$, 显然这是不可能的. □

注 2.1 令 $M > 0$, $c_{\max} > 0$ 且 $c_{\min} > 0$ 分别如引理 2.1—引理 2.3 中的定义, 显然它们都不依赖于 $\varepsilon \in \left(0, \dfrac{u_+}{4}\right)$, 从而存在一个 $\varepsilon' = \varepsilon(M, -c_{\min}, c_{\max})$ 满足 $\varepsilon' \in \left(0, \dfrac{u_+}{4}\right)$, 因此引理 2.5 成立.

接下来我们将证明当 $c = 2\sqrt{r}$ 时, 问题 (2.4)—(2.5) 存在解. 令

$$\varepsilon' = \varepsilon(M, -c_{\min}, c_{\max}) \in \left(0, \frac{u_+}{4}\right),$$

其定义见注 2.1. 由命题 2.1 可知对任意 $a > a_0(\varepsilon')$, 问题 $T_{1,\varepsilon'}(a)$ 存在解 (c_a, u_a) 满足 $-c_{\min} \leqslant c_a \leqslant c_{\max}$, $\|u_a\|_{C^2(-a,a)} \leqslant K$ 和 $\|u_a\|_{C^0[-a,a]} \leqslant M$, 其中 $K > 0$ 且不依赖于 $a > a_0(\varepsilon')$. 取一个子列 $\{a_n\}$ 满足 $a_n \to +\infty$ 并随着 $n \to +\infty$ 对 (c_{a_n}, u_{a_n}) 取极限, 可知存在一个正函数 $\widehat{u} \in C_b^2(\mathbb{R})$ (且满足 $0 \leqslant \widehat{u} \leqslant M$) 和一个 $\widehat{c} \in \mathbb{R}$ (且满足 $-c_{\min} \leqslant \widehat{c} \leqslant c_{\max}$), 使得

$$\begin{cases} -\widehat{c}\widehat{u}' - \widehat{u}'' = r\widehat{u}\left(1 - a_1(\phi * \widehat{u}) - a_2(\phi * \widehat{u})^2\right), & x \in \mathbb{R}, \\ \widehat{u}(0) = \dfrac{\varepsilon'}{2}. \end{cases} \tag{2.17}$$

为完成这一部分的证明, 我们还需要证明 $\widehat{u}(x)$ 满足 (2.5) 且 $\widehat{c} = 2\sqrt{r}$.

引理 2.6 存在一个序列 $\{x_n\}$ 满足 $|x_n| \to +\infty$ 并且随着 $n \to +\infty$ 有 $\widehat{u}(x_n) \to 0$.

证明 用反证法证明. 假设结论不成立, 则有 $\inf_{\mathbb{R}} \widehat{u} > 0$. 由引理 2.5 以及 $\widehat{c}$, $\widehat{u}$ 和 ε' 的定义得 $\inf_{\mathbb{R}} \widehat{u} \geqslant \varepsilon'$, 这与 $\widehat{u}(0) = \dfrac{\varepsilon'}{2}$ 相矛盾, 从而假设不成立. □

由引理 2.6 可知, 存在一个序列 $\{x_n\}$ 满足

$$\lim_{n \to +\infty} x_n = +\infty \quad \text{且} \quad \lim_{n \to +\infty} \widehat{u}(x_n) = 0 \tag{2.18}$$

或

$$\lim_{n \to +\infty} x_n = -\infty \quad \text{且} \quad \lim_{n \to +\infty} \widehat{u}(x_n) = 0. \tag{2.19}$$

下面一个引理说明在情形 (2.18) 中对于充分大的 x, $\widehat{u}(x)$ 是单调递减的且满足 $\lim_{x \to +\infty} \widehat{u}(x) = 0$.

引理 2.7　*存在一个 $Z_0 > 0$ 使得对任意 $x > Z_0$ 都有 $\widehat{u}(x)$ 是单调递减的且满足 $\lim_{x \to +\infty} \widehat{u}(x) = 0$.*

证明　反证, 假设 $\widehat{u}(x)$ 不是最终单调的, 则存在一个序列 $z_n \to +\infty$ 使得 $\widehat{u}(x)$ 在 z_n 处达到局部最小且满足 $\widehat{u}(z_n) \to 0$. 由 (2.17) 知

$$(\phi * \widehat{u})(z_n) \geqslant u_+. \tag{2.20}$$

另一方面, 因为 $\widehat{u}(x)$ 在 $C^2(\mathbb{R})$ 上有界, 由 Harnack 不等式, 我们知道对任意 $Z > 0$ 和 $\delta \in \left(0, \dfrac{u_+}{4}\right)$, 存在一个 $N > 0$ 使得当 $n > N$ 时, 对任意 $x \in (z_n - Z, z_n + Z)$ 都有 $\widehat{u}(x) \leqslant \delta$. 当 Z 充分大时, 这与不等式 (2.20) 相矛盾, 从而假设不成立.　□

引理 2.8　*如果 $(\widehat{c}, \widehat{u})$ 满足 (2.17), 则 $\widehat{c} \geqslant 2\sqrt{r}$.*

证明　令 $v_n(x) = \widehat{u}(x + x_n)/\widehat{u}(x_n)$. 因为 $\widehat{u}$ 满足 (2.20), 则

$$-v_n'' - \widehat{c}v_n' = rv_n \left(1 - a_1(\phi * \widetilde{u}_n) - a_2(\phi * \widetilde{u}_n)^2\right), \quad x \in \mathbb{R},$$

其中 $\widetilde{u}_n(x) = \widehat{u}(x + x_n)$. 又由 Harnack 不等式, 我们知道随着 $n \to +\infty$, $\widetilde{u}_n$ 关于 x 局部一致收敛到 0. 假设 v_n 收敛到函数 $v(x)$, 则 $v(x)$ 满足

$$-v'' - \widehat{c}v' = rv, \quad x \in \mathbb{R}. \tag{2.21}$$

需要指出的是, 这里的 v 是非负的且满足 $v(0) = 1$. 因为方程 (2.21) 有这样的解当且仅当 $\widehat{c} \geqslant 2\sqrt{r}$. 从而我们得到 $\widehat{c} \geqslant 2\sqrt{r}$.　□

引理 2.9　*如果 $(\widehat{c}, \widehat{u})$ 满足 (2.17), 则*

$$\liminf_{x \to -\infty} \widehat{u}(x) > 0.$$

证明　用反证法, 假设结论不成立, 则存在一个序列 $\{y_n\}$, 使得随着 $n \to +\infty$ 并且 $y_n \to -\infty$ 有 $\widehat{u}(y_n) \to 0$. 取 $\widetilde{u}(x) = \widehat{u}(-x)$ 和 $\widetilde{c} = -\widehat{c}$, 则 $\widetilde{u}(-y_n) \to 0$. 由引理 2.7 和引理 2.8 得 $\widetilde{c} \geqslant 2\sqrt{r}$, 从而 $\widehat{c} \leqslant -2\sqrt{r}$. 这与 $\widehat{c} \geqslant 2\sqrt{r}$ 相矛盾.　□

对于情形 (2.19), 作变换 $\widetilde{u}(x) = \widehat{u}(-x)$ 和 $\widetilde{c} = -\widehat{c}$, 对 $(\widetilde{c}, \widetilde{u})$ 采用类似于引理 2.7— 引理 2.9 中的方法, 我们同样可以证明 $c = 2\sqrt{r}$ 时结论成立. 另外, 由引理 2.8, 我们还可以知道当 $c < 2\sqrt{r}$ 时, 问题 (2.4) 和问题 (2.5) 不存在正解.

2.2.3　$c > 2\sqrt{r}$ 时行波解的存在性

这一小节, 我们将证明定理 2.1 的第二部分结果, 也就是证明当 $c > 2\sqrt{r}$ 时, 问题 (2.4) 和问题 (2.5) 存在解. 我们采用的方法是首先在一个有限区域上考虑两

点边值问题, 进一步取极限, 从而得到整个区域 $\mathbb{R}$ 上的解. 特别地, 我们将通过构造上下解并应用 Schauder 不动点定理得到两点边值问题的解.

上解的构造 令

$$\overline{q}_c(x) = e^{-\lambda_c x},$$

其中 $\lambda_c > 0$ 是方程 $\lambda_c^2 - c\lambda_c + r = 0$ 的最小实根. 则有

$$-c\overline{q}_c' = \overline{q}_c'' + r\overline{q}_c \geqslant \overline{q}_c'' + r\overline{q}_c \left(1 - a_1(\phi * \overline{q}_c) - a_2(\phi * \overline{q}_c)^2\right),$$

其中

$$(\phi * \overline{q}_c)(x) = \int_{\mathbb{R}} \phi(y) e^{-\lambda_c(x-y)} dy$$

$$= e^{-\lambda_c x} \int_{\mathbb{R}} \phi(y) e^{\lambda_c y} dy$$

$$= Z_c e^{-\lambda_c x}.$$

从而说明 $\overline{q}_c$ 是一个上解.

下解的构造 令

$$p_c(x) = \frac{1}{A} e^{-\lambda_c x} - e^{-(\lambda_c + \varepsilon)x},$$

其中 $\varepsilon \in (0, \lambda_c)$ 充分小且满足

$$\vartheta_c = c(\lambda_c + \varepsilon) - (\lambda_c + \varepsilon)^2 - r > 0,$$

另外, $A > 1$ 充分大且满足

$$\frac{\ln A}{\varepsilon} > \frac{1}{\lambda_c - \varepsilon} \ln \frac{a_1 r Z_c + a_2 r Z_c^2}{\vartheta_c}.$$

则对任意满足 $p_c(x) > 0$ 的 x, 也就是对任意 $x > \dfrac{\ln A}{\varepsilon}$, 都有

$$- cp_c' - p_c'' - rp_c + a_1 r \overline{q}_c(\phi * \overline{q}_c) + a_2 r \overline{q}_c(\phi * \overline{q}_c)^2$$

$$= -\vartheta_c e^{-(\lambda_c + \varepsilon)x} + a_1 r Z_c e^{-2\lambda_c x} + a_2 r Z_c^2 e^{-3\lambda_c x}$$

$$= e^{-(\lambda_c + \varepsilon)x} \left[-\vartheta_c + a_1 r Z_c e^{-(\lambda_c - \varepsilon)x} + a_2 r Z_c^2 e^{-(2\lambda_c - \varepsilon)x}\right]$$

$$\leqslant e^{-(\lambda_c + \varepsilon)x} \left[-\vartheta_c + a_1 r Z_c e^{-(\lambda_c - \varepsilon)x} + a_2 r Z_c^2 e^{-(\lambda_c - \varepsilon)x}\right]$$

$$< 0.$$

令

$$\overline{p}_c(x) = \max(0, p_c(x)), \quad x \in \mathbb{R},$$

则有

$$-c\overline{p}_c' \leqslant \overline{p}_c'' + r \cdot \overline{p}_c - a_1 r \overline{p}_c(\phi * \overline{q}_c) - a_2 r \overline{p}_c(\phi * \overline{q}_c)^2, \quad x \neq \frac{\ln A}{\varepsilon}.$$

从而说明 $\overline{p}_c$ 是一个下解.

两点边值问题　对任意 $c > 2\sqrt{r}$, 我们在有限区域 $(-a, a)$ 上考虑问题:

$$-cu' - u'' = ru\left(1 - a_1(\phi * u) - a_2(\phi * u)^2\right),$$
$$u(\pm a) = \overline{p}_c(\pm a),$$
(2.22)

其中 $a > \dfrac{\ln A}{\varepsilon}$.

为建立问题 (2.22) 的存在性, 我们考虑下面的两点边值问题

$$-cu' = u'' + ru_0 - ru\left(a_1(\phi * u_0) + a_2(\phi * u_0)^2\right),$$
$$u(\pm a) = \overline{p}_c(\pm a),$$
(2.23)

其中 $u_0 \in \mathcal{M}_a$ 且凸集 $\mathcal{M}_a$ 定义如下

$$\mathcal{M}_a = \{u \in C[-a, a] : \overline{p}_c(x) \leqslant u(x) \leqslant \overline{q}_c(x)\}.$$

令 Ψ_a 是问题 (2.23) 的解映射, 也就是 $\Psi_a u_0 = u$. 显然问题 (2.22) 的解就是问题 (2.23) 的不动点. 另外, 易知 Ψ_a 是紧的, 要应用 Schauder 不动点定理只需证明集合 $\mathcal{M}_a$ 关于映射 Ψ_a 是不变的. 给定 $u_0 \in \mathcal{M}_a$, 因为 $u \equiv 0$ 是问题 (2.23) 的下解, 所以对任意 $x \in (-a, a)$ 都有 $u(x) > 0$, 因此

$$-u'' - cu' + ru(a_1(\phi * u_0) + a_2(\phi * u_0)^2)$$
$$\leqslant r\overline{q}_c$$
$$= -\overline{q}_c'' - c\overline{q}_c'$$
$$\leqslant -\overline{q}_c'' - c\overline{q}_c' + r\overline{q}_c\left(a_1(\phi * u_0) + a_2(\phi * u_0)^2\right),$$

其中 $u(\pm a) = \overline{p}_c(\pm a) \leqslant \overline{q}_c(\pm a)$. 进一步, 由最大值原理可得, 对任意 $x \in (-a, a)$ 都有 $u(x) \leqslant \overline{q}_c(x)$.

另一方面, 我们知道

$$-cu' - u'' + ru\left(a_1(\phi * u_0) + a_2(\phi * u_0)^2\right)$$

$$\geqslant r\overline{p}_c$$
$$\geqslant -\overline{p}_c'' - c\overline{p}_c' + r\overline{p}_c\left(a_1(\phi * \overline{q}_c) + a_2(\phi * \overline{q}_c)^2\right)$$
$$\geqslant -\overline{p}_c'' - c\overline{p}_c' + r\overline{p}_c\left(a_1(\phi * u_0) + a_2(\phi * u_0)^2\right),$$

其中 $u(\pm a) = \overline{p}_c(\pm a)$. 再次应用最大值原理得, 对任意 $x \in \left(\dfrac{\ln A}{\varepsilon}, a\right)$ 都有 $u(x) \geqslant \overline{p}_c(x)$, 从而, 我们证明了集合 $\mathcal{M}_a$ 在映射 Ψ_a 下是不变的.

由 Schauder 不动点定理可知 Ψ_a 在 $\mathcal{M}_a$ 上有一个不动点 u_a, 而它恰好就是问题 (2.22) 的解. 此外, 我们还有如下引理.

引理 2.10 存在一个常数 M_0, 它不依赖于 $c > c^* = 2\sqrt{r}$, 使得对任意 $a > \dfrac{\ln A}{\varepsilon}$ 和 $x \in (-a, a)$, 问题 (2.22) 的每一个解都满足 $0 \leqslant u_a(x) \leqslant M_0$.

证明类似于引理 2.1 的证明, 故略之.

当 $a \to +\infty$ 时对 $\{u_a\}$ 取极限 由引理 2.10 和标准的椭圆一致性估计知, 存在 $K > 0$ 使得对任意 $a > \dfrac{\ln A}{\varepsilon}$ 都有 $\|u_a\|_{C^{2,\alpha}\left(-\frac{a}{2}, \frac{a}{2}\right)} \leqslant K$, 其中 $\alpha \in (0, 1)$ 是个常数. 让 $a \to +\infty$ (可能沿着某一子列), 则在 $C^2_{\text{loc}}(\mathbb{R})$ 上有 $u_a \to u$, 并且 $u(x)$ 满足

$$-cu' = u'' + ru\left(1 - a_1(\phi * u) - a_2(\phi * u)^2\right), \quad x \in \mathbb{R}.$$

进一步, 我们知道 $\overline{p}_c(x) \leqslant u(x) \leqslant \min\{M_0, \overline{q}_c(x)\}$, 从而

$$\lim_{x \to +\infty} u(x) = 0.$$

另外, 应用类似于引理 2.9 中的证明方法可得

$$\liminf_{x \to -\infty} u(x) > 0.$$

因此当 $c > 2\sqrt{r}$ 时, 问题 (2.4) 和问题 (2.5) 存在解, 从而完成了定理 2.1 的证明.

2.3 连接 0 到 u_+ 的快波

在上一部分, 我们证明了当 $c \geqslant 2\sqrt{r}$ 时, 方程 (2.4) 存在连接 0 到未知正稳态 $u_\infty(x)$ 的行波解. 由文章 [160] 我们知道, 在非局部性充分弱的时候, 这个未知的正稳态可能是方程的正平衡点 u_+. 在这一部分, 我们将进一步证明对于一般的核函数 ϕ, 如果 c 大于某一常数, 则这个未知的正稳态就是方程的正平衡点 u_+.

为了方便, 定义

$$n_i := \int_{\mathbb{R}} |z|^i \phi(z) dz, \quad i = 1, 2.$$

定理 2.2 的证明　假设 (c, u) 是问题 (2.4)—(2.5) 的解, 其中 $c > 2\sqrt{r}$. 接下来我们证明如果

$$c > \max\left\{ \sqrt{4r+1}, \ 2rn_2 K \left(ra_1 K^2 + ra_2 K^3\right) + r\sqrt{n_2} K \left(2K + \frac{a_1}{a_2}\right) \right\},$$

则 $\lim_{x \to -\infty} u(x)$ 存在且等于 u_+, 其中

$$K = \frac{4}{3} u_+ \left(\int_0^{\sqrt{\frac{1}{2r}}} \phi(z) dz \right)^{-1}.$$

我们将分三步证明最终结论.

第一步　证明 $\|u\|_{L^\infty}$ 和 $\|u'\|_{L^\infty}$ 是有界的.

由引理 2.1 和引理 2.10 得 $\|u\|_{L^\infty} \leqslant K$. 另外, 我们还知道 $u(x)$ 满足

$$u(x) = \frac{1}{\lambda_2 - \lambda_1} \int_x^\infty \left[e^{\lambda_1(x-y)} - e^{\lambda_2(x-y)} \right] \left[ra_1 u(y)(\phi * u)(y) + ra_2 u(y)(\phi * u)^2(y) \right] dy,$$

其中 $\lambda_1 < \lambda_2 < 0$ 是特征方程 $\lambda^2 + c\lambda + r = 0$ 的两个负根, 则

$$u'(x) = \frac{1}{\lambda_2 - \lambda_1} \int_x^\infty \left[\lambda_1 e^{\lambda_1(x-y)} - \lambda_2 e^{\lambda_2(x-y)} \right]$$
$$\times \left[ra_1 u(y)(\phi * u)(y) + ra_2 u(y)(\phi * u)^2(y) \right] dy.$$

进一步有

$$|u'(x)| \leqslant \frac{2}{\sqrt{c^2 - 4r}} \left(ra_1 K^2 + ra_2 K^3 \right) =: K', \quad x \in \mathbb{R},$$

所以 $\|u\|_{L^\infty}$ 和 $\|u'\|_{L^\infty}$ 都是有界的.

第二步　证明如果

$$c > \max\left\{ \sqrt{4r+1}, \ 2rn_2 K \left(ra_1 K^2 + ra_2 K^3\right) + r\sqrt{n_2} K \left(2K + \frac{a_1}{a_2}\right) \right\},$$

则有 $u' \in L^2(\mathbb{R})$ 和 $\lim_{x \to \pm\infty} u'(x) = 0$ 成立. 定义 $W'(x) = x(u_+ - x)(x - u_-)$, 将方程 (2.4) 写成

$$cu' = -u'' - ru(\phi * u - u_-)(u_+ - \phi * u)$$

$$= -u'' - ru\left(\phi * u - u + u - u_-\right)\left(u_+ - u + u - \phi * u\right)$$

$$= -u'' - ru(u-u_-)(u_+-u) - ru(u-\phi*u)(2u-u_--u_+) + ru(u-\phi*u)^2,$$

从而

$$c\int_{-A}^{B} u'^2 dx \leqslant \left|\left[-\frac{1}{2}u'^2 - rW(u)\right]_{-A}^{B}\right| + r\left|\int_{-A}^{B} u'u\left(u - \phi * u\right)^2 dx\right|$$

$$+ r\left|\int_{-A}^{B} uu'(2u - u_- - u_+)(u - \phi * u)dx\right|$$

$$\leqslant K'^2 + 2r\|W\|_{L^\infty(-K,K)} + rKK'\int_{-A}^{B}\left(u - \phi * u\right)^2 dx$$

$$+ r\left|\int_{-A}^{B} uu'(2u - u_- - u_+)(u - \phi * u)dx\right|. \tag{2.24}$$

定义

$$\Upsilon_{A,B} = \int_{-A}^{B} uu'(2u - u_- - u_+)(u - \phi * u)dx.$$

因为 $u_+ + u_- = -\dfrac{a_1}{a_2}$, 由 Cauchy-Schwarz 不等式得

$$\Upsilon_{A,B}^2 \leqslant \int_{-A}^{B}\left(u'u\left(2u + \frac{a_1}{a_2}\right)\right)^2 dx \int_{-A}^{B}\left(u - \phi * u\right)^2 dx$$

$$\leqslant K^2\left(2K + \frac{a_1}{a_2}\right)^2 \int_{-A}^{B} u'^2 dx \int_{-A}^{B}\left(u - \phi * u\right)^2 dx. \tag{2.25}$$

另外, 我们还知道对于给定的 x, 有

$$(u - \phi * u)(x) = \int_{\mathbb{R}} \phi(x - y)(u(x) - u(y))dy$$

$$= \int_{\mathbb{R}}\int_0^1 \phi(x - y)(x - y)u'(x + t(y - x))dtdy.$$

再次应用 Cauchy-Schwarz 不等式得

$$(u - \phi * u)^2(x) \leqslant \int_{\mathbb{R}}\int_0^1 \phi(x - y)(x - y)^2 dtdy \int_{\mathbb{R}}\int_0^1 \phi(x - y)u'^2(x + t(y - x))dtdy$$

$$\leqslant n_2 \int_{\mathbb{R}}\int_0^1 \phi(-z)u'^2(x + tz)dzdt,$$

从而

$$\int_{-A}^{B}(u-\phi*u)^2(x)dx \leqslant n_2\int_0^1\int_{\mathbb{R}}\phi(-z)\int_{-A+tz}^{B+tz}u'^2(y)dydzdt.$$

又因为 $|u'| \leqslant K'$, 所以

$$\int_{-A+tz}^{B+tz}u'^2dx = \int_{-A+tz}^{-A}u'^2dx + \int_{-A}^{B}u'^2dx + \int_{B}^{B+tz}u'^2dx$$

$$\leqslant \int_{-A}^{B}(u'^2 + 2t|z|K'^2)dx,$$

进一步得

$$\int_{-A}^{B}(u-\phi*u)^2(x)dx \leqslant n_2\int_{-A}^{B}u'^2dx + 2n_2K'^2\int_0^1\int_{\mathbb{R}}t\phi(-z)|z|dzdt$$

$$\leqslant n_2\int_{-A}^{B}(u'^2 + n_1n_2K'^2)dx. \tag{2.26}$$

令 $H_{A,B} := \int_{-A}^{B}u'^2dx$. 由 (2.24)—(2.26) 得

$$|c|H_{A,B} \leqslant K'^2 + 2r\|W\|_{L^\infty(-K,K)} + rKK'\left(n_2H_{A,B} + n_1n_2K'^2\right)$$

$$+ rK\left(2K + \frac{a_1}{a_2}\right)\sqrt{H_{A,B}}\sqrt{n_2H_{A,B} + n_1n_2K'^2},$$

从而如果 $c > rKK'n_2 + rK\left(2K + \dfrac{a_1}{a_2}\right)\sqrt{n_2}$, 则 $H_{A,B}$ 是有界的, 因此 $u' \in L^2$. 又因为 u' 在 $\mathbb{R}$ 上是一致连续的, 所以

$$\lim_{x\to\pm\infty}u'(x) = 0.$$

第三步　证明如果

$$c > \max\left\{\sqrt{4r+1},\ 2rn_2K\left(ra_1K^2 + ra_2K^3\right) + r\sqrt{n_2}K\left(2K + \frac{a_1}{a_2}\right)\right\},$$

则极限 $\lim_{x\to-\infty}u(x)$ 存在且等于 u_+.

定义 u 在 $-\infty$ 处的极限集为 Γ. 因为 u 是有界的, 所以 Γ 是非空的. 令 $\xi \in \Gamma$, 则存在一个序列 $x_n \to -\infty$ 使得 $u(x_n) \to \xi$, 因此 $v_n(x) = u(x + x_n)$ 满足

$$v_n'' + cv_n' = -rv_n \left(1 - a_1(\phi * v_n) - a_2(\phi * v_n)^2\right), \quad x \in \mathbb{R}.$$

另一方面, 根据椭圆的内部估计以及 Sobolev 嵌入定理, 我们可以提取 v_n 的一个子列 (不妨还记为 v_n), 使其在 $C_{\text{loc}}^{1,\beta}(\mathbb{R})$ 上有 v_n 强收敛到 v, 而在 $W_{\text{loc}}^{2,p}(\mathbb{R})$ 上有 v_n 弱收敛到 v, 则由第二步知道

$$v'(x) = \lim_{n \to \infty} u'(x + x_n) = 0, \quad x \in \mathbb{R}.$$

另外, v 还满足

$$v'' + cv' = -rv \left(1 - a_1(\phi * v) - a_2(\phi * v)^2\right), \quad x \in \mathbb{R},$$

这意味着 $v \equiv 0$ 或者 $v \equiv u_+$. 另外, 因为 $v(0) = \lim_{n \to \infty} u(x_n) = \xi$, 则 $\xi \in \{0, u_+\}$. 又因为 u 是连续的, Γ 是连通的, 所以 $\Gamma = \{0\}$ 或 $\Gamma = \{u_+\}$. 再结合 (2.5) 可得

$$\lim_{x \to -\infty} u(x) = u_+.$$

从而完成了定理 2.2 的证明. $\qquad\qquad\square$

2.4 数 值 模 拟

在 2.2 节中我们证明了当 $c \geqslant 2\sqrt{r}$ 时, 方程 (2.1) 存在连接 $u = 0$ 到未知正稳态的行波解. 紧接着在上一部分又证明了当波速 c 充分大时, 这个未知的正稳态恰好就是 $u(-\infty) \equiv u_+$. 然而当波速不是充分大时, 我们对行波解的定性性质了解甚少, 例如, 波的轮廓以及在负无穷远处稳态解的具体形式等. 接下来, 我们将用数值模拟的方法来探索行波解的这些特征, 并对这些模拟结果给出一定的生物解释. 具体地, 我们将考虑下面两个特殊的核函数.

(I) $\phi(x) = \phi_\sigma(x) = \dfrac{1}{2\sigma} e^{-\frac{|x|}{\sigma}}$, 其中 $\sigma > 0$ 是一个常数.

令 $v(x, t) = (\phi_\sigma * u)(x, t)$, 则它关于 x 的二阶导数为

$$v_{xx} = -\frac{1}{\sigma^2}(u - v),$$

从而方程 (2.1) 可以写成

$$\begin{cases} u_t = u_{xx} + ru(1 - a_1 v - a_2 v^2), \\ 0 = v_{xx} + \dfrac{1}{\sigma^2}(u - v). \end{cases} \tag{2.27}$$

在进行数值模拟之前, 首先定义 $u(x,t)$ 的初值为

$$u(x,0) = \begin{cases} u_+, & x \leqslant L_0, \\ 0, & x > L_0. \end{cases} \tag{2.28}$$

又因为

$$v(x,0) = \int_{\mathbb{R}} \frac{1}{2\sigma} e^{-\frac{|x-y|}{\sigma}} u(y,0) dy,$$

则

$$v(x,0) = \begin{cases} u_+ - \dfrac{u_+}{2} e^{\frac{x-L_0}{\sigma}}, & x \leqslant L_0, \\ \dfrac{u_+}{2} e^{-\frac{x-L_0}{\sigma}}, & x > L_0. \end{cases} \tag{2.29}$$

此外, 这里考虑边界条件为 Neumann 边界条件. 结合初值条件 (2.28) 和 (2.29), 我们可以用 MATLAB 中的 pdepe 函数对系统 (2.27) 进行数值模拟 (图 2.1).

从图 2.1 可以看到随着 σ 的增大, 方程 (2.1) 的解会出现一个 "波峰". 但平衡点 $u = u_+$ 始终是稳定的. 接下来简单地解释一下这个现象. 将 $u = \widetilde{u} + u_+$ 和 $v = \widetilde{v} + u_+$ 代入系统 (2.27) 中, 得到线性化系统

$$\begin{cases} \widetilde{u}_t = \widetilde{u}_{xx} + r(1 - a_1 u_+ - a_2 u_+^2)\widetilde{u} + r u_+(-a_1 - 2a_2 u_+)\widetilde{v}, \\ 0 = \widetilde{v}_{xx} + \dfrac{1}{\sigma^2}(\widetilde{u} - \widetilde{v}). \end{cases} \tag{2.30}$$

选择具有如下形式的检验函数

$$\begin{pmatrix} \widetilde{u} \\ \widetilde{v} \end{pmatrix} = \sum_{k=1}^{\infty} \begin{pmatrix} \mathrm{C}_k^1 \\ \mathrm{C}_k^2 \end{pmatrix} e^{\lambda t + ikx}, \tag{2.31}$$

其中 k 是一个实常数. 将 (2.31) 代入 (2.30) 中得

$$\begin{vmatrix} -k^2 - \lambda + r(1 - a_1 u_+ - a_2 u_e^2) & r u_+(-a_1 - 2a_2 u_+) \\ \dfrac{1}{\sigma^2} & -\dfrac{1}{\sigma^2} - k^2 \end{vmatrix} = 0,$$

从而

$$\left(\lambda + k^2\right)\left(\frac{1}{\sigma^2} + k^2\right) + \frac{r u_+}{\sigma}(a_1 + 2a_2 u_+) = 0. \tag{2.32}$$

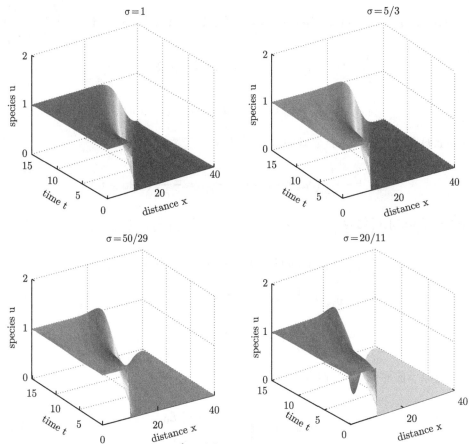

图 2.1 表示当核函数为 $\phi_\sigma(x) = \dfrac{1}{2\sigma}e^{-\frac{|x|}{\sigma}}$ 时, 非局部方程反应扩散方程 (2.1) 的时空演化图, 其中计算区域为 $x \in [0, 40]$ 且 $t \in [0, 15]$, 对应地, 参数为 $L_0 = 10$, $r = 1$, $a_1 = a_2 = \dfrac{1}{2}$, 并且 σ 的取值分别为 1, $\dfrac{5}{3}$, $\dfrac{50}{29}$ 和 $\dfrac{20}{11}$ (彩图请扫封底二维码)

从 (2.32) 式我们知道对任意的 σ 都有 λ 是负的, 这说明平衡点 $(u, v) = (u_+, u_+)$ 是稳定的. 因此, 方程 (2.1) 的解 $u = u_+$ 是稳定的.

进一步, 我们解释一下这个 "波峰" 在生物上的意义. 众所周知, 连接 0 到正稳态的行波解可以看作是一个物种通过扩散进行运动, 并且新的入侵区域可以看作是一个前面没有生物的空间区域. 此外, 我们还知道每一个个体不仅与前面的个体竞争, 与此同时也与后面的个体竞争. 而当一个物种入侵到一个新的入侵区域时, 将发现没有个体在它们前面, 这个时候它就会只和后面的个体进行竞争, 从而在短时间内这个地方的种群密度就会增加而超过环境最大承载量, 所以在图上会看到一个 "波峰" 出现.

(II) $\phi(x) = \phi_\sigma(x) = \dfrac{A}{\sigma}e^{-\frac{a}{\sigma}|x|} - \dfrac{1}{\sigma}e^{-\frac{|x|}{\sigma}}$, 其中 $A = \dfrac{3a}{2} > 0$ 且 $a \in \left(\dfrac{2}{3}, \sqrt{\dfrac{2}{3}}\right)$.

令 $\phi_\sigma^+(x) = \dfrac{A}{\sigma}e^{-\frac{a}{\sigma}|x|}$ 并且 $\phi_\sigma^-(x) = \dfrac{1}{\sigma}e^{-\frac{|x|}{\sigma}}$. 定义

$$v(x,t) = \left(\phi_\sigma^+ * u\right)(x,t), \quad w(x,t) = \left(\phi_\sigma^- * u\right)(x,t).$$

对 $v(x,t)$ 和 $w(x,t)$ 关于 x 求两次导数可得

$$v_{xx} = -\frac{1}{\sigma^2}\left(3a^2u - a^2v\right), \quad w_{xx} = -\frac{1}{\sigma^2}\left(-2u - w\right).$$

从而方程 (2.1) 可化为

$$\begin{cases} u_t = u_{xx} + ru\left(1 - a_1(v+w) - a_2(v+w)^2\right), \\ 0 = v_{xx} + \dfrac{1}{\sigma^2}\left(3a^2u - a^2v\right), \\ 0 = w_{xx} + \dfrac{1}{\sigma^2}\left(-2u - w\right). \end{cases} \tag{2.33}$$

类似于前面的过程, 假设

$$u(x,0) = \begin{cases} u_+, & x \leqslant L_0, \\ 0, & x > L_0, \end{cases} \tag{2.34}$$

则由 $v(x,t)$ 的定义得

$$v(x,0) = \begin{cases} 3u_+ - \dfrac{3}{2}u_+e^{\frac{a(x-L_0)}{\sigma}}, & x \leqslant L_0, \\ \dfrac{3}{2}u_+e^{-\frac{a(x-L_0)}{\sigma}}, & x > L_0. \end{cases} \tag{2.35}$$

与此同时, 由 $w(x,t)$ 的定义得

$$w(x,0) = \begin{cases} 2u_+ - u_+e^{\frac{x-L_0}{\sigma}}, & x \leqslant L_0, \\ u_+e^{-\frac{x-L_0}{\sigma}}, & x > L_0. \end{cases} \tag{2.36}$$

由 (2.34)—(2.36) 结合 Neumann 边界条件, 我们可以用 MATLAB 中的 pdepe 函数对系统 (2.33) 进行数值模拟 (图 2.2).

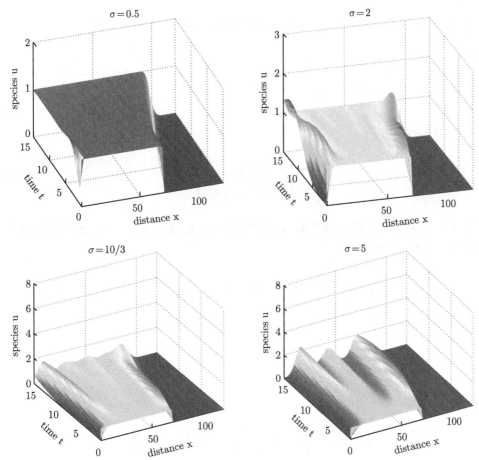

图 2.2　表示当核函数取 $\phi_\sigma(x) = \dfrac{3a}{2\sigma} e^{-\frac{a}{\sigma}|x|} - \dfrac{1}{\sigma} e^{-\frac{|x|}{\sigma}}$ 时, 非局部反应扩散方程 (2.1) 的时空
演化图, 其中计算区域为 $x \in [0, 120]$ 和 $t \in [0, 15]$, 对应的参数为 $L_0 = 70, a = 0.7, a_1 = a_2 = \dfrac{1}{2}$, $r = 1$. 并且 σ 的取值分别为 $\dfrac{1}{2}$, 2, $\dfrac{10}{3}$ 和 5 (彩图请扫封底二维码)

　　由图 2.2, 我们知道随着 σ 的增加, 不仅会出现一个 "波峰" 而且 $u = u_+$ 的
稳定性会发生改变.

　　下面简单地解释一下产生这种现象的原因. 显然系统 (2.33) 有三个平衡点

$$(0,0,0), \quad (u_+, 3u_+, -2u_+) \quad 和 \quad (u_-, 3u_-, -2u_-),$$

接下来将系统 (2.33) 在平衡点 $(u_+, 3u_+, -2u_+)$ 处线性化得

$$\begin{cases} u_t = u_{xx} + r\left(1 - a_1 u_+ - a_2 u_+^2\right) u + (-3a_1 - 2a_2)\, ru_+^2 v + 2r\left(a_1 - a_2\right) u_+^2 w, \\ 0 = v_{xx} + \dfrac{1}{\sigma^2}\left(3a^2 u - a^2 v\right), \\ 0 = w_{xx} + \dfrac{1}{\sigma^2}\left(-2u - w\right). \end{cases}$$

$$\tag{2.37}$$

取傅里叶变换

$$\begin{pmatrix} u \\ v \\ w \end{pmatrix} = \sum_{k=1}^{\infty} \begin{pmatrix} C_k^1 \\ C_k^2 \\ C_k^3 \end{pmatrix} e^{\lambda t + ikx}, \tag{2.38}$$

其中 λ 是关于 t 的扰动增长率, i 是虚数单位 (也就是 $i^2 = -1$), k 是波的频率. 由 (2.37) 和 (2.38) 得

$$\begin{vmatrix} r(1 - a_1 u_+ - a_2 u_+^2) - k^2 - \lambda & (-a_1 - 2a_2 u_+)ru_+ & (-a_1 - 2a_2 u_+)ru_+ \\ \dfrac{3a^2}{\sigma^2} & -\dfrac{a^2}{\sigma^2} - k^2 & 0 \\ -\dfrac{2}{\sigma^2} & 0 & -\dfrac{1}{\sigma^2} - k^2 \end{vmatrix} = 0,$$

从而

$$-\left(k^2 + \lambda\right)\left(\dfrac{a^2}{\sigma^2} + k^2\right)\left(\dfrac{1}{\sigma^2} + k^2\right)$$

$$+ ru_+ \dfrac{1}{\sigma^2}\left(a_1 + 2a_2 u_+\right)\left(-\dfrac{a^2}{\sigma^2} + (2 - 3a^2)k^2\right) = 0.$$

上式表明当 σ 取合适的值时, λ 可以是正的, 从而系统 (2.1) 中的解 $u = u_+$ 将会变得不再稳定 (图 2.2).

第 3 章 带有聚集项的非局部反应 扩散方程的行波解

3.1 背景及发展现状

第 2 章考虑了具有 Allee 效应的非局部反应扩散方程的行波解及物种在低密度时种群个体的聚集优势, 而这一章将进一步考虑种群个体的群居优势. 为此我们研究如下带有聚集项的非局部反应扩散方程

$$\frac{\partial u}{\partial t} = \frac{\partial^2 u}{\partial x^2} + u\left\{1 + \alpha u - \beta u^2 - (1 + \alpha - \beta)(\phi * u)\right\}, \quad (t, x) \in (0, \infty) \times \mathbb{R}, \ (3.1)$$

其中 α 和 β 都是正常数, 且 $0 < \beta < 1 + \alpha$, 另外

$$(\phi * u)(x) := \int_{\mathbb{R}} \phi(x - y)u(t, y)dy, \quad x \in \mathbb{R}.$$

核函数 $\phi(x) \in L^1(\mathbb{R})$ 且满足

(K1) 对任意 $x \in \mathbb{R}$ 都有 $\phi(x) \geqslant 0$ 且 $\int_{\mathbb{R}} \phi(x)dx = 1$.

(K2) 存在正常数 $\tilde{\lambda}$ 和 M 使得对任意 $x \in \mathbb{R}$, 都有 $\phi(x) \leqslant Me^{-\tilde{\lambda}|x|}$.

关于方程 (3.1) 的研究最早开始于 Britton 的文章 [14, 16], 他用方程 (3.1) (含有扩散、聚集项以及可以描述空间和食物竞争) 来刻画单个物种的行为. 在方程 (3.1) 中 αu 描述了个体的聚集或群居优势; $-\beta u^2$ 表明了个体对空间的竞争; 而积分 (非局部) 项代表个体对食物的竞争. 更多关于方程 (3.1) 的生物解释参见 [41, 62].

此外, Gourley 等在文章 [60] 中以及 Billingham 在文章 [12] 中都考虑了当核函数为 $\phi(x) = \frac{1}{2\delta}e^{-\frac{|x|}{\delta}}$ ($\delta > 0$) 时, 方程 (3.1) 的行波解. 显然当 $\delta \to 0$ 时, 方程 (3.1) 可化为经典反应扩散方程

$$\frac{\partial u}{\partial t} = \frac{\partial^2 u}{\partial x^2} + u(1 + \beta u)(1 - u), \quad (t, x) \in (0, \infty) \times \mathbb{R},$$

我们知道当 $c \geqslant 2$ 时, 上式存在连接 0 到 1 的单调行波解. 而当 δ 充分小但不趋于 0 时, Gourley 等在文章 [60] 中采用渐近分析的办法证明了对于充分大的 c (> 2), 方程 (3.1) 存在连接 0 到 1 的行波解. 需要指出的是, 与经典 Fisher 方程的行波解相比, 这里得到的行波解会出现一个 "波峰", 也就是这个行波解是非单调的. 通过稳定性分析和数值模拟, 他们说明了当 $u \equiv 1$ 是稳定的时候, 方程 (3.1) 的确存在这样的行波解; 另外, 当 $u \equiv 1$ 是不稳定的时候, 使用适当的局部初值条件会导致入侵波离开原来的区域而出现一个稳定的非一致稳态. Billingham 在文章 [12] 中考虑了非局部比较强的情形 (也就是 δ 充分大), 通过应用数值模拟和渐近分析, 他说明了当局部初值条件定义在不同的参数空间区域时, 具有初值条件的方程 (3.1) 可以存在非稳态行波解、周期行波解以及稳态行波解. 最近, 当方程 (3.1) 中 $\alpha = \beta = 0$ 时, 关于行波解的研究有了很大进展, 参见 [3, 4, 8, 12, 28, 51, 55, 58, 60, 67, 71, 84, 137]. 更多关于这一方程或者其他非局部反应扩散方程的行波解的研究参见 [1, 5, 6, 41, 42, 61, 136, 142, 181, 182, 184, 185] 及其中的参考文献.

值得注意的是, Gourley 等在文章 [60] 以及 Billingham 在文章 [12] 中研究方程 (3.1) 的行波解主要采用数值模拟以及渐近分析的办法. 针对一般性的核函数 ϕ 以及普通的波速 (也就是 c 不是充分大), 他们在研究方程 (3.1) 的行波解时缺乏严格的数学证明. 为此, 本章借助于 Berestycki 等在文章 [28], Alfaro 和 Coville 在文章 [4] 以及 Fang 和 Zhao 在文章 [55] 中的办法来解决 (至少部分解决) 这些问题. 与他们的研究相比, 研究方程 (3.1) 的主要困难在于参数 α 的正性, 正因为这个原因, 方程 (3.1) 的解不能被其在平衡点 0 处的线性化方程的解所控制. 为克服这个困难, 我们借助于如下非线性方程

$$\frac{\partial u}{\partial t} = \frac{\partial^2 u}{\partial x^2} + u\left(1 + \alpha u - \beta u^2\right), \quad (t, x) \in (0, \infty) \times \mathbb{R}, \tag{3.2}$$

通过构造合适的上解证明方程 (3.1) 行波解的存在性.

本章包含四部分的内容. 其中第一部分针对一般的核函数 ϕ 以及普通的波速 c, 证明方程 (3.1) 存在行波解, 这也是我们 3.2 节的主要内容. 这一部分的主要方法是应用比较原理以及构造合适的上下解. 接下来的定理是这一部分的主要结果, 它说明了方程 (3.1) 存在连接平衡点 0 到未知正稳态的行波解.

定理 3.1　令 $c^* > 0$ 是方程 (3.2) 中连接平衡解 $u_0 = 0$ 到 $u_+ = \dfrac{\alpha + \sqrt{\alpha^2 + 4\beta}}{2\beta}$ 的行波解的最小波速, 则对任意 $c > c^*$, 方程 (3.1) 存在行波解 (c, u) 满足

$$-cu' = u'' + u\{1 + \alpha u - \beta u^2 - (1 + \alpha - \beta)(\phi * u)\}, \quad (t, x) \in (0, \infty) \times \mathbb{R}, \tag{3.3}$$

以及

$$\lim_{x \to +\infty} u(x) = 0 \quad \text{和} \quad \liminf_{x \to -\infty} u(x) > 0. \tag{3.4}$$

特别地, 存在 $Z_0 > 0$, 使得 u 在 $[Z_0, +\infty)$ 上是单调递减的. 此外, 当波速 $c < 2$ 时, 方程 (3.1) 不存在这样的行波解.

注 3.1 由假设条件 $1 + \alpha > \beta$ 可知 $u_+ = \dfrac{\alpha + \sqrt{\alpha^2 + 4\beta}}{2\beta} > 1$. 另外, 我们还知道 $c^* \in \left[2, 2\sqrt{1 + \dfrac{\alpha^2}{4\beta}}\right]$. 特别地, 当 $\alpha \leqslant \sqrt{\dfrac{\beta}{2}}$ 时 $c^* = 2$, 而当 $\alpha > \sqrt{\dfrac{\beta}{2}}$ 时, 不能从定理 3.1 得到 $c = 2$ 是最小波速. 然而, 我们认为即使 $\alpha > \sqrt{\dfrac{\beta}{2}}$, $c = 2$ 依然应该是最小波速.

对任意的 $c > c^*$, 定理 3.1 中建立的行波解 u 在负无穷远处是一个未知的正稳态, 但具体是什么样子的我们并不知道. 3.3 节将证明对于充分大的波速 c, 这个未知的正稳态恰好就是方程的正平衡解 $u = 1$. 这一节的主要内容如下.

定理 3.2 令

$$\bar{c} := \frac{(1 + \alpha - \beta)\left(\alpha + \sqrt{\alpha^2 + 4\beta}\right)}{2\beta} \left(\int_{\mathbb{R}} |z|^2 \phi(z) dz\right)^{\frac{1}{2}},$$

则当波速 $c > \bar{c}$ 时, 定理 3.1 中构造的行波解 u 还满足 $u(-\infty) = 1$.

正如 Gourley 等在文章 [60] 以及 Billingham 在文章 [12] 中提到的, 方程 (3.1) 的行波解 u, 即使满足 $u(+\infty) = 0$ 和 $u(-\infty) = 1$ 也有可能是非单调的. 因此, 本章研究方程 (3.1) 的单调行波解的存在性问题. 具体地, 在 3.4 节中, 通过对适当的单调算子 (参见 [55, 70]) 构造合适的上下解, 我们将给出方程 (3.1) 存在连接平衡点 0 到 1 的单调行波的一个充分条件. 为了描述核函数非局部性的强弱 (参见 [55]), 我们在核函数中引入参数 $\sigma > 0$, 也就是对任意的 $x \in \mathbb{R}$, 令 $\phi_\sigma(x) := \dfrac{1}{\sigma} \phi\left(\dfrac{x}{\sigma}\right)$. 将方程 (3.1) 中的 ϕ 替换成 ϕ_σ, 则方程 (3.1) 可写为

$$\frac{\partial u}{\partial t} = \frac{\partial^2 u}{\partial x^2} + u\left\{1 + \alpha u - \beta u^2 - (1 + \alpha - \beta)(\phi_\sigma * u)\right\}, \quad (t, x) \in (0, \infty) \times \mathbb{R}, \tag{3.5}$$

从而有如下结论.

定理 3.3 对任意的 $c \geqslant 2\sqrt{1 + \dfrac{\alpha^2}{3\beta}}$, 存在 $\sigma(c) \in (0, \infty)$, 使得如果 $\sigma \leqslant \sigma(c)$, 则方程 (3.5) 存在连接平衡点 0 到 1 的单调行波解.

在定理 3.2 和定理 3.3 中, 我们证明了定理 3.1 中的未知正稳态可以是方程的正平衡解 $u = 1$. 因此, 在本章的最后 (也就是 3.5 节), 考虑这个未知正稳态的其他可能形式. 通过选取特殊的核函数 $\phi(x) = \dfrac{1}{2\sigma} e^{\frac{|x|}{\sigma}}$ $(\sigma > 0)$, 并应用数值模拟的办法, 我们发现这个未知的正稳态也可能是一个周期稳态. 进一步, 通过线性稳定分析, 解释了为什么以及什么时候这种情形会发生.

3.2　行波解的存在性

在这一小节, 我们将证明定理 3.1. 首先, 考虑方程 (3.2) 的行波解, 也就是如下方程

$$u_t = u_{xx} + f(u), \tag{3.6}$$

其中 $f(u) = u(1 + \alpha u - \beta u^2)$. 令 $\xi = x - ct$ 并寻找方程 (3.6) 具有形如 $u(x, t) = U(\xi)$ 的解, 则得到

$$-cU' - U'' = U(1 + \alpha U - \beta U^2). \tag{3.7}$$

显然, 方程 (3.7) 有三个平衡解

$$u_- = \frac{\alpha - \sqrt{\alpha^2 + 4\beta}}{2\beta}, \quad u_0 = 0, \quad u_+ = \frac{\alpha + \sqrt{\alpha^2 + 4\beta}}{2\beta}.$$

由条件 $1 + \alpha > \beta$ 可知 $u_+ > 1$. 又因为对任意的 $u \in (0, u_+)$ 都有 $f(u) > 0$ 且 $f'(0) = 1 > 0$, $f'(u_+) < 0$, 从而由文章 [155, 175, 198] 可得如下引理.

引理 3.1　存在一个 c^* 满足

$$2 = 2\sqrt{f'(0)} \leqslant c^* \leqslant 2\sqrt{\sup_{u \in (0, u_+)} \frac{f(u)}{u}} = 2\sqrt{1 + \frac{\alpha^2}{4\beta}},$$

使得当且仅当 $c \geqslant c^*$ 时, 方程 (3.6) 存在形如 $u(x, t) = U(x - ct)$ 的行波解且满足

$$U(-\infty) = u_+ \quad \text{和} \quad U(+\infty) = u_0.$$

引理 3.2　当 $\alpha \leqslant \sqrt{\dfrac{\beta}{2}}$ 时, 引理 3.1 中的 c^* 满足 $c^* = 2$.

证明　定义集合

$$\mathcal{S} = \big\{ g(s) \in C^1[0, u_+] \mid g(0) = g(u_+) = 0, \ g'(0) > 0, \ g'(u_+) < 0$$

$$\text{且对任意 } s \in (0, u_+) \text{ 都有 } g(s) > 0 \big\}.$$

由 [175] 中的第一章第 2 小节知

$$c^* = \inf_{g \in \mathcal{S}} \sup_{u \in (0, u_+)} \left\{ \frac{f(u)}{g(u)} + g'(u) \right\}. \tag{3.8}$$

令

$$g(u) = \frac{u(u_+ - u)}{u_+}, \tag{3.9}$$

则

$$c^* \leqslant \sup_{u \in (0, u_+)} \left\{ \frac{f(u)}{g(u)} + g'(u) \right\}.$$

将 (3.9) 代入 (3.8) 得 $c^* \leqslant 2$. 进一步结合引理 3.1 可得 $c^* = 2$. □

令

$$\lambda_1 = \frac{c - \sqrt{c^2 - 4}}{2} \quad \text{和} \quad \lambda_2 = \frac{c + \sqrt{c^2 - 4}}{2}$$

是方程 $\lambda^2 - c\lambda + 1 = 0$ 的两个正实根, 其中 $c > c^*$. 由文章 [155, 175, 198] 可知如下引理成立.

引理 3.3 当 $c > c^*$ 时有

$$U(\xi) \sim e^{-\lambda_1 \xi}, \quad \xi \to +\infty.$$

定理 3.1 的证明

构造下解 由引理 3.1 和引理 3.3 可知, 存在 $A_1 > 0$ 使得

$$U(x) \leqslant A_1 e^{-\lambda_1 x}, \quad x \in \mathbb{R}.$$

由假设 (K1) 和 (K2) 可知, 存在常数 $A_2 > 0$ 使得

$$(\phi * U)(x) \leqslant A_2 Z_1 e^{-\theta_1 x}, \quad x \in \mathbb{R},$$

其中 $\theta_1 = \min\left\{ \frac{\lambda_1}{2}, \frac{\widetilde{\lambda}}{2} \right\}$ 且 $Z_1 = \int_{\mathbb{R}} \phi(x) e^{\theta_1 x} dx$. 令

$$p_c(x) = \frac{1}{B} e^{-\lambda_1 x} - e^{-(\lambda_1 + \varepsilon)x},$$

其中 $\varepsilon > 0$ 充分小使得

$$(2\lambda_1 - c)\varepsilon + \varepsilon^2 < 0 \quad \text{和} \quad 2\varepsilon < \theta_1$$

成立; $B > 1$ 充分大使得

$$B > \frac{\beta + (1 + \alpha - \beta)A_2 Z_1}{(c - 2\lambda_1)\varepsilon - \varepsilon^2}$$

成立, 则对任意 x 满足 $p_c(x) > 0$, 也就是 $x > \dfrac{\ln B}{\varepsilon} > 0$, 都有

$$- cp_c'(x) - p_c''(x) - p_c(x)(1 + \alpha p_c(x) - \beta p_c^2(x)) + (1 + \alpha - \beta)p_c(x)(\phi * U)(x)$$

$$= \left[(2\lambda_1 - c)\varepsilon + \varepsilon^2\right]e^{-(\lambda_1 + \varepsilon)x} + (1 + \alpha - \beta)p_c(x)(\phi * U)(x)$$

$$- \left(\alpha - \beta\left(\frac{1}{B}e^{-\lambda_1 x} - e^{-(\lambda_1 + \varepsilon)x}\right)\right)\left(\frac{1}{B}e^{-\lambda_1 x} - e^{-(\lambda_1 + \varepsilon)x}\right)^2$$

$$\leqslant e^{-(\lambda_1 + \varepsilon)x}\left[(2\lambda_1 - c)\varepsilon + \varepsilon^2 + \frac{(1 + \alpha - \beta)A_2 Z_1}{B}e^{-(\theta_1 - \varepsilon)x}\right.$$

$$\left. - \left(\alpha - \frac{\beta}{B}e^{-\lambda_1 x} + \beta e^{-(\lambda_1 + \varepsilon)x}\right)\left(\frac{1}{B} - e^{-\varepsilon x}\right)^2 e^{-(\lambda_1 - \varepsilon)x}\right]$$

$$\leqslant e^{-(\lambda_1 + \varepsilon)x}\left[(2\lambda_1 - c)\varepsilon + \varepsilon^2 + \frac{\beta}{B^3}e^{(-2\lambda_1 + \varepsilon)x} + \frac{(1 + \alpha - \beta)A_2 Z_1}{B}e^{-(\theta_1 - \varepsilon)x}\right]$$

$$< e^{-(\lambda_1 + \varepsilon)x}\left[(2\lambda_1 - c)\varepsilon + \varepsilon^2 + (\beta + (1 + \alpha - \beta)A_2 Z_1)e^{(-\theta_1 + \varepsilon)x}\right] < 0.$$

令

$$\overline{p}_c(x) = \max(0, p_c(x)), \quad x \in \mathbb{R},$$

则对任意 $x \neq \dfrac{\ln B}{\varepsilon}$ 都有

$$-c\overline{p}_c'(x) - \overline{p}_c''(x) - \overline{p}_c(x)\left(1 + \alpha\overline{p}_c(x) - \beta\overline{p}_c^2(x)\right) + (1 + \alpha - \beta)\overline{p}_c(x)(\phi * U)(x) < 0.$$

有限区域问题   对任意 $c > c^*$, 考虑 $(-a, a)$ 上的问题:

$$-cu' - u'' = u\{1 + \alpha u - \beta u^2 - (1 + \alpha - \beta)(\phi * \overline{u})\}, \quad u(\pm a) = \overline{p}_c(\pm a), \quad (3.10)$$

其中 $a > \dfrac{\ln B}{\varepsilon}$ 且

$$\overline{u}(x) = \begin{cases} u(a), & x \geqslant a, \\ u(x), & x \in (-a, a), \\ u(-a), & x \leqslant -a. \end{cases}$$

定义凸集

$$\mathcal{M}_a = \{u \in C(-a,a): \overline{p}_c(x) \leqslant u(x) \leqslant U(x),\ u(\pm a) = \overline{p}_c(\pm a)\}.$$

考虑如下的两点边值问题

$$-cu' - u'' + [(1+\alpha-\beta)(\phi*\overline{u}_0)+\gamma]u = \gamma u_0 + u_0(1+\alpha u_0 - \beta u_0^2), \quad u(\pm a) = \overline{p}_c(\pm a),$$
$$(3.11)$$

其中

$$\overline{u}_0(x) = \begin{cases} u_0(a), & x \geqslant a, \\ u_0(x), & x \in (-a,a), \\ u_0(-a), & x \leqslant -a. \end{cases}$$

另外, $u_0 \in \mathcal{M}_a$ 且 $\gamma > 0$ 满足 $\min_{u\in[0,u_+]}\{1+\gamma+2\alpha u - 3\beta u^2\} \geqslant 0$. 令 Ψ_a 表示式子 (3.11) 的解映射, 也就是 $\Psi_a u_0 = u$. 接下来, 证明在映射 Ψ_a 下集合 $\mathcal{M}_a$ 是不变的. 给定 $u_0 \in \mathcal{M}_a$, 因为 $u \equiv 0$ 是 (3.11) 的下解, 所以对任意 $x \in (-a,a)$ 都有 $u(x) > 0$, 从而

$$-cU' - U'' + [(1+\alpha-\beta)(\phi*u_0)+\gamma]U$$
$$\geqslant -cU' - U'' + \gamma U$$
$$= \gamma U + U(1+\alpha U - U^2)$$
$$\geqslant \gamma u_0 + u_0(1+\alpha u_0 - \beta u_0^2),$$

且 $u(\pm a) = \overline{p}_c(\pm a) \leqslant U(\pm a)$. 由最大值原理知道, 对任意 $x \in (-a,a)$ 都有 $u(x) \leqslant U(x)$. 另一方面, 因为

$$0 \leqslant \gamma u_0 + u_0(1+\alpha u_0 - \beta u_0^2),$$

则 $u = 0$ 是一个下解, 这说明对任意 $x \in (-a,a)$ 都有 $u(x) \geqslant 0$. 所以对任意的 $x \in \left(-a, \dfrac{\ln B}{\varepsilon}\right)$, 都有

$$-c\overline{p}_c' - \overline{p}_c'' + [(1+\alpha-\beta)(\phi*u_0)+\gamma]\overline{p}_c$$
$$\leqslant -c\overline{p}_c' - \overline{p}_c'' + [(1+\alpha-\beta)(\phi*U)+\gamma]\overline{p}_c$$
$$\leqslant \gamma\overline{p}_c + \overline{p}_c(1+\alpha\overline{p}_c - \beta\overline{p}_c^2)$$
$$\leqslant \gamma u_0 + u_0(1+\alpha u_0 - \beta u_0^2)$$

和 $u(\pm a) = \bar{p}_c(\pm a)$ 成立. 再次应用最大值原理知, 对任意 $x \in (-a, a)$ 有 $u(x) \geqslant \bar{p}_c(x)$. 因此, 证得集合 $\mathcal{M}_a$ 在映射 Ψ_a 下是不变的, 进一步由线性椭圆方程的 L^p 估计以及嵌入定理 (参见 Gilbarg 和 Trudinger 的文章 [69] 中的推论 9.18 和定理 7.26 或者参见论文 [189]), 我们知道从 $\mathcal{M}_a$ 到 $\mathcal{M}_a$ 的映射 Ψ_a 还是紧的、连续的, 从而由 Schauder 不动点定理知, Ψ_a 在 $\mathcal{M}_a$ 上有一个不动点 u_a, 也就是说, 存在 $u_a \in \mathcal{M}_a$ 满足方程 (3.10).

行波解的存在性和不存在性   因为 $0 \leqslant u_a(x) \leqslant U(x) \leqslant u_+ = \dfrac{\alpha + \sqrt{\alpha^2 + 4\beta}}{2\beta}$, 则 $u_a(x)$ 在 $C^{2,\alpha}\left(-\dfrac{a}{2}, \dfrac{a}{2}\right)$ 上一致有界. 令 $a \to +\infty$ (可能沿着某一子列), 则存在函数 $u(\cdot) \in C^2(\mathbb{R})$ 满足

$$-cu' - u'' = u\{1 + \alpha u - \beta u^2 - (1 + \alpha - \beta)(\phi * u)\}, \quad x \in \mathbb{R}.$$

此外, 我们还知道对任意 $x \in \mathbb{R}$ 有 $\bar{p}_c(x) \leqslant u(x) \leqslant U(x)$, 从而

$$\lim_{x \to +\infty} u(x) = 0.$$

接下来, 分三步证明定理 3.1 的剩余部分.

第一步   证明存在 $Z_0 > 0$ 使得当 $x > Z_0$ 时, $u(x)$ 是单调递减的.

用反证法. 假设随着 $x \to +\infty$, $u(x)$ 不是最终单调的, 则存在一个序列 $z_n \to +\infty$ 使得 $u(x)$ 在 z_n 处获得局部最小且 $u(z_n) \to 0$, 从而

$$(\phi * u)(z_n) \geqslant \frac{1 + \alpha u(z_n) - \beta u^2(z_n)}{1 + \alpha - \beta}.$$

又因为 $u(z_n) \to 0$ 且 $u(x)$ 在 $C^2(\mathbb{R})$ 上是有界的, 由 Harnack 不等式可知, 对任意的 $Z > 0$ 和任意的 $\delta \in \left(0, \min\left\{\dfrac{\alpha}{2\beta}, \dfrac{1}{4}, \dfrac{1}{1+\alpha-\beta}\right\}\right)$, 都存在一个 N, 使得对任意 $x \in (z_n - Z, z_n + Z)$, $n \geqslant N$ 都有 $u(x) \leqslant \dfrac{\delta}{2}$, 因此

$$(\phi * u)(z_n) \geqslant \frac{1 + \alpha u(z_n) - \beta u^2(z_n)}{1 + \alpha - \beta} \geqslant \frac{1}{1 + \alpha - \beta} > \delta. \tag{3.12}$$

然而当 Z 充分大且 δ 充分小时

$$(\phi * u)(z_n) \leqslant \delta. \tag{3.13}$$

由 (3.12) 和 (3.13) 得到一个矛盾, 从而结论成立.

第二步 证明当波速 $c < 2$ 时, 方程 (3.1) 不存在行波解.

令 $v_n(x) = u(x + x_n)/u(x_n)$. 因为 (c, u) 满足 (3.3), 则

$$-v_n'' - cv_n' = v_n \left\{ 1 + \alpha u(x_n)v_n - \beta(u(x_n)v_n)^2 - (1 + \alpha - \beta)(\phi * u_n) \right\}, \quad x \in \mathbb{R},$$

其中 $u_n(x) = u(x + x_n)$. 进一步, 由 Harnack 不等式可知, 对任意 x, 随着 $n \to +\infty$, u_n 是局部一致收敛到 0 的且 $v_n(x)$ 是局部一致收敛的, 因此假设 $v_n \to v$ $(n \to +\infty)$, 其中 $v \in C^2(\mathbb{R})$ 满足

$$-v'' - cv' = v, \quad x \in \mathbb{R}. \tag{3.14}$$

因为 v 是非负的且满足 $v(0) = 1$, 此外 v 在 $\mathbb{R}$ 上还是正的, 而方程 (3.14) 存在这样的解当且仅当 $c \geqslant 2$, 因此得到 $c \geqslant 2$, 从而当 $c < 2$ 时, 方程 (3.1) 不存在行波解.

第三步 证明

$$\liminf_{x \to -\infty} u(x) > 0.$$

用反证法. 假设结论不成立, 则存在一个序列 $\{y_n\}$ 并且随着 $n \to +\infty$, $y_n \to -\infty$, 使得 $u(y_n) \to 0$. 令 $\widetilde{u}(x) = u(-x)$ 且 $\widetilde{c} = -c$, 则 $\widetilde{u}(-y_n) \to 0$. 由上一步可知 $\widetilde{c} \geqslant 2$, 从而 $c \leqslant -2$. 显然这是不可能的, 从而证明了定理 3.1. $\qquad\square$

3.3 连接 0 到 1 的快波

在 3.2 节, 证明了当 $c > c^*$ 时, 方程 (3.3) 存在连接平衡点 0 到未知正稳态的行波解. 在这一节, 进一步证明对于一般的核函数 ϕ, 当波速 c 充分大 (大于某一正常数) 时, 这个未知的正稳态恰好就是方程的平衡点 1. 为了方便起见, 定义

$$n_i := \int_{\mathbb{R}} |z|^i \phi(z) dz, \quad i = 1, 2.$$

定理 3.2 的证明 假设 (c, u) 满足 (3.3) 和 (3.4), 其中 $c > c^*$. 接下来分三步证明如果

$$c > \frac{(1 + \alpha - \beta)\left(\alpha + \sqrt{\alpha^2 + 4\beta}\right)}{2\beta} \left(\int_{\mathbb{R}} |z|^2 \phi(z) dz \right)^{\frac{1}{2}},$$

则极限 $\lim_{x \to -\infty} u(x)$ 存在且等于 1.

第一步 证明 $\|u\|_{L^\infty}$ 和 $\|u'\|_{L^\infty}$ 都是有界的.

因为对任意 $x \in \mathbb{R}$ 有 $u(x) \leqslant U(x)$, 则

$$\|u\|_{L^\infty} \leqslant u_+ := \frac{\alpha + \sqrt{\alpha^2 + 4\beta}}{2\beta}.$$

另外, 易知 $u(x)$ 还满足

$$u(x) = \frac{1}{\lambda_2 - \lambda_1} \int_x^\infty \left(e^{\lambda_1(x-y)} - e^{\lambda_2(x-y)}\right)$$
$$\times \left(-\alpha u^2(y) + \beta u^3(y) + (1 + \alpha - \beta)u(\phi * u)(y)\right) dy,$$

其中 $\lambda_1 < \lambda_2 < 0$ 是特征方程 $\lambda^2 + c\lambda + 1 = 0$ 的两个负根, 因此

$$u'(x) = \frac{1}{\lambda_2 - \lambda_1} \int_x^\infty \left(\lambda_1 e^{\lambda_1(x-y)} - \lambda_2 e^{\lambda_2(x-y)}\right)$$
$$\times \left(-\alpha u^2(y) + \beta u^3(y) + (1 + \alpha - \beta)u(\phi * u)(y)\right) dy,$$

这说明对任意 $x \in \mathbb{R}$ 有

$$|u'(x)| \leqslant \frac{2}{\sqrt{c^2 - 4}} \left((1 + 2\alpha - \beta)u_+^2 + \beta u_+^3\right) =: M',$$

从而 $\|u\|_{L^\infty}$ 和 $\|u'\|_{L^\infty}$ 都是有界的.

　　第二步　证明如果

$$c > (1 + \alpha - \beta)\sqrt{n_2}\|u\|_{L^\infty},$$

则 $u' \in L^2(\mathbb{R})$ 且 $\lim_{x \to \pm\infty} u'(x) = 0$.

　　定义 $W'(x) = x(1 + \beta x)(1 - x)$, 则方程 (3.3) 可化为

$$cu' = -u'' - u(1 + \beta u)(1 - u) - (1 + \alpha - \beta)u(u - \phi * u).$$

在上式两边同时乘以 u', 并从 $-A < 0$ 到 $B > 0$ 积分, 可得

$$c \int_{-A}^B u'^2 dx = \left[-\frac{1}{2}u'^2 - W(u)\right]_{-A}^B - (1 + \alpha - \beta)\int_{-A}^B u'u(u - \phi * u)dx,$$

剩下的证明过程与文章 [4] 中第 2096 页到第 2097 页的引理 3 证明类似, 这里不再赘述.

　　第三步　进一步证明如果 $c > (1 + \alpha - \beta)\sqrt{n_2}\|u\|_{L^\infty}$, 则极限 $\lim_{x \to -\infty} u(x)$ 存在且等于 1.

定义 u 在 $-\infty$ 处的极限集为 Γ. 因为 u 是有界的, 所以 Γ 是非空的. 令 $\xi \in \Gamma$, 则存在一个序列 $x_n \to -\infty$, 使得 $u(x_n) \to \xi$. 从而 $v_n(x) = u(x + x_n)$ 满足

$$v_n'' + cv_n' = -v_n \left\{ 1 + \alpha v_n - \beta v_n^2 - (1 + \alpha - \beta)(\phi * v_n) \right\}, \quad x \in \mathbb{R}.$$

由椭圆的内估计以及 Sobolev 嵌入定理, 知道可以从序列 $\{v_n\}$ 中提取一个子列, 不妨还记为 $\{v_n\}$, 使其满足 v_n 在 $C_{\text{loc}}^{1,\beta}(\mathbb{R})$ 上强收敛到 v, 而在 $W_{\text{loc}}^{2,p}(\mathbb{R})$ 上弱收敛. 由第二步的证明可知

$$v'(x) = \lim_{n \to \infty} u'(x + x_n) = 0, \quad x \in \mathbb{R}.$$

另外, v 还满足

$$v'' + cv' = -v \left\{ 1 + \alpha v - \beta v^2 - (1 + \alpha - \beta)(\phi * v) \right\}, \quad x \in \mathbb{R},$$

这意味着 $v \equiv 0$ 或者 $v \equiv 1$. 又因为 $v(0) = \lim_{n \to \infty} u(x_n) = \xi$, 则 $\xi \in \{0, 1\}$. 另外我们还知道 u 是连续的且 Γ 是连通的, 从而 $\Gamma = \{0\}$ 或者 $\Gamma = \{1\}$. 结合 (3.4) 可得 $\lim_{x \to -\infty} u(x) = 1$, 从而证明了定理 3.2.　　$\square$

3.4　单调行波解的存在性

在 3.2 节中, 证明对任意的 $c > c^*$, 方程 (3.1) 存在连接 0 到未知正稳态的行波解. 进一步, 在 3.3 节中证明了对于充分大的 c, 这个未知的正稳态恰好就是方程 (3.1) 的平衡点 1. 然而, 我们还是不知道方程 (3.1) 是否存在单调行波解. 因此, 在这一节将给出方程 (3.1) 存在单调行波解的一个充分条件, 也就是定理 3.3.

令 $u(x, t) = U(x - ct)$, 并将其代入方程 (3.5) 得

$$U''(\xi) + cU'(\xi) + U(\xi) \left\{ 1 + \alpha U(\xi) - \beta U^2(\xi) - (1 + \alpha - \beta) \int_{\mathbb{R}} U(\xi - s) \phi_\sigma(s) ds \right\} = 0.$$

$$\tag{3.15}$$

对方程 (3.15) 在 $u \equiv 1$ 处线性化, 可得特征方程

$$\Psi(c, \sigma, \lambda) := \lambda^2 + c\lambda + (\alpha - 2\beta) - (1 + \alpha - \beta) \int_{\mathbb{R}} e^{-\lambda s} \phi_\sigma(s) ds$$

$$= \lambda^2 + c\lambda + (\alpha - 2\beta) - (1 + \alpha - \beta) \int_{\mathbb{R}} e^{-\lambda \sigma s} \phi(s) ds = 0,$$

它等价于 (通过变量替换 $\lambda' = \sigma \lambda$)

$$\frac{\lambda^2}{\sigma^2} + c\frac{\lambda}{\sigma} + (\alpha - 2\beta) = (1 + \alpha - \beta) \int_{\mathbb{R}} e^{-\lambda s} \phi(s) ds = (1 + \alpha - \beta) L(\lambda),$$

其中 $L(\lambda) = \int_{\mathbb{R}} e^{-\lambda s} \phi(s) ds$.

接下来, 给出如下结果.

命题 3.1 对任意 $c \geqslant 0$, 存在 $\sigma(c) \in (0, +\infty)$ 使得

(i) 如果 $\sigma < \sigma(c)$, 则 $\Psi(c, \sigma, \lambda) = 0$ 有一个最小的正根 λ_1, 且存在 $\varepsilon = \varepsilon(c, \sigma) \in (0, \lambda_1)$ 使得 $\Psi(c, \sigma, \lambda_1 + \varepsilon) > 0$;

(ii) 如果 $\sigma > \sigma(c)$, 则 $\Psi(c, \sigma, \lambda) = 0$ 没有负根;

(iii) $\sigma(c)$ 在 $c \in [0, \infty)$ 上是非减的.

此类证明与文章 [55] 中命题 2.1 类似, 故我们将其省略 (事实上, 这个命题的结果从图 3.1 上也很容易看到).

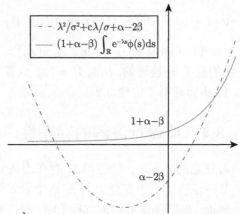

图 3.1　表示函数 $\dfrac{\lambda^2}{\sigma^2} + c\dfrac{\lambda}{\sigma} + (\alpha - 2\beta)$ 和 $(1 + \alpha - \beta)L(\lambda)$ 的曲线图. 它表明这两条曲线在 $\sigma(c)$ 充分小的时候会相交 (彩图请扫封底二维码)

为证明定理 3.3, 固定 $c > 2\sqrt{1 + \dfrac{\alpha^2}{4\beta}}$ 和 $\sigma < \sigma(c)$. 定义

$$K[\psi] := \psi''(\xi) + c\psi'(\xi)$$
$$+ \psi(\xi) \left\{ 1 + \alpha\psi(\xi) - \beta\psi^2(\xi) - (1 + \alpha - \beta) \int_{\mathbb{R}} \psi(\xi - s)\phi_\sigma(s) ds \right\}.$$

显然寻找方程 (3.15) 的解等价于寻找一个函数 u 满足 $K[u] = 0$. 接下来, 通过构造上下解以及运用单调迭代技术寻找这样的函数 u.

令 $\mu_1 < \mu_2 < 0$ 是如下方程

$$\Phi(c, \mu) := \mu^2 + c\mu + 1 + \frac{\alpha^2}{4\beta} = 0$$

的两个负根. 定义

$$\psi_-(\xi) = \begin{cases} de^{\mu_1\xi}, & \xi > \xi_-, \\ 1 - e^{\lambda_1\xi}, & \xi \leqslant \xi_-, \end{cases} \tag{3.16}$$

其中

$$\begin{cases} \xi_- = -\dfrac{1}{\lambda_1}\ln\left(1 - \dfrac{\lambda_1}{\mu_1}\right), \\ d = -\dfrac{\lambda_1}{\mu_1}\left(1 - \dfrac{\lambda_1}{\mu_1}\right)^{\left(\frac{\mu_1}{\lambda_1}-1\right)}. \end{cases} \tag{3.17}$$

从 (3.17) 易得

$$\begin{cases} de^{\mu_1\xi_-} = 1 - e^{\lambda_1\xi_-}, \\ d\mu_1 e^{\mu_1\xi_-} = -\lambda_1 e^{\lambda_1\xi_-}. \end{cases}$$

另外, 通过直接计算可得

$$de^{\mu_1\xi} > 1 - e^{\lambda_1\xi}, \quad \xi > \xi_-.$$

令

$$\widetilde{\psi}(b,\xi) = 1 - e^{\lambda_1\xi} + be^{(\lambda_1+\varepsilon)\xi}, \quad \xi \in \mathbb{R},$$

其中 $\varepsilon > 0$ 且其定义见命题 3.1, $b > 1$ 是一个常数, 其范围稍后给出. 另外, 我们还知道 $\widetilde{\psi}(b,\xi)$ 在 $\xi_b' = \dfrac{1}{\varepsilon}\ln\dfrac{\lambda_1}{b(\lambda_1+\varepsilon)}$ 处获得最小值且对任意 $\xi > \xi_b'$, 它都是单调递增的. 进一步, 令 $\xi_b = \dfrac{1}{\varepsilon}\ln\dfrac{1}{b}$, 则 $\widetilde{\psi}(b,\xi_b) = 1$ 且

$$\widetilde{\psi}(b,\xi) \geqslant 1, \quad \xi > \xi_b.$$

取 $b > 1$ 充分大满足

$$\frac{1}{\varepsilon}\ln\frac{1}{b} < \frac{1}{\lambda_1-\varepsilon}\ln\left(\frac{b\Psi(c,\sigma,\lambda_1+\varepsilon)}{3\beta + (1+\alpha-\beta)\displaystyle\int_{\mathbb{R}} e^{-\lambda_1 s}\phi_\sigma(s)ds}\right),$$

则对任意 $\xi < \xi_b$, 有

$$b\Psi(c,\sigma,\lambda_1+\varepsilon) + (\alpha-3\beta)e^{(\lambda_1-\varepsilon)\xi}\left(-1+be^{\varepsilon\xi}\right)^2 - \beta e^{(2\lambda_1-\varepsilon)\xi}\left(-1+be^{\varepsilon\xi}\right)^3$$

$$+ (1+\alpha-\beta)e^{(\lambda_1-\varepsilon)\xi}\left(-1+be^{\varepsilon\xi}\right)\left(\int_{\mathbb{R}}e^{-\lambda_1 s}\phi_\sigma(s)ds - be^{\varepsilon\xi}\int_{\mathbb{R}}e^{-(\lambda_1+\varepsilon)s}\phi_\sigma(s)ds\right)$$

$$> b\Psi(c,\sigma,\lambda_1+\varepsilon) - 3\beta e^{(\lambda_1-\varepsilon)\xi} + (1+\alpha-\beta)e^{(\lambda_1-\varepsilon)\xi}\left(-1+be^{\varepsilon\xi}\right)\int_{\mathbb{R}}e^{-\lambda_1 s}\phi_\sigma(s)ds$$

$$> b\Psi(c,\sigma,\lambda_1+\varepsilon) - \left[3\beta + (1+\alpha-\beta)\int_{\mathbb{R}}e^{-\lambda_1 s}\phi_\sigma(s)ds\right]e^{(\lambda_1-\varepsilon)\xi} > 0.$$

定义

$$\psi_+(\xi) = \begin{cases} \widetilde{\psi}(b,\xi), & \xi < \xi_b, \\ 1, & \xi \geqslant \xi_b, \end{cases} \tag{3.18}$$

则有如下引理.

引理 3.4 如果 $b > 1$ 充分大, 则 $\psi_-(\xi) \leqslant \psi_+(\xi)$, $\xi \in \mathbb{R}$.

证明 由 (3.17) 得

$$\xi_- = -\frac{1}{\lambda_1}\ln\left(1-\frac{\lambda_1}{\mu_1}\right),$$

从而当 b 充分大时有 $\xi_- > \xi_b$, 所以对任意 $\xi < \xi_b$, 有

$$\psi_-(\xi) = 1 - e^{\lambda_1\xi} < \psi_+(\xi) = 1 - e^{\lambda_1\xi} + be^{(\lambda_1+\varepsilon)\xi},$$

而对任意的 $\xi \geqslant \xi_b$ 有 $\psi_-(\xi) = de^{\mu_1\xi} < 1 = \psi_+(\xi)$. $\qquad\square$

下面我们说明 ψ_- 和 ψ_+ 分别是 $K[\psi] = 0$ 的上下解.

引理 3.5 (i) $K[\psi_-](\xi) \leqslant 0$, $\xi \in \mathbb{R}\backslash\{\xi_-\}$.

(ii) 如果 $b > 1$ 充分大, 则对任意 $\xi \in \mathbb{R}\backslash\{\xi_b\}$ 都有 $K[\psi_+](\xi) \geqslant 0$.

证明 先证明 (i). 分两种情形, 当 $\xi \geqslant \xi_-$ 时有

$$K[\psi_-](\xi) = -\beta\psi_-\left(\psi_- - \frac{\alpha}{2\beta}\right)^2 - (1+\alpha-\beta)\psi_-\int_{\mathbb{R}}\psi_-(\xi-s)\phi_\sigma(s)ds < 0,$$

结论显然成立. 当 $\xi < \xi_-$ 时, 因为

$$1 - \int_{\mathbb{R}}\psi_-(\xi-s)\phi_\sigma(s)ds$$

$$= 1 - \int_{-\infty}^{\xi_-} \left(1 - e^{\lambda_1 s}\right) \phi_\sigma(\xi - s) ds - \int_{\xi_-}^{+\infty} de^{\mu_1 s} \phi_\sigma(\xi - s) ds$$

$$= \int_{\mathbb{R}} e^{\lambda_1 s} \phi_\sigma(\xi - s) ds + \int_{\xi_-}^{+\infty} \left(1 - e^{\lambda_1 s} - de^{\mu_1 s}\right) \phi_\sigma(\xi - s) ds$$

$$\leqslant \int_{\mathbb{R}} e^{\lambda_1 s} \phi_\sigma(\xi - s) ds$$

$$= e^{\lambda_1 \xi} \int_{\mathbb{R}} e^{-\lambda s} \phi_\sigma(s) ds,$$

则

$$K[\psi_-](\xi)$$

$$= (-\lambda_1^2 - c\lambda_1)e^{\lambda_1 \xi} + \left(1 - e^{\lambda_1 \xi}\right) \left\{ 1 + \alpha(1 - e^{\lambda_1 \xi}) - \beta \left(1 - e^{\lambda_1 \xi}\right)^2 \right.$$

$$\left. - (1 + \alpha - \beta) \int_{\mathbb{R}} \phi_\sigma(s) \psi_-(\xi - s) ds \right\}$$

$$= (-\lambda_1^2 - c\lambda_1)e^{\lambda_1 \xi} + \left(1 - e^{\lambda_1 \xi}\right) \left\{ 1 + \alpha - \beta + (2\beta - \alpha)e^{\lambda_1 \xi} - \beta e^{2\lambda_1 \xi} \right.$$

$$\left. - (1 + \alpha - \beta) \int_{\mathbb{R}} \phi_\sigma(s) \psi_-(\xi - s) ds \right\}$$

$$= (-\lambda_1^2 - c\lambda_1)e^{\lambda_1 \xi} + (1 + \alpha - \beta) \left(1 - e^{\lambda_1 \xi}\right) \left(1 - \int_{\mathbb{R}} \phi_\sigma(s) \psi_-(\xi - s) ds\right)$$

$$+ \left(1 - e^{\lambda_1 \xi}\right) \left\{ (2\beta - \alpha) e^{\lambda_1 \xi} - \beta e^{2\lambda_1 \xi} \right\}$$

$$\leqslant (-\lambda_1^2 - c\lambda_1)e^{\lambda_1 \xi} + (1 + \alpha - \beta) \left(1 - e^{\lambda_1 \xi}\right) e^{\lambda_1 \xi} \int_{\mathbb{R}} e^{-\lambda_1 s} \phi_\sigma(s) ds$$

$$+ (2\beta - \alpha)e^{\lambda_1 \xi} - (3\beta - \alpha)e^{2\lambda_1 \xi} + \beta e^{3\lambda_1 \xi}$$

$$= \left[-\lambda_1^2 - c\lambda_1 + (2\beta - \alpha) + (1 + \alpha - \beta) \int_{\mathbb{R}} e^{-\lambda_1 s} \phi_\sigma(s) ds \right] e^{\lambda_1 \xi}$$

$$- (1 + \alpha - \beta)e^{2\lambda_1 \xi} \int_{\mathbb{R}} e^{-\lambda_1 s} \phi_\sigma(s) ds - (3\beta - \alpha)e^{2\lambda_1 \xi} + \beta e^{3\lambda_1 \xi}$$

$$= \left[-(1 + \alpha - \beta) \int_{\mathbb{R}} e^{-\lambda_1 s} \phi_\sigma(s) ds - (3\beta - \alpha) \right] e^{2\lambda_1 \xi} + \beta e^{3\lambda_1 \xi}$$

$$= \left[-(\lambda_1^2 + c\lambda_1) - (\alpha - 2\beta) + (\alpha - 3\beta) \right] e^{2\lambda_1 \xi} + \beta e^{3\lambda_1 \xi}$$

$$= \left[-(\lambda_1^2 + c\lambda_1) - \beta + \beta e^{\lambda_1 \xi} \right] e^{2\lambda_1 \xi} < 0,$$

从而结论成立.

再证 (ii). 同样分两种情形, 当 $\xi \geqslant \xi_b$ 时有

$$K[\psi_+] = 1 + \alpha - \beta - (1 + \alpha - \beta)(\phi_\sigma * \psi_+) \geqslant 0,$$

从而结论成立. 而当 $\xi < \xi_b$ 时, 易知

$$1 - \int_{\mathbb{R}} \psi_+(\xi - s)\phi_\sigma(s)ds$$

$$= 1 - \int_{\mathbb{R}} \psi_+(s)\phi_\sigma(\xi - s)ds$$

$$= 1 - \int_{-\infty}^{\xi_b} \phi_\sigma(\xi - s)\widetilde{\psi}(b, \xi)ds - \int_{\xi_b}^{+\infty} \phi_\sigma(\xi - s)ds$$

$$= 1 - \int_{\mathbb{R}} \phi_\sigma(\xi - s)\widetilde{\psi}(b, \xi)ds + \int_{\xi_b}^{+\infty} \left(\widetilde{\psi}(b, \xi) - 1\right)\phi_\sigma(\xi - s)ds$$

$$\geqslant 1 - \int_{\mathbb{R}} \phi_\sigma(\xi - s)\widetilde{\psi}(b, \xi)ds$$

$$= e^{\lambda_1 \xi} \int_{\mathbb{R}} e^{-\lambda_1 s}\phi_\sigma(s)ds - be^{(\lambda_1 + \varepsilon)\xi} \int_{\mathbb{R}} e^{-(\lambda_1 + \varepsilon)s}\phi_\sigma(s)ds, \tag{3.19}$$

从而由 (3.18) 和 (3.19) 可得

$$K[\psi_+]$$

$$= (-\lambda_1^2 - c\lambda_1)e^{\lambda_1 \xi} + b\left[(\lambda_1 + \varepsilon)^2 + c(\lambda_1 + \varepsilon)\right]e^{(\lambda_1 + \varepsilon)\xi}$$

$$+ \left(1 - e^{\lambda_1 \xi} + be^{(\lambda_1 + \varepsilon)\xi}\right)\left\{1 + \alpha\left(1 - e^{\lambda_1 \xi} + be^{(\lambda_1 + \varepsilon)\xi}\right)\right.$$

$$\left. - \beta\left(1 - e^{\lambda_1 \xi} + be^{(\lambda_1 + \varepsilon)\xi}\right)^2 - (1 + \alpha - \beta)\int_{\mathbb{R}} \phi_\sigma(s)\psi_+(\xi - s)ds\right\}$$

$$= (-\lambda_1^2 - c\lambda_1)e^{\lambda_1 \xi} + b\left[(\lambda_1 + \varepsilon)^2 + c(\lambda_1 + \varepsilon)\right]e^{(\lambda_1 + \varepsilon)\xi}$$

$$+ \left(1 - e^{\lambda_1 \xi} + be^{(\lambda_1 + \varepsilon)\xi}\right)$$

$$\times \left\{1 + \alpha + \alpha\left(-e^{\lambda_1 \xi} + be^{(\lambda_1 + \varepsilon)\xi}\right) - 2\beta\left(-e^{\lambda_1 \xi} + be^{(\lambda_1 + \varepsilon)\xi}\right) - \beta\right.$$

$$\left. + \beta\left(-e^{\lambda_1 \xi} + be^{(\lambda_1 + \varepsilon)\xi}\right)^2 - (1 + \alpha - \beta)\int_{\mathbb{R}} \phi_\sigma(s)\psi_+(\xi - s)ds\right\}$$

$$= \left[-\lambda_1^2 - c\lambda_1 - (\alpha - 2\beta)\right]e^{\lambda_1 \xi}$$

$$+ b\left[(\lambda_1+\varepsilon)^2 + c(\lambda_1+\varepsilon) - (\alpha-2\beta)\right]e^{(\lambda_1+\varepsilon)\xi}$$

$$+ (1+\alpha-\beta)\left(1 - e^{\lambda_1\xi} + be^{(\lambda_1+\varepsilon)\xi}\right)\left(1 - \int_{\mathbb{R}}\phi_\sigma(s)\psi_+(\xi-s)ds\right)$$

$$+ (\alpha-3\beta)\left(-e^{\lambda_1\xi} + be^{(\lambda_1+\varepsilon)\xi}\right)^2 - \beta\left(-e^{\lambda_1\xi} + be^{(\lambda_1+\varepsilon)\xi}\right)^3$$

$$\geqslant \left[-\lambda_1^2 - c\lambda_1 - (\alpha-2\beta)\right]e^{\lambda_1\xi}$$

$$+ b\left[(\lambda_1+\varepsilon)^2 + c(\lambda_1+\varepsilon) + (\alpha-2\beta)\right]e^{(\lambda_1+\varepsilon)\xi}$$

$$+ (1+\alpha-\beta)\left(1 - e^{\lambda_1\xi} + be^{(\lambda_1+\varepsilon)\xi}\right)\left(e^{\lambda_1\xi}\int_{\mathbb{R}}e^{-\lambda_1 s}\phi_\sigma(s)ds\right.$$

$$\left. - be^{(\lambda_1+\varepsilon)\xi}\int_{\mathbb{R}}e^{-(\lambda_1+\varepsilon)s}\phi_\sigma(s)ds\right) + (\alpha-3\beta)\left(-e^{\lambda_1\xi} + be^{(\lambda_1+\varepsilon)\xi}\right)^2$$

$$- \beta\left(-e^{\lambda_1\xi} + be^{(\lambda_1+\varepsilon)\xi}\right)^3$$

$$= -e^{\lambda_1\xi}\Psi(c,\sigma,\lambda_1) + be^{(\lambda_1+\varepsilon)\xi}\Psi(c,\sigma,\lambda_1+\varepsilon)$$

$$+ (\alpha-3\beta)\left(-e^{\lambda_1\xi} + be^{(\lambda_1+\varepsilon)\xi}\right)^2$$

$$- \beta\left(-e^{\lambda_1\xi} + be^{(\lambda_1+\varepsilon)\xi}\right)^3 + (1+\alpha-\beta)\left(-e^{\lambda_1\xi} + be^{(\lambda_1+\varepsilon)\xi}\right)$$

$$\times\left(e^{\lambda_1\xi}\int_{\mathbb{R}}e^{-\lambda_1 s}\phi_\sigma(s)ds - be^{(\lambda_1+\varepsilon)\xi}\int_{\mathbb{R}}e^{-(\lambda_1+\varepsilon)s}\phi_\sigma(s)ds\right)$$

$$= e^{(\lambda_1+\varepsilon)\xi}\left[b\Psi(c,\sigma,\lambda_1+\varepsilon) + (\alpha-3\beta)e^{(\lambda_1-\varepsilon)\xi}\left(-1+be^{\varepsilon\xi}\right)^2\right.$$

$$- \beta e^{(2\lambda_1-\varepsilon)\xi}\left(-1+be^{\varepsilon\xi}\right)^3 + (1+\alpha-\beta)e^{(\lambda_1-\varepsilon)\xi}\left(-1+be^{\varepsilon\xi}\right)$$

$$\left.\times\left(\int_{\mathbb{R}}e^{-\lambda_1 s}\phi_\sigma(s)ds - be^{\varepsilon\xi}\int_{\mathbb{R}}e^{-(\lambda_1+\varepsilon)s}\phi_\sigma(s)ds\right)\right]$$

$$> 0,$$

从而结论成立. $\qquad\qquad\qquad\qquad\qquad\qquad\qquad\qquad\qquad\qquad\qquad\qquad\square$

接下来我们证明定理 3.3.

定理 3.3 的证明 首先考虑当 $c > 2\sqrt{1 + \dfrac{\alpha^2}{3\beta}}$ 且 $\sigma < \sigma(c)$ 的情形. 我们知道 $K[\psi] = 0$ 等价于

$$\psi(\xi) = T[\psi](\xi), \tag{3.20}$$

其中

$$T[\psi](\xi) = \frac{1}{\widetilde{\mu}_1 - \widetilde{\mu}_2} \int_{-\infty}^{\xi} \left[e^{\widetilde{\mu}_1(\xi-y)} - e^{\widetilde{\mu}_2(\xi-y)} \right]$$

$$\times \left[\beta\psi^3 - \alpha\psi^2 + \frac{\alpha^2}{3\beta}\psi + (1+\alpha-\beta)\psi \times (\psi * \phi_\sigma)(y) \right] dy,$$

且 $\widetilde{\mu}_1 < \widetilde{\mu}_2 < 0$ 是方程 $\mu^2 + c\mu + 1 + \dfrac{\alpha^2}{3\beta} = 0$ 的根. 因为对任意 $u \in \mathbb{R}$, 都有

$3\beta u^2 - 2\alpha u + \dfrac{\alpha^2}{3\beta} \geqslant 0$, 则算子 $T[\psi]$ 是单调的. 令 ψ_- 和 ψ_+ 分别如 (3.16) 和

(3.18) 中的定义, 则由引理 3.5 以及 [70] 中的推论 16 可得

$$\psi_- \leqslant T[\psi_-] \quad \text{且} \quad \psi_+ \geqslant T[\psi_+].$$

定义迭代序列 $v_0 = \psi_+$, $v_{n+1} = T[v_n]$, $n \geqslant 0$, 则

$$\psi_- \leqslant \cdots \leqslant v_n \leqslant v_{n-1} \leqslant \cdots \leqslant v_1 \leqslant v_0 = \psi_+.$$

令

$$u(\xi) := \lim_{n\to\infty} v_n(\xi), \quad \xi \in \mathbb{R},$$

则 $u(\xi)$ 在 $\mathbb{R}$ 上是一个连续、非增函数且 $u(\pm\infty)$ 存在. 显然 $u = T[u]$ 且 $\psi_- \leqslant u \leqslant \psi_+$. 进一步, 由 (3.20) 可知 $u(\pm\infty)$ 满足

$$\left(1 + \frac{\alpha^2}{3\beta} \right) x = \beta x^3 - \alpha x^2 + \frac{\alpha^2}{3\beta} x + (1+\alpha-\beta)x^2.$$

结合 $\psi_-(-\infty) \leqslant u(-\infty) \leqslant \psi_+(-\infty)$ 和 $\psi_-(+\infty) \leqslant u(+\infty) \leqslant \psi_+(+\infty)$ 可得

$$u(-\infty) = 1 \quad \text{且} \quad u(+\infty) = 0.$$

而当 $c = 2\sqrt{1 + \dfrac{\alpha^2}{3\beta}}$ 或 $\sigma = \sigma(c)$ 时, 不失一般性, 这里仅考虑 $c = 2\sqrt{1 + \dfrac{\alpha^2}{3\beta}}$

且 $\sigma = \sigma(c)$ 的情形. 选取序列 $c_n > 2\sqrt{1 + \dfrac{\alpha^2}{3\beta}}$ 和 $\sigma_n < \sigma(c_n, \phi)$ 满足 $c_n \to$

$2\sqrt{1 + \dfrac{\alpha^2}{3\beta}}$ 和 $\sigma_n \to \sigma(c)$, 显然对每一个 n, u_n 都是单调行波且对应的波速为

c_n. 固定 $u_n(0) = \dfrac{1}{2}$. 由 Helly 定理知, 存在 $\{u_n\}$ 的一个子列 $\{u_{n_k}\}$, 使得随着

$k \to \infty$, u_{n_k} 在 $\mathbb{R}$ 上逐点收敛到非增函数 u. 进一步, 由 Lebesgue 控制收敛定理得 $u = T[u]$ 且 $u \in C^2$. 另外, 因为 $u(0) = \dfrac{1}{2}$, 所以 $u(-\infty) = 1$ 且 $u(+\infty) = 0$. 从而完成了定理 3.3 的证明. $\square$

3.5　数　值　模　拟

在 3.3 节和 3.4 节中, 证明了在适当的条件下, 定理 3.1 中提到的未知正稳态可以是方程的平衡解 $u = 1$. 接下来, 在这一小节中将证明这个未知正稳态也可能是一个周期稳态. 具体地, 首先给出一些数值模拟结果, 然后通过线性稳定分析对这些数值模拟结果给出一定的解释. 需要说明的是, 这一节中仅考虑核函数取特殊的形式 $\phi(x) := \dfrac{1}{2\sigma} e^{-\frac{|x|}{\sigma}}$, $\sigma > 0$.

令

$$w(t,x) := (\phi * u)(t,x) = \int_{\mathbb{R}} \frac{1}{2\sigma} e^{-\frac{|x-y|}{\sigma}} u(t,y) dy,$$

则方程 (3.1) 可化为

$$\begin{cases} u_t = u_{xx} + u\{1 + \alpha u - \beta u^2 - (1 + \alpha - \beta)w\}, \\ 0 = w_{xx} + \dfrac{1}{\sigma^2}(u - w). \end{cases} \tag{3.21}$$

在进行数值模拟之前, 首先给出初值条件. 定义 $u(t,x)$ 的初值为

$$u(0,x) = \begin{cases} 1, & x \leqslant L_0, \\ 0, & x > L_0. \end{cases} \tag{3.22}$$

因为 $w(x,0)$ 取决于

$$w(0,x) = \int_{\mathbb{R}} \frac{1}{2\sigma} e^{-\frac{|x-y|}{\sigma}} u(0,y) dy,$$

则

$$w(0,x) = \begin{cases} 1 - \dfrac{1}{2} e^{\frac{(x-L_0)}{\sigma}}, & x \leqslant L_0, \\ \dfrac{1}{2} e^{-\frac{(x-L_0)}{\sigma}}, & x > L_0. \end{cases} \tag{3.23}$$

另外, 这里考虑边界条件为 Neumann 边界条件. 结合 (3.22) 和 (3.23), 我们知道系统 (3.21) 可以通过 MATLAB 中的 pdepe 函数进行数值模拟 (参见图 3.2 和图 3.3).

接下来, 简单解释一下这些数值模拟结果. 从图 3.2 中我们发现, 会出现一个 "波峰", 这刚好与 Gourley 等在文章 [60] 中的图 1 相吻合. 从图 3.3, 我们发现当参数取值为 $\alpha = 2$, $\beta = 0.4$ 和 $\sigma = 1$ 时, 行波是连接 0 到 1 的单调行波. 固定 $\alpha = 2$ 且 $\beta = 0.4$, 随着 σ 增加, 也就是 σ 分别取 $\dfrac{5}{3}$ 和 2 时, 我们发现行波会失去其单调性并随之出现 "波峰" (这与图 3.2 类似). 最后, 当 σ 取值为 $\dfrac{10}{3}$ 时, 我们发现会出现周期稳态且行波是连接平衡点 0 到这个周期稳态的.

接下来, 通过线性稳定分析, 讨论随着 $\sigma > 0$ 的增加, 为什么以及什么时候会出现连接平衡点 0 到一个周期稳态 (换句话说, 周期稳态出现). 需要指出的是, 类似的问题在 Gourley 等的文章 [60] 中也有提及, 他们考虑的变化参数是 α. 显然, 系统 (3.21) 存在三个平衡点 $(0,0)$, $(1,1)$ 和 $\left(-\dfrac{1}{\beta}, -\dfrac{1}{\beta}\right)$. 不过从生物的角度出发, 我们只关心平衡点 $(1,1)$.

作变换 $u = 1 + \widetilde{u}$ 和 $w = 1 + \widetilde{w}$, 可得线性系统

$$\begin{cases} \widetilde{u}_t = \widetilde{u}_{xx} + (\alpha - 2\beta)\widetilde{u} - (1 + \alpha - \beta)\widetilde{w}, \\ 0 = \widetilde{w}_{xx} + \dfrac{1}{\sigma^2}\left(\widetilde{u} - \widetilde{w}\right). \end{cases} \tag{3.24}$$

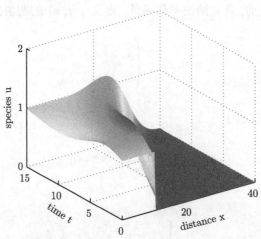

图 3.2　表示非局部方程 (3.1) 的时空演化图, 其中计算区域为 $x \in [0, 40]$ 且 $t \in [0, 15]$, 另外相应的参数值为: $L_0 = 10$, $\alpha = 0.2$, $\beta = 0$, $\sigma = 4$ (彩图请扫封底二维码)

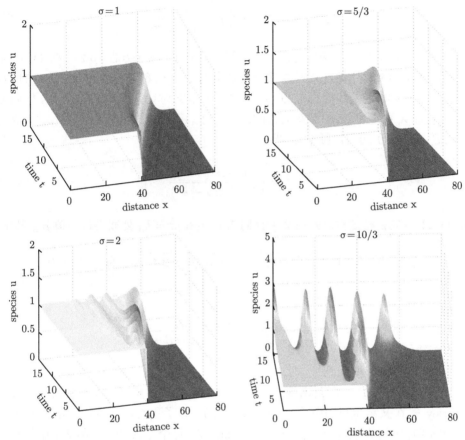

图 3.3　表示非局部方程 (3.1) 的时空演化图，其中计算区域为 $x \in [0, 80]$ 且 $t \in [0, 15]$，另外，相应的参数值为: $L_0 = 40$, $\alpha = 2$, $\beta = 0.4$ 且 σ 的取值依次为 1, $\dfrac{5}{3}$, 2, $\dfrac{10}{3}$

(彩图请扫封底二维码)

选取如下形式的试验函数

$$\begin{pmatrix} \widetilde{u} \\ \widetilde{w} \end{pmatrix} = \sum_{k=1}^{\infty} \begin{pmatrix} \mathrm{C}_k^1 \\ \mathrm{C}_k^2 \end{pmatrix} e^{\lambda t + ikx}, \tag{3.25}$$

其中 $k \in \mathbb{R}$ 是频率. 将 (3.25) 代入 (3.24) 中得

$$-(\alpha - 2\beta - k^2 - \lambda)\left(\frac{1}{\sigma^2} + k^2\right) + (1 + \alpha - \beta)\frac{1}{\sigma^2} = 0,$$

从而

$$\lambda = (\alpha - 2\beta - k^2) - \frac{1 + \alpha - \beta}{1 + k^2\sigma^2}. \tag{3.26}$$

显然当 $\alpha > 2\beta$ 时, 对任意 $\sigma > 0$, 都有 $\lambda \in \mathbb{R}$, 从而方程 (3.21) 在 $(1,1)$ 附近不会出现 Hopf 分支. 又因为对于充分小的 σ, (3.26) 中得到的 λ 是负的, 从而 $(u, w) = (1,1)$ 是线性稳定的 (这说明 3.4 节的讨论是有意义的). 然而, 随着 σ 的增大, λ 可能穿过 0 而变成正的, 这说明 $(1,1)$ 将失去其稳定性. 对于满足 $\alpha - 2\beta - k^2 > 0$ 的固定频率 k, 当

$$\sigma^2 = \frac{1 + \beta + k^2}{k^2(\alpha - 2\beta - k^2)} \tag{3.27}$$

时, $(1,1)$ 将失去稳定性. 从 (3.27) 我们知道 σ 在 $k = k_c$ 处取得最小值 σ_c, 其中

$$k_c^2 = -(1 + \beta) + \sqrt{(1 + \beta)^2 + (1 + \beta)(\alpha - 2\beta)} := -(1 + \beta) + B$$

且

$$\sigma_c = \left[\frac{B}{(-(1 + \beta) + B)(1 + \alpha - \beta - B)} \right]^{\frac{1}{2}}.$$

因此, 随着 σ 增加到 σ_c 时, 一致稳态 $(1,1)$ 将失去稳定性且形如 $e^{ik_c x}$ 的非一致稳态将会在 $(1,1)$ 附近出现 (值得注意的是, 完整的稳态分支分析讨论类似于 Gourley 等在文章 [60] 中的第四部分的讨论). 为了更直观地表达, 当 $\alpha = 2$ 且 $\beta = 0.4$ 时, 通过直接计算可得 $\sigma_c = 2.37261965$, 这个结果恰好与图 3.3 中的数值模拟结果相吻合.

而当 $\alpha \leqslant 2\beta$ 时, 对于任意 $\sigma > 0$ 有 $\lambda < 0$, 这说明对任意的 $\sigma > 0$, 平衡点 $(1,1)$ 始终是稳定的. 在这种情形下, 在 $(1,1)$ 附近不会出现非一致稳态, 因此行波解总是连接平衡解 $u = 0$ 到 $u = 1$. 不过这时的行波解可能是非单调的 (图 3.4). 特别地, 当核函数为 $\phi(x) := \frac{1}{2\sigma}e^{-\frac{|x|}{\sigma}}$ 时, 方程 (3.1) 的行波解始终是连接 $u = 0$ 到 $u = 1$ 的.

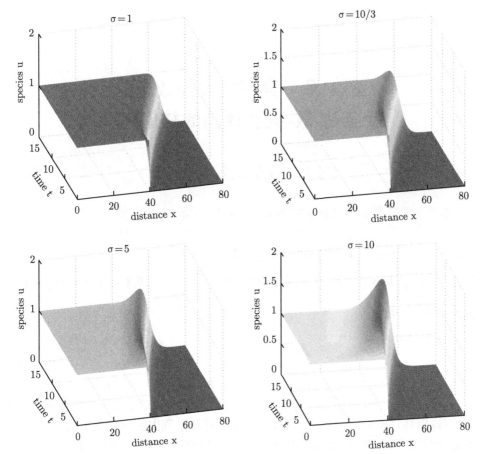

图 3.4　表示非局部方程 (3.1) 的时空演化图, 其中计算区域为 $x \in [0, 80]$ 且 $t \in [0, 15]$, 另外,
相应的参数为: $L_0 = 40$, $\alpha = 0.9$, $\beta = 0.5$ 且 σ 的取值依次为 1, $\dfrac{10}{3}$, 5, 10
(彩图请扫封底二维码)

第 4 章 具有非局部效应的
反应-扩散-突变模型的初值问题

4.1 背景及发展现状

本章主要研究如下具有非局部效应的反应-扩散-突变模型

$$\begin{cases} u_t = \theta u_{xx} + d u_{\theta\theta} + u\Big\{1 + \alpha u - \beta u^2 - (1 + \alpha - \beta) \\ \qquad \times \displaystyle\int_{\mathbb{R}} \int_{\Theta} k(x - y, \theta - \theta') u(y, \theta', t) d\theta' dy\Big\}, & (x, \theta, t) \in \mathbb{R} \times \Theta \times (0, +\infty), \\ u(x, \theta, 0) = u_0(x, \theta), & (x, \theta) \in \mathbb{R} \times \Theta, \\ \dfrac{\partial u}{\partial \theta}(x, \theta, t) = 0, & (x, \theta, t) \in \mathbb{R} \times \partial\Theta \times (0, +\infty), \end{cases}$$

$$(4.1)$$

其中 $d > 0$, $\alpha > 0$, $0 < \beta < 1 + \alpha$, k 和 u_0 都是非负的连续函数. 另外, $\Theta := (\theta_{\min}, \theta_{\max})$ 是 $(0, +\infty)$ 中的有界子集. 我们研究问题 (4.1) 的动机来自对种群 (特别是甘蔗蟾蜍种群) 在选择、突变和迁移过程中的动力学建模, 其中表型性状 (例如腿的长度) θ 影响扩散率. 这个问题的开创性工作源于 Phillips 等[147], 他们研究了澳大利亚蟾蜍的入侵, 发现蟾蜍具有很强的突变能力 (首先到达新地区的蟾蜍腿更长). 此外, 他们还发现蟾蜍的传播速度随着时间的增长而增加. 由于经典 Fisher-KPP 方程的结果解释不了该现象, 因此 Benichou 等[17] 对经典的 Fisher-KPP 方程进行了改进, 并给出了以下方程

$$u_t = \theta u_{xx} + d u_{\theta\theta} + r u \left(1 - \int_{\Theta} u(x, \theta, t) d\theta\right), \quad (x, \theta, t) \in \mathbb{R} \times \Theta \times (0, \infty) \quad (4.2)$$

来描述文章 [147] 中的现象. 但是, 他们忽略了蟾蜍群集的优势, 没有细化竞争 (分为资源和空间竞争). 为了使模型更加具有实际意义, 受文章 [12, 15, 41, 43, 44, 60, 85] 的启发, 我们改进了模型 (4.2) 并给出了一个新的模型 (4.1). 在模型 (4.1) 中, x 表示空间变量, θ 表示运动性状, 参数 $d > 0$ 表示突变率. 此外, αu 反映了局部聚集为个体带来的优势, 积分项和 $-\beta u^2$ 分别描述了对食物资源和空间的竞争.

近年来, 数学、生物学界广泛关注了这一类型的模型, 并且对模型 (4.1) 的不同形式做了许多工作. Alfaro 等[6] 考虑了如下模型

$$u_t - \Delta_{x,\theta}u = \left(r(\theta - x) - \int_{\mathbb{R}} k(\theta - x, \theta' - x)u(x,\theta',t)d\theta' \right) u, \qquad (4.3)$$

这里的性状只影响物种的生长速度, 他们证明了方程 (4.3) 存在行波解, 其速度超过了临界值. Berestycki 等[24] 研究一个类似的方程, 并证明了相应方程的行波解的存在性和唯一性, 此外, 他们还给出了渐近传播速度. 同时, 通过研究方程 (4.2) 的行波解, Bouin 和 Calvez[18] 证明了当 $c = c^*$ 时, 方程 (4.2) 存在行波解, 其中 c^* 是最小速度. 而关于甘蔗蟾蜍方程解的渐近传播的研究始于文章 [19, 26] 提出的 Hamilton-Jacobi 框架. 在文章 [168] 中严格证明了在 θ 属于有限区间时, 该框架是正确的. 最近, Lam 和 Lou [114] 研究了当突变率足够小时, 正稳态解的渐近行为. 他们指出, 解在空间变量中保持正则性, 而在性状变量中集中, 并形成了以最低扩散速率支撑的 Dirac 质量. 此外, 通过应用相应的非局部特征值问题和度理论, Lam[103] 证明了正稳态解的稳定性和唯一性. 另外, Bouin 等[23] 集中研究了方程 (4.2) 中的超线性传播, 并证明当 $\Theta = (\underline{\theta}, +\infty)$ 时, 种群以 $t^{3/2}$ 的速度扩散. 有关性状的突变-选择模型的更多研究参见 [9, 22, 31, 146] 及其参考文献.

上述大部分工作仅限于动力学的定性行为的研究, 包括行波解传播的渐近传播速度. 但是, 然而由于方程为变系数的, 基本解和单调迭代序列等比较难获得, 从而对应柯西问题解的适定性的研究相对较少, 很少有人提到相应柯西问题解的适定性. 这也是一个非常重要的问题. 这一章将研究柯西问题 (4.1) 解的动力学行为, 包括存在性、唯一性和全局稳定性. 与没有突变的模型相比, (4.1) 不仅包含空间变量 x, 而且还包含性状 θ, 且具有多个变量, 因此导致了更多的复杂性. 值得注意的是, 性状 θ 影响扩散的速度, 这意味着 (4.1) 是一个变系数方程. 这使得得到模型 (4.1) 的基本解变得更加困难. 另外, 类似于文章 [28, 41, 85, 91], 由于反应项具有积分项, 因此没有最大值原理. 为了克服这些困难, 我们建立了柯西问题的拟基本解和新的比较原理.

本章的结构如下. 在 4.2 节中, 定义了问题 (4.1) 的上下解, 并建立了比较原理. 进一步构造了两个单调迭代序列, 并以此证明了柯西问题 (4.1) 解的存在性. 在 4.3 节中, 给出了解的有界性、唯一性和全局稳定性.

4.2 柯西问题解的存在性

在本节中, 证明柯西问题 (4.1) 解的存在性. 首先给出问题 (4.1) 上下解的定义; 然后, 建立比较原理, 并用以证明问题 (4.1) 解的存在性.

在定义上下解之前, 给出两个假设条件:

(K1)　$k(x,\theta)$ 是 $\mathbb{R}\times\Theta$ 上的连续非负函数, 且 $k\in L^1(\mathbb{R}\times\Theta)$, $\int_{\mathbb{R}}\int_{\Theta}k(x,\theta)d\theta dx=1$.

(K2)　$u_0(x,\theta)$ 在 $\mathbb{R}\times\Theta$ 上是连续非负的函数, 且 $u_0\in L^{\infty}(\mathbb{R}\times\Theta)$.

为了方便, 令 $I_T=\mathbb{R}\times\Theta\times(0,T)$ 和 $I_T\cup B_T=\mathbb{R}\times\Theta\times[0,T)$. 接下来, 给出柯西问题 (4.1) 上下解的定义.

定义 4.1　如果函数 $\overline{u}(x,\theta,t)$ 和 $\underline{u}(x,\theta,t)$ 满足

(i) 对任意 $(x,\theta)\in\mathbb{R}\times\Theta$ 有 $\overline{u}(x,\theta,0)\geqslant u_0(x,\theta)\geqslant\underline{u}(x,\theta,0)$.

(ii) 对任意 $(x,\theta,t)\in\mathbb{R}\times\partial\Theta\times(0,T)$ 有 $\dfrac{\partial\overline{u}}{\partial\theta}(x,\theta,t)=\dfrac{\partial\underline{u}}{\partial\theta}(x,\theta,t)=0$.

(iii) $\overline{u}(x,\theta,t)$, $\underline{u}(x,\theta,t)\in C^{2,1}(I_T)\cap C_B(I_T\cup B_T)$, 其中 $C_B(I_T\cup B_T)$ 是空间 $I_T\cup B_T$ 中的有界连续函数.

(iv) 对任意的 $(x,\theta,t)\in I_T$, 满足

$$
\begin{cases}
\overline{u}_t-\theta\overline{u}_{xx}-d\overline{u}_{\theta\theta}\geqslant\overline{u}\Big\{1+\alpha\overline{u}-\beta\overline{u}^2-(1+\alpha-\beta)\\
\qquad\times\displaystyle\int_{\mathbb{R}}\int_{\Theta}k(x-y,\theta-\theta')\underline{u}(y,\theta',t)d\theta'dy\Big\},\\
\underline{u}_t-\theta\underline{u}_{xx}-d\underline{u}_{\theta\theta}\leqslant\underline{u}\Big\{1+\alpha\underline{u}-\beta\underline{u}^2-(1+\alpha-\beta)\\
\qquad\times\displaystyle\int_{\mathbb{R}}\int_{\Theta}k(x-y,\theta-\theta')\overline{u}(y,\theta',t)d\theta'dy\Big\},
\end{cases}
$$

则 $\overline{u}(x,\theta,t)$ 和 $\underline{u}(x,\theta,t)$ 分别称为问题 (4.1) 在空间 I_T 中的上下解.

接下来, 在此基础上建立比较原理.

定理 4.1　假设 (K1)—(K2) 成立且 $\overline{u}(x,\theta,t)$, $\underline{u}(x,\theta,t)\geqslant 0$ 是问题 (4.1) 的上下解. 那么在 $I_T\cup B_T$ 中, $\overline{u}(x,\theta,t)\geqslant\underline{u}(x,\theta,t)$.

证明　为了方便, 用 $k*u$ 来表示 $\displaystyle\int_{\mathbb{R}}\int_{\Theta}k(x-y,\theta-\theta')u(y,\theta',t)d\theta'dy$. 令 $v(x,\theta,t)=\overline{u}(x,\theta,t)-\underline{u}(x,\theta,t)$, 那么对任意的 $(x,\theta,t)\in I_T$, 有

$$v_t-\theta v_{xx}-dv_{\theta\theta}$$

$$\geqslant\overline{u}\left\{1+\alpha\overline{u}-\beta\overline{u}^2-(1+\alpha-\beta)\int_{\mathbb{R}}\int_{\Theta}k(x-y,\theta-\theta')\underline{u}(y,\theta',t)d\theta dy\right\}$$

$$-\underline{u}\left\{1+\alpha\underline{u}-\beta\underline{u}^2-(1+\alpha-\beta)\int_{\mathbb{R}}\int_{\Theta}k(x-y,\theta-\theta')\overline{u}(y,\theta',t)d\theta'dy\right\}$$

$$=(1+2\alpha\xi-3\beta\xi^2)v-(1+\alpha-\beta)v(k*\overline{u})+(1+\alpha-\beta)\overline{u}(k*v),$$

其中 $\xi \in (\underline{u}, \overline{u})$. 定义

$$c(x,t) := \left(1 + 2\alpha\xi - 3\beta\xi^2\right) - (1 + \alpha - \beta)(k * \overline{u}),$$

那么

$$\begin{cases} v_t - \theta v_{xx} - dv_{\theta\theta} \geqslant c(x,t)v + (1 + \alpha - \beta)\overline{u}(k * v), & (x,\theta,t) \in I_T, \\ v(x,\theta,0) \geqslant 0, & (x,\theta) \in \mathbb{R} \times \Theta. \end{cases} \quad (4.4)$$

因为 $\overline{u}(x,\theta,t)$ 和 $\underline{u}(x,\theta,t)$ 都是非负有界的函数, 那么存在 $N > 0$ 使得

$$0 \leqslant \overline{u}(x,\theta,t), \ \underline{u}(x,\theta,t) \leqslant N, \quad (x,\theta,t) \in I_T \cup B_T.$$

选取 $r > 0$ 使得 $r > \max_{\xi \in [0,N]} \left(1 + 2\alpha\xi - 3\beta\xi^2\right)$. 令 $u = ve^{-rt}$, 由 (4.4) 可得

$$\begin{cases} u_t - \theta u_{xx} - du_{\theta\theta} + (r - c)u \geqslant (1 + \alpha - \beta)\overline{u}(k * u), & (x,\theta,t) \in I_T, \\ u(x,\theta,t) \geqslant 0, & (x,\theta) \in \mathbb{R} \times \Theta. \end{cases} \quad (4.5)$$

下面证明在 I_{T^0} 中有

$$u \geqslant 0,$$

其中 $T^0 = \min\left\{T, \dfrac{1}{4(1 + \alpha - \beta)N}\right\}$. 反证, 假设在 I_{T^0} 中存在一点使得 $u < 0$, 又因为 u 是有界的, 从而

$$u_{\inf} = \inf_{(x,\theta,t) \in I_{T^0}} u(x,\theta,t) < 0.$$

进一步, 由 (4.5) 可知, 在 I_{T^0} 中存在点 (x^*, θ^*, t^*) 使得

$$u(x^*, \theta^*, t^*) \leqslant \frac{u_{\inf}}{2}.$$

另外, 定义

$$w = \frac{u}{1 + x^2 + \theta^2 + \varsigma t},$$

其中 ς 是一个正常数. 由 (4.5) 得

$$\varsigma w + \left(1 + x^2 + \theta^2 + \varsigma t\right)w_t - \theta\left[2w + 4xw_x + \left(1 + x^2 + \theta^2 + \varsigma t\right)w_{xx}\right]$$

$$- d\left[2w + 4\theta w_\theta + \left(1 + x^2 + \theta^2 + \varsigma t\right)w_{\theta\theta}\right] + (r - c)\left(1 + x^2 + \theta^2 + \varsigma t\right)w$$

$$\geqslant (1 + \alpha - \beta)\overline{u}(k * u),$$

从而

$$
\begin{cases}
(1 + x^2 + \theta^2 + \varsigma t)\left(w_t - \theta w_{xx} - d w_{\theta\theta} + (r - c)w\right) - 4x\theta w_x \\
\quad -4d\theta w_\theta + (\varsigma - 2\theta - 2d)w \geqslant (1 + \alpha - \beta)(k * u), & (x, \theta, t) \in I_{T^0}, \\
w(x, \theta, 0) \geqslant 0, & (x, \theta) \in \mathbb{R} \times \Theta.
\end{cases}
\tag{4.6}
$$

由 (4.6) 和 $\lim_{|x| \to +\infty} w(x, \theta, t) = 0$ 可知, w 在 I_{T^0} 中的点 $\left(\widetilde{x}, \widetilde{\theta}, \widetilde{t}\right)$ 处达到最小值 $w_{\min}$. 因此

$$
\begin{aligned}
w_{\min} &= \min_{(x,\theta,t) \in I_{T^0}} \frac{u}{1 + x^2 + \theta^2 + \varsigma t} \\
&\leqslant \frac{u(x^*, \theta^*, t^*)}{1 + (x^*)^2 + (\theta^*)^2 + \varsigma t^*} \\
&\leqslant \frac{u_{\inf}}{2(1 + (x^*)^2 + (\theta^*)^2 + \varsigma t^*)},
\end{aligned}
$$

等价于

$$
\frac{u_{\inf}}{w_{\min}} \leqslant 2\left(1 + (x^*)^2 + (\theta^*)^2 + \varsigma t^*\right).
\tag{4.7}
$$

另外, 在点 $\left(\widetilde{x}, \widetilde{\theta}, \widetilde{t}\right)$ 有

$$
w_t\left(\widetilde{x}, \widetilde{\theta}, \widetilde{t}\right) \leqslant 0, \quad w_{\theta\theta}\left(\widetilde{x}, \widetilde{\theta}, \widetilde{t}\right) \geqslant 0, \quad w_{xx}\left(\widetilde{x}, \widetilde{\theta}, \widetilde{t}\right) \geqslant 0,
$$

$$
w_x\left(\widetilde{x}, \widetilde{\theta}, \widetilde{t}\right) = 0, \quad w_\theta\left(\widetilde{x}, \widetilde{\theta}, \widetilde{t}\right) = 0.
$$

所以

$$
\begin{aligned}
&(r - c)\left(1 + x^2 + \theta^2 + \varsigma t\right)w_{\min} + (\varsigma - 2\theta - 2d)w_{\min} \\
&\geqslant (1 + \alpha - \beta)\overline{u}\left(\widetilde{x}, \widetilde{\theta}, \widetilde{t}\right)(k * u) \\
&\geqslant (1 + \alpha - \beta)\overline{u}\left(\widetilde{x}, \widetilde{\theta}, \widetilde{t}\right)u_{\inf}.
\end{aligned}
\tag{4.8}
$$

此外, 由 (4.7) 和 (4.8) 可知

$$
(\varsigma - 2\theta - 2d)w_{\min} \geqslant (1 + \alpha - \beta)\overline{u}u_{\inf},
$$

等价于

$$\varsigma - 2\theta - 2d \leqslant (1 + \alpha - \beta)\overline{u}\frac{u_{\inf}}{w_{\inf}}$$

$$\leqslant 2(1 + \alpha - \beta)\overline{u}\left(1 + (x^*)^2 + (\theta^*)^2 + \varsigma t^*\right)$$

$$\leqslant 2(1 + \alpha - \beta)N\left(1 + (x^*)^2 + (\theta^*)^2 + \varsigma T^0\right),$$

这意味着

$$1 - 2(1 + \alpha - \beta)NT^0 \leqslant 2(1 + \alpha - \beta)\left(1 + (x^*)^2 + (\theta^*)^2\right) + 2\theta + 2d. \quad (4.9)$$

由于 x^* 与 ς 无关, 如果选择足够大的 ς, 则得到与 (4.9) 矛盾, 因此在 $I_{T^0} \cup B_{T^0}$ 中 $v(x, \theta, t) \geqslant 0$.

而如果 $T > T^0$, 将 $t = T^0$ 作为初始时刻, 重复上述过程可得在 $I_T \cup B_T$ 中,

$$v(x, \theta, t) \geqslant 0.$$

即得到想要的结果. □

下面, 通过比较原理构造两个单调序列, 以此来得到问题 (4.1) 解的存在性.

定理 4.2 假设 (K1)—(K2) 成立, $\overline{u}(x, \theta, t)$, $\underline{u}(x, \theta, t)$ 是 (4.1) 在 I_T 中的上下解. 则问题 (4.1) 在 I_T 上存在一个解 $u(x, \theta, t)$ 满足

$$\underline{u}(x, \theta, t) \leqslant u(x, \theta, t) \leqslant \overline{u}(x, \theta, t), \quad (x, \theta, t) \in I_T \cup B_T.$$

证明 因为 $\overline{u}(x, \theta, t)$, $\underline{u}(x, \theta, t)$ 是非负有界的, 那么对任意的 $(x, \theta, t) \in I_T \cup B_T$ 和 $\underline{u}(x, \theta, t) \leqslant u(x, \theta, t) \leqslant \overline{u}(x, \theta, t)$, 存在 $\widetilde{N} > 0$ 使得

$$\widetilde{N} + 1 + 2\alpha u - 3\beta u^2 \geqslant 0.$$

令 $v^0 = \underline{u}$ 和 $w^0 = \overline{u}$, 则通过如下的迭代方式

$$\begin{cases} v_t^k - \theta v_{xx}^k - dv_{\theta\theta}^k = v^{k-1}\left(1 + \alpha v^{k-1} - \beta(v^{k-1})^2\right) - (1 + \alpha - \beta)v^k \\ \qquad\qquad \times \int_{\mathbb{R}}\int_{\Theta} k(x - y, \theta - \theta')w^{k-1}(y, \theta', t)d\theta'dy \\ \qquad\qquad - \widetilde{N}(v^k - v^{k-1}), \quad (x, \theta, t) \in I_T, \\ v^k(x, \theta, 0) = u_0(x, \theta), \quad (x, \theta) \in \mathbb{R} \times \Theta, \\ \dfrac{\partial v^k}{\partial \theta}(x, \theta, t) = 0, \qquad (x, \theta, t) \in \mathbb{R} \times \partial\theta \times (0, T) \end{cases} \quad (4.10)$$

和

$$
\begin{cases}
w_t^k - \theta w_{xx}^k - d w_{\theta\theta}^k = w^{k-1}\left(1 + \alpha w^{k-1} - \beta(w^{k-1})^2\right) - (1 + \alpha - \beta)w^k \\
\qquad\qquad \times \displaystyle\int_{\mathbb{R}}\int_{\Theta} k(x-y, \theta-\theta')v^{k-1}(y,\theta',t)d\theta' dy \\
\qquad\qquad - \widetilde{N}(w^k - w^{k-1}), \quad (x,\theta,t) \in I_T, \\
w^k(x,\theta,0) = u_0(x,\theta), \quad (x,\theta) \in \mathbb{R} \times \Theta, \\
\dfrac{\partial w^k}{\partial \theta}(x,\theta,t) = 0, \qquad (x,\theta,t) \in \mathbb{R} \times \partial\theta \times (0,T),
\end{cases}
$$
$$\tag{4.11}$$

其中 $k = 1,2,\cdots$, 构造两个序列 $\{v^k\}_{k=0}^{\infty}$ 和 $\{w^k\}_{k=0}^{\infty}$. 接下来, 证明对任意 $(x,\theta,t) \in I_T \cup B_T$ 都有

$$
v^0 \leqslant v^1 \leqslant w^1 \leqslant w^0.
$$

首先定义 $\widetilde{v} = v^0 - v^1$, 那么 $\widetilde{v}$ 满足

$$
\begin{cases}
\widetilde{v}_t - \theta\widetilde{v}_{xx} - d\widetilde{v}_{\theta\theta} \leqslant -(1+\alpha-\beta)\widetilde{v}\displaystyle\int_{\mathbb{R}}\int_{\Theta} k(x-y, \theta-\theta')w^0(y,\theta',t)d\theta' dy - \widetilde{N}\widetilde{v}, \\
\qquad\qquad (x,\theta,t) \in I_T, \\
\widetilde{v}(x,\theta,0) \leqslant 0, \qquad (x,\theta) \in \mathbb{R} \times \Theta, \\
\dfrac{\partial \widetilde{v}}{\partial \theta}(x,\theta,t) = 0, \quad (x,\theta,t) \in \mathbb{R} \times \partial\Theta \times (0,T).
\end{cases}
$$

由比较原理可知 $\widetilde{v}(x,\theta,t) \leqslant 0$, 也就是, 在 $I_T \cup B_T$ 中 $v^0 \leqslant v^1$. 类似地, 可以得到在 $I_T \cup B_T$ 中 $w^1 \leqslant w^0$.

接下来, 可证在 $I_T \cup B_T$ 中 $v^1 \leqslant w^1$. 令 $\widehat{u} = v^1 - w^1$, 那么 $\widehat{u}$ 满足

$$
\begin{cases}
\widehat{u}_t - \theta\widehat{u}_{xx} - d\widehat{u}_{\theta\theta} = \left(1 + 2\alpha\widetilde{\theta} - 3\beta\widetilde{\theta}^2 + \widetilde{N}\right)(v^0 - w^0) - (1+\alpha-\beta)v^1 \\
\qquad\qquad \times (k * (w^0 - v^0)) - \left((1+\alpha-\beta)(k*v^0) + \widetilde{N}\right)\widehat{u} \\
\qquad\qquad \leqslant -\left((1+\alpha-\beta)(k*v^0) + \widetilde{N}\right)\widehat{u}, \quad (x,\theta,t) \in I_T, \\
\widehat{u}(x,\theta,0) \leqslant 0, \qquad (x,\theta) \in \mathbb{R} \times \Theta, \\
\dfrac{\partial \widehat{u}}{\partial \theta}(x,\theta,t) = 0, \quad (x,\theta,t) \in \mathbb{R} \times \partial\Theta \times (0,T),
\end{cases}
$$

其中 $\widetilde{\theta} \in (v^0, w^0)$.

另外, 证明 v^1 和 w^1 是 (4.1) 的一对上下解. 因为 $v^0 \leqslant v^1$ 和 $w^1 \leqslant w^0$, 结合 (4.10), 可以得到对任意的 $(x,\theta,t) \in I_T$ 有

$$
v_t^1 - \theta v_{xx}^1 - d v_{\theta\theta}^1 \leqslant v^0\left(1 + \alpha v^0 - \beta(v^0)^2\right) - (1+\alpha-\beta)v^1(k*w^1) - \widetilde{N}(v^1 - v^0)
$$

$$= v^1 \left(1 + \alpha v^1 - \beta (v^1)^2\right) - (1 + \alpha - \beta) v^1 (k * w^1)$$
$$+ (v^0 - v^1) \left(\widetilde{N} + 1 + 2\alpha \widehat{\theta} - 3\beta \widehat{\theta}^2\right)$$
$$\leqslant v^1 \left(1 + \alpha v^1 - \beta (v^1)^2\right) - (1 + \alpha - \beta) v^1 (k * w^1),$$

其中 $\widehat{\theta} \in (v^0, v^1)$. 类似地, 由 (4.11), 可以得到对任意的 $(x, \theta, t) \in I_T$ 有

$$w_t^1 - \theta w_{xx}^1 - d w_{\theta\theta}^1 \geqslant w^0(1 + \alpha^0 - \beta(w^0)^2) - (1 + \alpha - \beta) w^1 (k * v^1) - \widetilde{N}(w^1 - w^0)$$
$$= w^1(1 + \alpha w^1 - \beta(w^1)^2) - (1 + \alpha - \beta) w^1 (k * v^1)$$
$$+ (w^0 - w^1) \left(1 + 2\alpha \widehat{\theta}' - 3\beta \widehat{\theta}'^2 + \widetilde{N}\right)$$
$$\geqslant w^1 \left(1 + \alpha w^1 - \beta (w^1)^2\right) - (1 + \alpha - \beta) w^1 (k * v^1),$$

其中 $\widehat{\theta}' \in (w^0, w^1)$. 假设 v^k 和 w^k 是问题 (4.1) 的一对上下解. 重复上述过程可得

$$v^k \leqslant v^{k+1} \leqslant w^{k+1} \leqslant w^k,$$

并且 v^{k+1}, w^{k+1} 是 (4.1) 的一对上下解. 因此,

$$v^0 \leqslant v^1 \leqslant \cdots \leqslant v^k \leqslant w^k \leqslant \cdots \leqslant w^1 \leqslant w^0, \quad (x, \theta, t) \in I_T \cup B_T,$$

其中 $k = 0, 1, 2, \cdots$. 进一步可知, 存在 v 和 w 满足

$$\lim_{k \to \infty} v^k = v \quad \text{和} \quad \lim_{k \to \infty} w^k = w.$$

联立 $v^k \leqslant w^k$, 可知 $v \leqslant w$. 另一方面, w 和 v 可以看作是问题 (4.1) 的一对上下解, 因此 $v = w$. 从而, v 或者 w 是 (4.1) 的有界解. $\qquad\square$

接下来, 给出柯西问题 (4.1) 解的全局存在性.

定理 4.3 假设 (K1)—(K2) 成立, 那么柯西问题 (4.1) 的解是全局的.

证明 取 $M > 0$ 使得

$$\max \left\{ \|u_0\|_{L^\infty(\mathbb{R} \times \Theta)}, \ \frac{\alpha + \sqrt{\alpha^2 + 4\beta}}{2\beta} \right\} < M,$$

那么 $\underline{u} = 0$ 和 $\overline{u} = M$ 是 (4.1) 在 I_T 中的一对上下解. 由定理 4.2, 可知问题 (4.1) 有解 $u(x, t)$ 且在 I_T 中 $0 \leqslant u(x, t) \leqslant M$. 因为 M 不依赖于 T, 所以解 $u(x, t)$ 是全局的. $\qquad\square$

4.3　解的唯一性和全局稳定性

在 4.2 节中, 证明了问题 (4.1) 存在全局解. 接下来, 将进一步研究解的性质, 包括有界性、唯一性和稳定性.

首先, 给出解的有界性.

定理 4.4　假设 (K1)—(K2) 成立, 那么柯西问题 (4.1) 的解是有界的, 即存在一个正常数 $C > 0$, 使得

$$u(x, \theta, t) \leqslant C, \quad (x, \theta, t) \in \mathbb{R} \times \Theta \times (0, +\infty).$$

证明　假设 $v(x, \theta, t)$ 是以下问题的解

$$\begin{cases} v_t - \theta v_{xx} - d v_{\theta\theta} = v\left(1 + \alpha v - \beta v^2\right), & (x, \theta, t) \in \mathbb{R} \times \Theta \times (0, +\infty), \\ v(x, \theta, 0) = v_0(x, \theta), & (x, \theta) \in \mathbb{R} \times \Theta, \\ \dfrac{\partial v}{\partial \theta}(x, \theta, t) = 0, & (x, \theta, t) \in \mathbb{R} \times \partial\Theta \times (0, +\infty). \end{cases}$$

通过比较原理, 可得

$$u(x, \theta, t) \leqslant v(x, \theta, t), \quad (x, \theta, t) \in \mathbb{R} \times \Theta \times (0, +\infty). \tag{4.12}$$

因为

$$\begin{cases} \dfrac{dz}{dt} = z(1 + \alpha z - \beta z^2), & t > 0, \\ z(0) = \|u_0\|_{L^\infty(\mathbb{R} \times \Theta)}, \end{cases} \tag{4.13}$$

有两个平衡解:

$$z_1 = 0 \quad \text{和} \quad z_2 = \frac{\alpha + \sqrt{\alpha^2 + 4\beta}}{2\beta},$$

并且 z_2 是全局渐近稳定的, 那么 (4.13) 的解 $z(t)$ 是一致有界的, 也就是

$$|z| \leqslant \max\left\{\|u_0\|_{L^\infty}, \frac{\alpha + \sqrt{\alpha^2 + 4\beta}}{2\beta}\right\}.$$

进一步, 有

$$v(x, \theta, t) \leqslant \max\left\{\|u_0\|_{L^\infty}, \frac{\alpha + \sqrt{\alpha^2 + 4\beta}}{2\beta}\right\}.$$

联立 (4.12), 可得柯西问题 (4.1) 的解是有界的.　　　　　　□

接下来, 研究解的唯一性, 由于方程 (4.1) 具有可变系数, 因此很难获得方程的基本解. 在这里, 受文章 [45] 的启发, 我们将考虑拟基本解并用它证明解的唯一性.

定理 4.5 假设 (K1)—(K2) 成立, 那么柯西问题 (4.1) 有唯一的整体解.

证明 从定理 4.3 和定理 4.4 可以得出, 柯西问题 (4.1) 在整个空间中存在解. 接下来, 只需要证明此解是唯一的即可.

假设 u_1 和 u_2 是 (4.1) 在 I_T 中的两个解, 那么

$$u_i(x,\theta,t) = \int_{\mathbb{R}}\int_{\Theta}\Gamma(x,\theta,t;x',\theta',0)u_0(x',\theta')d\theta'dx' + \int_0^t\int_{\mathbb{R}}\int_{\Theta}\Gamma(x,\theta,t;x',\theta',\tau)$$

$$\times\Big\{u_i(x',\theta',\tau)\big(1+\alpha u_i(x'\theta',\tau)-\beta u_i^2(x',\theta',\tau)$$

$$-(1+\alpha-\beta)(k*u_i)(x',\theta',\tau)\big)\Big\}d\theta'dx'd\tau,$$

其中

$$\Gamma(x,\theta,t;x',\theta',\tau) = Z(x,\theta,t;x',\theta',\tau) + \int_\tau^t\int_{\mathbb{R}}\int_{\Theta}Z(x,\theta,t;x'',\theta'',s)$$

$$\times\Phi(x'',\theta'',s;x',\theta',\tau)d\theta''dx''ds,$$

并且对任意固定的 (x',θ',τ), 函数 $Z(x,\theta,t;x',\theta',\tau)$ 满足

$$\frac{\partial u}{\partial t} - \theta'\frac{\partial^2 u}{\partial x^2} - d\frac{\partial^2 u}{\partial \theta^2} = 0.$$

另外, Φ 由 Γ 决定, 满足

$$\frac{\partial u}{\partial t} - \theta\frac{\partial^2 u}{\partial x^2} - d\frac{\partial^2 u}{\partial \theta^2} = 0.$$

具体来说, Φ 具有以下形式

$$\Phi(x,\theta,t;x',\theta',\tau) = \sum_{\gamma=1}^{\infty}(LZ)_\gamma(x,\theta,t;x',\theta',\tau),$$

其中

$$L = \theta\frac{\partial^2}{\partial x^2} + d\frac{\partial^2}{\partial \theta^2} - \frac{\partial}{\partial t}, \quad (LZ)_1 = LZ$$

和

$$(LZ)_{\gamma+1}(x,\theta,t;x',\theta',\tau) = \int_\tau^t\int_{\mathbb{R}}\int_{\Theta}LZ(x,\theta,t;x'',\theta'',s)$$

$$\times (LZ)_\gamma(x'', \theta'', s; x', \theta', \tau) d\theta'' dx'' ds.$$

令 $v = u_1 - u_2$, 那么 v 满足

$$v(x, \theta, t) = \int_0^t \int_{\mathbb{R}} \int_\Theta \Gamma(x, \theta, t; x', \theta', \tau) \Big[v(x', \theta', \tau) + (1 + \alpha - \beta) u_1(k * v)$$

$$\times \big(1 + 2\alpha\theta - 3\beta\theta^2 - (1 + \alpha - \beta)(k * u_2)(x', \theta', \tau) \big) \Big] d\theta' dx' ds, \quad (4.14)$$

其中 $\theta \in (u_1, u_2)$. 因为 u_1 和 u_2 是有界的, 所以存在 $N > 0$ 使得 $|u_1|, |u_2| \leqslant N$. 进一步, 有

$$\big| 1 + 2\alpha\theta - 3\beta\theta^2 - (1 + \alpha - \beta)(k * u_2)(x', \theta', \tau) \big| < \widetilde{N} + (1 + \alpha - \beta)N.$$

联立 (4.14), 对任意的 $t \in (0, T)$, 有

$$\|v(\cdot, \cdot, t)\|_{L^\infty(\mathbb{R} \times \Theta)} \leqslant \int_0^t \|\Gamma(\cdot, \cdot, \cdot; \cdot, \cdot, \tau)\|_{L^\infty(\mathbb{R} \times \Theta)} \left(\widetilde{N} + 2(1 + \alpha - \beta)N \right)$$

$$\times \|v(\cdot, \cdot, \tau)\|_{L^\infty(\mathbb{R} \times \Theta)} ds$$

$$= \max_{t > 0} \|\Gamma(\cdot, \cdot, \cdot; \cdot, \cdot, \tau)\|_{L^1(\mathbb{R} \times \Theta)} \left(\widetilde{N} + 2(1 + \alpha - \beta)N \right)$$

$$\times \int_0^t \|v(\cdot, \cdot, \tau)\|_{L^\infty(\mathbb{R} \times \Theta)} ds.$$

由 Gronwall 不等式, 可得

$$\|v(\cdot, \cdot, \tau)\|_{L^\infty(\mathbb{R} \times \Theta)} = 0, \quad t \in (0, T).$$

因为 v 是连续的, 那么 $v \equiv 0$, 也就意味着在 I_T 中 $u_1 \equiv u_2$. □

最后, 研究柯西问题 (4.1) 的渐近行为. 在这里, 假设 $\beta > \alpha$, 那么存在 $r' > \dfrac{\alpha + \sqrt{\alpha^2 + 4\beta}}{2\beta}$ 使得

$$\frac{\alpha + \sqrt{\alpha^2 + 4\beta}}{2\beta} > (1 + \alpha - \beta)r'.$$

进一步, 对任意固定的 $\vartheta^* \in [0, r']$, 有以下结果.

引理 4.1　假设 $\beta > \alpha$, 那么对任意固定的 $\vartheta^* \in [0, r']$,

$$\zeta'(t) = \zeta \left(1 + \alpha\zeta - \beta\zeta^2 - (1 + \alpha - \beta)\vartheta^* \right)$$

的解 $\zeta(t)$ 满足

$$\lim_{t \to +\infty} \zeta(t) = \zeta^* = \varphi(\vartheta^*).$$

证明 定义

$$v(\zeta) := -\int_{\zeta^*}^{\zeta} \left(1 + \alpha s - \beta s^2 - (1 + \alpha - \beta)\vartheta^*\right) ds,$$

那么

$$\frac{\partial v}{\partial \zeta} = -\left(1 + \alpha\zeta - \beta\zeta^2 - (1 + \alpha - \beta)\vartheta^*\right).$$

因此在 $\left(\dfrac{\alpha}{2\beta}, \vartheta^*\right)$ 上有 $\dfrac{\partial v}{\partial \zeta} < 0$ 和在 (ϑ^*, ∞) 上有 $\dfrac{\partial v}{\partial \zeta} > 0$, 联立 $v(\vartheta^*) = 0$, 可得 v 在 $\left(\dfrac{\alpha}{2\beta}, +\infty\right)$ 上是正的. 另外, 因为

$$\frac{dv}{dt} = \frac{\partial v}{\partial \zeta} \cdot \frac{d\zeta}{dt} = -\zeta\left(1 + \alpha\zeta - \beta\zeta^2 - (1 + \alpha - \beta)\vartheta^*\right)^2 < 0, \quad t \in (0, \infty),$$

那么平衡点 ϑ^* 在 $(0, \infty)$ 上是全局渐近稳定的, 也就是, $\lim_{t \to \infty} \zeta(t) = \vartheta^*$. $\qquad\square$

最后, 讨论问题 (4.1) 一致稳态解的全局稳定性结果.

定理 4.6 假设 (K1)—(K2) 成立, 并且 $\beta > \alpha > 0$. 如果在 $\mathbb{R} \times \Theta$ 上对 $\delta > 0$ 有 $u_0(x, \theta) \geqslant \delta$, 那么柯西问题 (4.1) 的解 $u(x, \theta, t)$ 满足

$$\lim_{t \to \infty} u(x, \theta, t) = 1, \quad (x, \theta) \in \mathbb{R} \times \Theta.$$

证明 在这里使用逐次改进的上下解. 首先, 定义

$$\overline{u}(x, \theta, t) = \inf_{x \in \mathbb{R}, \theta \in \Theta} u(x, \theta, t) \quad \text{和} \quad \underline{u}(x, \theta, t) = \sup_{x \in \mathbb{R}, \theta \in \Theta} u(x, \theta, t), \quad t > 0,$$

以及集合 $E = [\liminf_{t \to \infty} \underline{u}(t), \ \limsup_{t \to \infty} \overline{u}(t)]$. 接下来证明 $E = \{1\}$. 由定理 4.3 的证明, 可知 $v^0 = 0$ 和 $w^0 = M$ 是 (4.1) 在 $\mathbb{R} \times \Theta \times [0, \infty)$ 中的一对上下解. 那么 $0 \leqslant u \leqslant M$, 这意味着 $E \subseteq [0, M]$.

令 $v^1 = 0$ 和 w^1 满足

$$\begin{cases} (w^1)' = w^1\left(1 + \alpha - \beta(w^1)^2\right), & t > 0, \\ w^1(0) = \max\left\{\|u_0\|_{L^\infty(\mathbb{R} \times \Theta)}, \dfrac{\alpha}{2\beta}\right\}. \end{cases}$$

易得, v^1 和 w^1 是 (4.1) 在 $\mathbb{R} \times \Theta \times (0, \infty)$ 中的一对上下解. 由引理 4.1, 可知当 $t \to +\infty$ 时添加,

$$w^1 \to \frac{\alpha + \sqrt{\alpha^2 + 4\beta}}{2}.$$

因此, $E \subseteq \left[0, \dfrac{\alpha + \sqrt{\alpha^2 + 4\beta}}{2}\right]$. 取 $\varepsilon > 0$ 使得 $\dfrac{\alpha + \sqrt{\alpha^2 + 4\beta}}{2} + \varepsilon < r'$, 因为

$$\limsup_{t \to \infty} \overline{u}(t) \leqslant \frac{\alpha + \sqrt{\alpha^2 + 4\beta}}{2},$$

所以存在 $t_2 > 0$, 使得

$$u(x, \theta, t) \leqslant \overline{u}(t) \leqslant \frac{\alpha + \sqrt{\alpha^2 + 4\beta}}{2} + \varepsilon, \quad (x, \theta) \in \mathbb{R} \times \Theta, \quad t \geqslant t_2.$$

取 v^2 满足

$$\begin{cases} (v^2)' = v^2 \left(1 + \alpha v^2 - \beta(v^2)^2 - (1 + \alpha - \beta)\left(\dfrac{\alpha + \sqrt{\alpha^2 + 4\beta}}{2} + \varepsilon\right)\right), & t > t_2, \\ v^2(t_2) = \underline{u}(t_2). \end{cases}$$

接下来证明 $\underline{u}(t_2) > 0$, 这意味着 $v^2 > 0$. 考虑在 (4.10) 中定义的 v^1 并选择 $v^0 = 0, w^0 = M$, 那么有

$$\begin{cases} v_t^1 - \theta v_{xx}^1 - d v_{\theta\theta}^1 = -\left((1 + \alpha - \beta)M + \widetilde{N}\right)v^1, & (x, \theta, t) \in I_T, \\ v^1(x, \theta, 0) = u_0(x, \theta), & (x, \theta) \in \mathbb{R} \times \Theta, \\ \dfrac{\partial v_1}{\partial \theta}(x, \theta, t) = 0, & (x, \theta, t) \in \mathbb{R} \times \partial\Theta \times (0, +\infty). \end{cases}$$

进一步, 对任意的 $(x, \theta, t) \in I_T$, 有

$$u(x, t) \geqslant v^1(x, t) = e^{-((1+\alpha-\beta)M+\widetilde{N})t} \int_{\mathbb{R}} \int_{\Theta} \Gamma(x, \theta, t; x', \theta', 0) u_0(x', \theta') d\theta' dx'$$

$$\geqslant \delta e^{-((1+\alpha-\beta)M+\widetilde{N})t} \int_{\mathbb{R}} \int_{\Theta} \Gamma(x, \theta, t; x', \theta', 0) d\theta' dx'.$$

因为 $(1 + \alpha - \beta)M + \widetilde{N}$ 和 T 无关, 所以对任意的 $(x, \theta, t) \in I_T$ 有

$$u(x, t) \geqslant \delta e^{-((1+\alpha-\beta)M+\widetilde{N})t} \int_{\mathbb{R}} \int_{\Theta} \Gamma(x, \theta, t; x'\theta', 0) d\theta' dx'.$$

又由 $\underline{u}(t)$ 的定义可得 $\underline{u}(t_2) > 0$.

定义 $w^2 = \dfrac{\alpha + \sqrt{\alpha^2 + 4\beta}}{2} + \varepsilon$, 那么 v^2 和 w^2 是 (4.1) 在 $\mathbb{R} \times \Theta \times [t_2, +\infty)$

中的一对上下解. 由比较原理可得

$$v^2(t) \leqslant u(x,\theta,t) \leqslant w^2(t), \quad (x,\theta,t) \in \mathbb{R} \times \Theta \times [t_2,+\infty).$$

另外, 由引理 4.1, 可知当 $t \to +\infty$ 时有 $v^2 \to \varphi\left(\dfrac{\alpha+\sqrt{\alpha^2+4\beta}}{2}+\varepsilon\right)$, 所以

$E \subseteq \left[\varphi\left(\dfrac{\alpha+\sqrt{\alpha^2+4\beta}}{2}+\varepsilon\right), \dfrac{\alpha+\sqrt{\alpha^2+4\beta}}{2}+\varepsilon\right]$. 令 $\varepsilon \to 0$, 由于 φ 对 ε 的

连续依赖性, 可得

$$E \subseteq \left[\varphi\left(\dfrac{\alpha+\sqrt{\alpha^2+4\beta}}{2}\right), \dfrac{\alpha+\sqrt{\alpha^2+4\beta}}{2}\right].$$

根据 $\varphi \in \left(\dfrac{\alpha}{2\beta}, \dfrac{\alpha+\sqrt{\alpha^2+4\beta}}{2}\right)$, 定义

$$\lambda_3 = \varrho\varphi\left(\dfrac{\alpha+\sqrt{\alpha^2+4\beta}}{2}\right), \quad \mu_3 = \dfrac{\alpha+\sqrt{\alpha^2+4\beta}}{2},$$

其中 $0 < \varrho < 1$ 添加, 使得 $\lambda_3 \geqslant \dfrac{\alpha}{2\beta}$. 进一步, 定义两个序列 $\{\lambda_k\}_{k=3}^{\infty}$ 和 $\{\mu_k\}_{k=3}^{\infty}$ 有以下迭代格式

$$\lambda_k = \varphi(\mu_{k-1}), \quad \mu_k = \varphi(\lambda_{k-1}), \quad k > 3.$$

由上面的定义, 可得

$$0 < \lambda_3 < \lambda_4 < \mu_3 = \dfrac{\alpha+\sqrt{\alpha^2+4\beta}}{2}.$$

因为 $\varphi(\mu_3) = \lambda_4$, $\varphi(1) = 1 < \mu_3$ 且 φ 是严格单调递减的, 所以 $\lambda_4 < 1$. 另外, 因为 $0 < \lambda_3 < 1$, $\varphi(1) < \varphi(\lambda_3) < \varphi(0)$, 也就是说, $1 < \mu_4 < \mu_3$, 所以

$$0 < \lambda_3 < \lambda_4 < 1 < \mu_4 < \mu_3 = \dfrac{\alpha+\sqrt{\alpha^2+4\beta}}{2}.$$

重复上面的步骤, 得到

$$0 < \lambda_3 < \lambda_4 < \cdots < \lambda_k < 1 < \mu_k < \cdots < \mu_4 < \mu_3 = \dfrac{\alpha+\sqrt{\alpha^2+4\beta}}{2}.$$

接下来, 证明
$$E \subseteq [\lambda_k, \mu_k], \quad k \geqslant 3.$$

显然, $E \subseteq \left[\varphi\left(\dfrac{\alpha + \sqrt{\alpha^2 + 4\beta}}{2} \right), \dfrac{\alpha + \sqrt{\alpha^2 + 4\beta}}{2} \right] \subseteq [\lambda_3, \mu_3]$. 假设

$$E \subseteq [\lambda_{k-1}, \mu_{k-1}], \quad k > 3,$$

接下来证明 $E \subseteq [\lambda_k, \mu_k]$. 因为 $\lambda_{k-1} < \lambda_k < \mu_k < \mu_{k-1}$ 且 φ 是连续的, 选取足够小的 ε 使得

$$\lambda_{k-1} \leqslant \varphi(\mu_{k-1} + \varepsilon) \leqslant \varphi(\lambda_{k-1} - \varepsilon) \leqslant \mu_{k-1}. \tag{4.15}$$

如果 $E \subseteq [\lambda_{k-1}, \mu_{k-1}]$, 那么存在 $t_k > 0$ 使得

$$\lambda_{k-1} - \varepsilon < \underline{u}(t) \leqslant \overline{u}(t) < \mu_{k-1} + \varepsilon, \quad t > t_k. \tag{4.16}$$

定义 v^k 和 w^k 满足

$$\begin{cases} (v^k)' = v^k \left(1 + \alpha v^k - \beta (v^k)^2 - (1 + \alpha - \beta)(\mu_{k-1} + \varepsilon) \right), & t > t_k, \\ v^k(t_k) = \lambda_{k-1} - \varepsilon \end{cases} \tag{4.17}$$

$$\begin{cases} (w^k)' = w^k \left(1 + \alpha w^k - \beta (w^k)^2 - (1 + \alpha - \beta)(\lambda_{k-1} - \varepsilon) \right), & t > t_k, \\ v^k(t_k) = \mu_{k-1} + \varepsilon, \end{cases} \tag{4.18}$$

由 (4.15)—(4.18), 可得

$$v^k \geqslant \lambda_{k-1} - \varepsilon \quad \text{和} \quad w^k \leqslant \mu_{k-1} + \varepsilon.$$

进一步, 有

$$1 + \alpha v^k - \beta (v^k)^2 - (1 + \alpha - \beta)(\mu_{k-1} + \varepsilon)$$
$$\leqslant 1 + \alpha v^k - \beta (v^k)^2 - (1 + \alpha - \beta)(k * w^k), \quad t \geqslant t_k$$

$$1 + \alpha w^k - \beta (w^k)^2 - (1 + \alpha - \beta)(\lambda_{k-1} - \varepsilon)$$
$$\geqslant 1 + \alpha w^k - \beta (w^k)^2 - (1 + \alpha - \beta)(k * v^k), \quad t \geqslant t_k,$$

所以 v^k 和 w^k 是 (4.1) 在 $\mathbb{R} \times \Theta \times [t_k, +\infty)$ 中的一对上下解. 由比较原理得到

$$v^k(t) \leqslant u(x,t) \leqslant w^k(t), \quad (x, \theta, t) \in \mathbb{R} \times \Theta \times [t_k, +\infty).$$

另一方面, 由引理 4.1 可知当 $t \to +\infty$ 时有

$$v^k \to \varphi(\mu_{k-1} + \varepsilon) \quad \text{和} \quad w^k \to \varphi(\lambda_{k-1} - \varepsilon),$$

因此, $E \subseteq [\varphi(\mu_{k-1} + \varepsilon), \varphi(\lambda_{k-1} - \varepsilon)]$. 因为 φ 是连续的, 令 $\varepsilon \to 0$, 可得

$$E \subseteq [\varphi(\mu_{k-1}), \varphi(\lambda_{k-1})] = [\lambda_k, \mu_k].$$

最后, 证明最终的结论. 因为 $\{\lambda_k\}_{k=3}^{\infty}$ 和 $\{\mu_k\}_{k=3}^{\infty}$ 是单调和有界的, 那么存在 $\lambda, \mu \in \left(\dfrac{\alpha}{2\beta}, \dfrac{\alpha + \sqrt{\alpha^2 + 4\beta}}{2} \right)$ 使得当 $k \to +\infty$ 时有

$$\lambda_k \to \lambda \quad \text{和} \quad \mu_k \to \mu,$$

从而有 $E \subseteq [\lambda_k, \mu_k] \subseteq [\lambda, \mu]$. 联立 $\varphi(\lambda_{k-1}) = \mu_k$, $\varphi(\mu_{k-1}) = \lambda_k$ 并结合 φ 的连续性, 可知

$$\varphi(\lambda) = \mu \quad \text{和} \quad \varphi(\mu) = \lambda,$$

这意味着

$$\begin{cases} 1 + \alpha\lambda - \beta\lambda^2 = (1 + \alpha - \beta)\mu, \\ 1 + \alpha\mu - \beta\mu^2 = (1 + \alpha - \beta)\lambda. \end{cases}$$

所以 $\lambda = \mu = 1$, 因此 $E = \{1\}$. $\qquad\qquad\qquad\qquad\qquad\qquad\qquad\qquad\quad \square$

第 5 章　具有非局部效应的
捕食-食饵模型的初值问题

5.1　背景及发展现状

本章在第 4 章单种群模型基础上, 考虑如下捕食-食饵系统

$$
\begin{cases}
u_t = u_{xx} + ru\left(1 + \alpha u - \beta u^2 - (1+\alpha-\beta)\int_{\mathbb{R}} \phi(x-y)u(y)dy\right) \\
\qquad - uv, \quad (x,t) \in \mathbb{R} \times (0,\infty), \\
v_t = v_{xx} + av(u-b), \quad (x,t) \in \mathbb{R} \times (0,\infty), \\
u(x,0) = u_0(x), \quad v(x,0) = v_0(x), \quad x \in \mathbb{R},
\end{cases}
\tag{5.1}
$$

其中 ϕ, u_0 和 v_0 都是连续的且满足

$$
\begin{cases}
\phi(x) \geqslant 0, \quad \phi \in L^1(\mathbb{R}) \quad \text{且} \quad \int_{\mathbb{R}} \phi(x)dx = 1, \\
u_0(x) \geqslant 0, \quad v_0(x) \geqslant 0 \quad \text{且} \quad u_0, v_0 \in L^\infty(\mathbb{R}).
\end{cases}
$$

参数 r, a, b, α, β 都是正的且分别表示食饵的自然增长率、捕食者的捕食速率、捕食者的自然死亡率、食饵聚在一起的优势效应以及食饵之间对空间的竞争效应. 另外, α, β 满足 $1+\alpha-\beta > 0$. u 和 v 分别表示食饵和捕食者的种群密度. αu 项表示个体聚在一起 (或群居) 的优势; $-\beta u^2$ 项表示个体对空间的竞争; 积分项 $-(1+\alpha-\beta)\int_{\mathbb{R}} \phi(x-y)u(y)dy$ 表示个体对食物的竞争; avu 项和 $-abv$ 项分别表示捕食的效益和没有食饵时捕食者的死亡数.

关于问题 (5.1) 的研究最早可以追溯到 Gourley 和 Britton 的文章 [57, 62]. 他们研究了系统

$$
\begin{cases}
u_t = D\Delta u + u\left[1 + \alpha u - (1+\alpha)(G**u)\right] - uv, \\
v_t = \Delta v + av(u-b)
\end{cases}
\tag{5.2}
$$

共存态 (u^*, v^*) 的线性稳定性并得到了在 (u^*, v^*) 处的分支. 这里 $(x,t) \in \mathbb{R}^n \times (0, \infty)$ 且 $(G ** u)(x,t) = \int_{\mathbb{R}^n} \int_{-\infty}^t G(x-y, t-s)u(y,s)dsdy$. 值得注意的是, 模型 (5.2) 中关于食饵的方程不能很好地刻画种内竞争的情况. 因此, Gourley 在文章 [60] 中研究了如下关于食饵的方程

$$u_t = du_{xx} + ru\left(1 + \alpha u - \beta u^2 - (1 + \alpha - \beta)\int_{\mathbb{R}} \phi(x-y)u(y)dy\right), \qquad (5.3)$$

其中 $(x,t) \in \mathbb{R} \times (0, \infty)$. 对于特殊的核函数 $\phi(x) = \dfrac{1}{2\lambda}e^{-\frac{|x|}{\lambda}}$, 他们研究了当非局部充分弱 (也就是 λ 充分小) 时, 方程 (5.3) 行波解的存在性. 采用上下解方法并结合 Schauder 不动点定理, 我和 Wang 在文章 [86] 中证明了方程 (5.3) 存在连接 0 到未知正稳态的行波解. 另外, Gourley [58], Berestycki 等[28], Hamel 等[84], Fang 等[55], 以及 Alfaro 等[6] 都研究了当 $\alpha = \beta = 0$ 时, 方程 (5.3) 的行波解或稳态解. 近年来, 关于 (5.3) 具有初值 $u(x,0) = u_0(x)$ 时解的研究有了很大进展. 通过建立比较原理并构造上下解, Deng 在文章 [41] 中给出了初值问题解的存在性、唯一性和持久性. 此外, Deng 等在文章 [43, 44] 中考虑了更一般的模型

$$\begin{cases} u_t = du_{xx} + u[f(u) - \alpha(g * u)], & (x,t) \in \mathbb{R} \times (0, +\infty), \\ u(x,0) = u_0(x), & x \in \mathbb{R}, \end{cases}$$

其中 f 是 $(0, \infty)$ 上的连续可微函数且满足某些条件.

截止到目前, 关于问题 (5.1) 的研究很少. 只有最近 Xu 等在文章 [193] 中研究了 (5.1) 具有非局部时滞时的斑图动力学. 通过应用 Turing 不稳定性分析, 他们给出了 Turing 稳定的线性稳定条件及 Turing 斑图的数值模拟. 然而, 因为 (5.1) 中的非局部项是非正的 (它在建立比较原理时起到关键的作用), 所以关于 (5.1) 解的性质的研究很少 (值得注意的是, 如果非局部项出现在系统的不同位置时, 带来的困难也是不同的). 这里研究初值问题 (5.1) 解的性质, 包括存在性、唯一性、有界性以及 Turing 分支. 而为了解决这些问题, 重新给出 (5.1) 上下解的定义, 有了这个定义, 便可以建立比较原理, 从而构造上下单调序列, 进一步通过取极限得到解的存在性. 此外, 借助辅助函数, 将证明系统 (5.1) 解的一致有界性转化为证明单个方程解的一致有界性.

本章的结构如下. 在 5.2 节中, 给出相应的准备工作; 在 5.3 节中给出解的存在性和唯一性的证明; 在 5.4 节中, 研究解的其他性质, 包括有界性和 Turing 分支等.

5.2　比 较 原 理

在这节中, 给出准备工作. 首先给出系统 (5.1) 上下解的定义, 从而建立比较原理.

为了方便, 令 $I_T = \mathbb{R} \times (0, T)$ 且 $I_T \cup B_T = \mathbb{R} \times [0, T)$. 下面, 给出如下关于 (5.1) 上下解的定义.

定义 5.1　如果 $(\overline{u}(x,t), \overline{v}(x,t))$ 和 $(\underline{u}(x,t), \underline{v}(x,t))$ 满足

(i) $\overline{u}$, $\overline{v}$, $\underline{u}$, $\underline{v} \in C^{2,1}(I_T) \cap C_B(I_T \cup B_T)$ 且 $\overline{u}(\cdot,t)$, $\overline{v}(\cdot,t)$, $\underline{u}(\cdot,t)$, $\underline{v}(\cdot,t) \in L^1(-\infty, \infty)$, 其中 C_B 是一个有界连续空间;

(ii) 对任意 $x \in \mathbb{R}$ 有 $\overline{u}(x,0) \geqslant u_0(x) \geqslant \underline{u}(x,0)$ 且 $\overline{v}(x,0) \geqslant v_0(x) \geqslant \underline{v}(x,0)$;

(iii) 对任意 $(x,t) \in I_T$, 有

$$\begin{cases} \overline{u}_t \geqslant \overline{u}_{xx} + r\overline{u}\left(1 + \alpha\overline{u} - \beta\overline{u}^2 - (1 + \alpha - \beta)\displaystyle\int_{\mathbb{R}} \phi(x-y)\underline{u}(y)dy\right) - \overline{u}\,\underline{v}, \\ \overline{v}_t \geqslant \overline{v}_{xx} + a\overline{v}(\overline{u} - b) \end{cases} \tag{5.4}$$

和

$$\begin{cases} \underline{u}_t \leqslant \underline{u}_{xx} + r\underline{u}\left(1 + \alpha\underline{u} - \beta\underline{u}^2 - (1 + \alpha - \beta)\displaystyle\int_{\mathbb{R}} \phi(x-y)\overline{u}(y)dy\right) - \underline{u}\,\overline{v}, \\ \underline{v}_t \leqslant \underline{v}_{xx} + a\underline{v}(\underline{u} - b) \end{cases} \tag{5.5}$$

成立, 则 $(\overline{u}(x,t), \overline{v}(x,t))$ 和 $(\underline{u}(x,t), \underline{v}(x,t))$ 分别称为系统 (5.1) 在 I_T 上的上解和下解.

接下来, 在此基础上建立比较原理.

定理 5.1　假设 $\overline{u}(x,t)$, $\underline{u}(x,t)$, $\overline{v}(x,t)$, $\underline{v}(x,t)$ 都是非负有界的函数, 并且 $(\overline{u}(x,t), \overline{v}(x,t))$ 和 $(\underline{u}(x,t), \underline{v}(x,t))$ 分别是系统 (5.1) 的上下解, 则对任意 $(x,t) \in I_T \cup B_T$ 都有

$$\overline{u}(x,t) \geqslant \underline{u}(x,t) \quad \text{和} \quad \overline{v}(x,t) \geqslant \underline{v}(x,t).$$

证明　为了方便, 用 $(\phi * u)(x)$ 来表示 $\displaystyle\int_{\mathbb{R}} \phi(x-y)u(y)dy$. 令 $u(x,t) = \overline{u}(x,t) - \underline{u}(x,t)$ 且 $v(x,t) = \overline{v}(x,t) - \underline{v}(x,t)$, 则对任意 $(x,t) \in I_T$, 都有

$$u_t - u_{xx} \geqslant r\overline{u}\left(1 + \alpha\overline{u} - \beta\overline{u}^2\right) - r\underline{u}\left(1 + \alpha\underline{u} - \beta\underline{u}^2\right) - r(1 + \alpha - \beta)\overline{u}(\phi * \underline{u})$$

$$+ r(1 + \alpha - \beta)\underline{u}(\phi * \overline{u}) - \overline{u}\,\underline{v} + \underline{u}\,\overline{v}$$

$$= r \left(1 + 2\alpha\theta - 3\beta\theta^2\right) u - r(1 + \alpha - \beta)u(\phi * \overline{u}) - \overline{v}u$$

$$+ r(1 + \alpha - \beta)\overline{u}(\phi * u) + \overline{u}v$$

$$= \left[r \left(1 + 2\alpha\theta - 3\beta\theta^2\right) - r(1 + \alpha - \beta)(\phi * \overline{u}) - \overline{v}\right] u$$

$$+ r(1 + \alpha - \beta)\overline{u}(\phi * u) + \overline{u}v,$$

其中 $\theta \in (\underline{u}, \overline{u})$. 定义

$$d(x,t) := -r \left(1 + 2\alpha\theta - 3\beta\theta^2\right) + r(1 + \alpha - \beta)(\phi * \overline{u}) + \overline{v},$$

从而

$$\begin{cases} u_t - u_{xx} + d(x,t)u \geqslant r(1 + \alpha - \beta)\overline{u}(\phi * u) + \overline{u}v, & (x,t) \in I_T, \\ u(x,0) \geqslant 0, & x \in \mathbb{R}. \end{cases} \tag{5.6}$$

类似地, 对任意 $(x,t) \in I_T$, $v(x,t)$ 满足

$$v_t - v_{xx} \geqslant a\overline{v}(\overline{u} - b) - a\underline{v}(\underline{u} - b)$$

$$= (a\overline{u} - ab)v + a\underline{v}u,$$

从而

$$\begin{cases} v_t - v_{xx} + (ab - a\overline{u})v \geqslant a\underline{v}u, & (x,t) \in I_T, \\ v(x,0) \geqslant 0, & x \in \mathbb{R}. \end{cases} \tag{5.7}$$

取充分大的 $\sigma > 0$, 使得对任意 $(x,t) \in I_T$, 都有

$$d_1(x,t) := \sigma - r \left(1 + 2\alpha\theta - 3\beta\theta^2\right) + r(1 + \alpha - \beta)(\phi * \overline{u}) + \overline{v} - a\underline{v} \geqslant 0$$

且

$$d_2(x,t) := \sigma + ab - (a+1)\overline{u} \geqslant 0.$$

令 $\widetilde{u} = e^{-\sigma t}u$ 且 $\widetilde{v} = e^{-\sigma t}v$, 则 (5.6) 和 (5.7) 可分别转化为

$$\begin{cases} \widetilde{u}_t - \widetilde{u}_{xx} + (d_1(x,t) + a\underline{v})\widetilde{u} \geqslant r(1 + \alpha - \beta)\overline{u}(\phi * \widetilde{u}) + \overline{u}\widetilde{v}, & (x,t) \in I_T, \\ \widetilde{u}(x,0) \geqslant 0, & x \in \mathbb{R} \end{cases} \tag{5.8}$$

和

$$\begin{cases} \widetilde{v}_t - \widetilde{v}_{xx} + (d_2(x,t) + \overline{u})\widetilde{v} \geqslant a\underline{v}\widetilde{u}, & (x,t) \in I_T, \\ \widetilde{v}(x,0) \geqslant 0, & x \in \mathbb{R}. \end{cases} \tag{5.9}$$

令 $\widetilde{w} = \widetilde{u} + \widetilde{v}$, 则

$$\begin{cases} \widetilde{w}_t - \widetilde{w}_{xx} + d_1\widetilde{u} + d_2\widetilde{v} \geqslant r(1+\alpha-\beta)\overline{u}(\phi*\widetilde{u}), & (x,t) \in I_T, \\ \widetilde{w}(x,0) \geqslant 0, & x \in \mathbb{R}, \end{cases}$$

它等价于

$$\begin{cases} \widetilde{w}_t - \widetilde{w}_{xx} + (d_1+d_2)\widetilde{w} \geqslant r(1+\alpha-\beta)\overline{u}(\phi*\widetilde{u}) + d_2\widetilde{u} + d_1\widetilde{v}, & (x,t) \in I_T, \\ \widetilde{w}(x,0) \geqslant 0, & x \in \mathbb{R}. \end{cases}$$

又因为 $\overline{u}$, $\underline{u}$, $\overline{v}$, $\underline{v}$ 都是 $I_T \cup B_T$ 上的非负有界函数, 从而存在 $M > 0$, 使得

$$0 \leqslant \overline{u},\ \underline{u},\ \overline{v},\ \underline{v} \leqslant M, \quad (x,t) \in I_T \cup B_T$$

成立. 另外, 还知道 $d_1(x,t)$ 和 $d_2(x,t)$ 都是 $I_T \cup B_T$ 上的非负有界函数. 接下来, 证明在 I_{T_0} 上有

$$\widetilde{w} \geqslant 0,$$

其中

$$T_0 = \min\left\{T, s_1 s_2 \Big/ 2\left[r(1+\alpha-\beta)Ms_2 + s_2\widetilde{d}_2 + s_1\widetilde{d}_1\right]\right\},$$

$$\widetilde{d}_1 = \max_{(x,t)\in I_T} d_1(x,t), \quad \widetilde{d}_2 = \max_{(x,t)\in I_T} d_2(x,t),$$

且 s_1, s_2 是正常数, 另外, s_1, s_2 还满足后面的 (5.10). 反证, 假设结论不成立, 则在 I_{T_0} 的某些点处 $\widetilde{w} < 0$, 又因为 $\widetilde{u}$ 和 $\widetilde{v}$ 都是有界的, 所以

$$\widetilde{w}_{\text{inf}} = \inf_{(x,t)\in I_{T_0}} \widetilde{w}(x,t) < 0.$$

另外

$$\inf_{(x,t)\in I_{T_0}} \widetilde{w}(x,t) \geqslant \inf_{(x,t)\in I_{T_0}} \widetilde{u}(x,t) + \inf_{(x,t)\in I_{T_0}} \widetilde{v}(x,t)$$

$$\geqslant \inf_{(x,t)\in I_T} \widetilde{u}(x,t) + \inf_{(x,t)\in I_T} \widetilde{v}(x,t)$$

$$= \widetilde{u}_{\text{inf}} + \widetilde{v}_{\text{inf}},$$

其中 $\widetilde{u}_{\inf} := \inf_{(x,t)\in I_T} \widetilde{u}(x,t)$ 且 $\widetilde{v}_{\inf} := \inf_{(x,t)\in I_T} \widetilde{v}(x,t)$, 则存在两个正常数 s_1, s_2 以及 I_{T_0} 中的一个点 (x^*, t^*) 满足

$$\widetilde{w}(x^*, t^*) \leqslant 0$$

和

$$\widetilde{w}(x^*, t^*) \leqslant s_1 \widetilde{u}_{\inf}, \quad \widetilde{w}(x^*, t^*) \leqslant s_2 \widetilde{v}_{\inf}. \tag{5.10}$$

定义

$$w = \frac{\widetilde{w}}{1 + x^2 + \zeta t},$$

其中 ζ 是一个正常数 (稍后给出它的取值范围), 则有

$$(\zeta - 2)w - 4xw_x + \left(1 + x^2 + \zeta t\right)\left(w_t - w_{xx}\right) + \left(d_1 + d_2\right)\left(1 + x^2 + \zeta t\right)w$$

$$\geqslant r(1 + \alpha - \beta)\overline{u}(\phi * \widetilde{u}) + d_2\widetilde{u} + d_1\widetilde{v},$$

从而

$$\begin{cases} \left(1 + x^2 + \zeta t\right)\left(w_t - w_{xx} + (d_1 + d_2)w\right) + (\zeta - 2)w - 4xw_x \\ \geqslant r(1 + \alpha - \beta)\overline{u}(\phi * \widetilde{u}) + d_2\widetilde{u} + d_1\widetilde{v}, & (x,t) \in I_{T_0}, \\ w(x,0) \geqslant 0, & x \in \mathbb{R}. \end{cases} \tag{5.11}$$

由 (5.11) 结合 $\lim_{|x|\to+\infty} w(x,t) = 0$ 可知, w 在 I_{T_0} 中的 $(\widetilde{x}, \widetilde{t})$ 处达到最小值 $w_{\min} (< 0)$, 因此

$$w_{\min} = \min_{(x,t)\in I_{T_0}} \frac{\widetilde{w}(x,t)}{1 + x^2 + \zeta t}$$

$$\leqslant \frac{\widetilde{w}(x^*, t^*)}{1 + (x^*)^2 + \zeta t^*}.$$

结合 (5.10) 可得

$$w_{\min} \leqslant \frac{s_1\widetilde{u}_{\inf}}{1 + (x^*)^2 + \zeta t^*} \quad \text{和} \quad w_{\min} \leqslant \frac{s_2\widetilde{v}_{\inf}}{1 + (x^*)^2 + \zeta t^*},$$

它等价于

$$\widetilde{u}_{\inf} \geqslant \frac{(1 + (x^*)^2 + \zeta t^*)\,w_{\min}}{s_1} \quad \text{且} \quad \widetilde{v}_{\inf} \geqslant \frac{(1 + (x^*)^2 + \zeta t^*)\,w_{\min}}{s_2}. \tag{5.12}$$

又因为 $w_t \leqslant 0$, $w_{xx} \geqslant 0$ 且在 $(\widetilde{x},\ \widetilde{t})$ 处 $w_x = 0$, 结合 (5.11) 可得

$$(d_1 + d_2)\left(1 + \widetilde{x}^2 + \zeta\widetilde{t}\right) w_{\min} + (\zeta - 2)w_{\min} \geqslant r(1 + \alpha - \beta)\overline{u}\widetilde{u}_{\inf} + d_2\widetilde{u}_{\inf} + d_1\widetilde{v}_{\inf}.$$

(5.13)

此外, 由 (5.12) 和 (5.13) 知

$$(\zeta - 2)w_{\min} \geqslant r(1 + \alpha - \beta)\overline{u}\widetilde{u}_{\inf} + d_2\widetilde{u}_{\inf} + d_1\widetilde{v}_{\inf},$$

它等价于

$$(\zeta - 2)w_{\min} \geqslant r(1 + \alpha - \beta)\overline{u}\frac{(1 + (x^*)^2 + \zeta t^*)\, w_{\min}}{s_1} + d_2\frac{(1 + (x^*)^2 + \zeta t^*)\, w_{\min}}{s_1}$$
$$+ d_1\frac{(1 + (x^*)^2 + \zeta t^*)\, w_{\min}}{s_2}.$$

因此,

$$(\zeta - 2) \leqslant \frac{r(1 + \alpha - \beta)\overline{u}}{s_1}\left(1 + (x^*)^2 + \zeta t^*\right) + \frac{d_2}{s_1}\left(1 + (x^*)^2 + \zeta t^*\right)$$
$$+ \frac{d_1}{s_2}\left(1 + (x^*)^2 + \zeta t^*\right).$$

进一步,

$$\left(1 - \frac{r(1 + \alpha - \beta)\overline{u}}{s_1}t^* - \frac{d_2}{s_1}t^* - \frac{d_1}{s_2}t^*\right)\zeta$$
$$\leqslant \frac{r(1 + \alpha - \beta)\overline{u}}{s_1}\left(1 + (x^*)^2\right) + \frac{d_2}{s_1}\left(1 + (x^*)^2\right) + 2 + \frac{d_1}{s_2}\left(1 + (x^*)^2\right),$$

它说明

$$\left(1 - \left(\frac{r(1 + \alpha - \beta)M}{s_1} + \frac{\widetilde{d}_2}{s_1} + \frac{\widetilde{d}_1}{s_2}\right)T_0\right)\zeta$$
$$\leqslant \left(\frac{r(1 + \alpha - \beta)\overline{u}}{s_1} + \frac{d_2}{s_1} + \frac{d_1}{s_2}\right)\left(1 + (x^*)^2\right) + 2,$$

其中 $\widetilde{d}_1 = \max_{(x,t)\in I_T} d_1(x,t)$ 且 $\widetilde{d}_2 = \max_{(x,t)\in I_T} d_2(x,t)$. 又因为 x^* 与 ζ 无关, 因此取 ζ 充分大, 得到矛盾. 所以对任意 $(x,t) \in I_{T_0} \cup B_{T_0}$ 都有

$$\widetilde{w}(x,t) \geqslant 0.$$

而如果 $T > T_0$, 将 $t = T_0$ 作为初始时刻, 重复上述过程可得, 对任意 $(x,t) \in I_T \cup B_T$ 都有

$$\widetilde{w}(x,t) \geqslant 0.$$

接下来, 应用上述结论, 证明对任意 $(x,t) \in I_T \cup B_T$, 有 $\widetilde{v}(x,t) \geqslant 0$. 由 (5.9) 得

$$\begin{cases} \widetilde{v}_t - \widetilde{v}_{xx} + (\sigma + ab - a\overline{u} + a\underline{v})\widetilde{v} \geqslant a\underline{v}(\widetilde{u} + \widetilde{v}) \geqslant 0, & (x,t) \in I_T \cup B_T, \\ \widetilde{v}(x,0) \geqslant 0, & x \in \mathbb{R}, \end{cases}$$

进一步由比较原理可知, 对任意 $(x,\ t) \in I_T \cup B_T$ 有 $\widetilde{v}(x,t) \geqslant 0$.

最后, 证明对任意 $(x,t) \in I_T \cup B_T$ 都有 $\widetilde{u}(x,t) \geqslant 0$. 由 (5.8) 知

$$\widetilde{u}_t - \widetilde{u}_{xx} + \left(\sigma - r(1 + 2\alpha\theta - 3\beta\theta^2) + r(1 + \alpha - \beta(\phi * \overline{u}) + \overline{v})\right)\widetilde{u}$$
$$\geqslant r(1 + \alpha - \beta)\overline{u}(\phi * \widetilde{u}) + \overline{u}\widetilde{v}$$
$$\geqslant r(1 + \alpha - \beta)\overline{u}(\phi * \widetilde{u}),$$

因此

$$\begin{cases} \widetilde{u}_t - \widetilde{u}_{xx} + d_3(x,t)\widetilde{u} \geqslant r(1 + \alpha - \beta)\overline{u}(\phi * \widetilde{u}), \\ \widetilde{u}(x,0) \geqslant 0, \end{cases}$$

其中 $d_3(x,t) = \sigma - r(1 + 2\alpha\theta - 3\beta\theta^2) + r(1 + \alpha - \beta(\phi * \overline{u}) + \overline{v})$. 类似于证明 $\widetilde{w} \geqslant 0$ (或参见文章 [44] 中的定理 2.2), 可以证得对任意 $(x,t) \in I_T \cup B_T$ 都有 $\widetilde{u}(x,t) \geqslant 0$. 进一步, 可得对任意 $(x,t) \in I_T \cup B_T$ 都有 $u(x,t) \geqslant 0$, $v(x,t) \geqslant 0$. $\quad\square$

5.3 解的存在性和唯一性

在这节中, 进一步证明在 $I_T \cup B_T$ 上问题 (5.1) 存在唯一解. 首先, 通过比较原理构造四个单调序列, 以此来得到问题 (5.1) 解的存在性. 最后, 借助于抛物方程的基本解和 Gronwall 不等式, 说明问题 (5.1) 的解是唯一的.

下面, 给出问题 (5.2) 解的存在性证明.

定理 5.2 假设 $\overline{u}$, $\underline{u}$, $\overline{v}$, $\underline{v}$ 都是非负的且 $(\overline{u}, \overline{v})$, $(\underline{u}, \underline{v})$ 是 (5.1) 在 $I_T \times I_T$ 上的一对上下解. 则问题 (5.1) 在 $I_T \times I_T$ 上存在一个解 (u,v) 且 $u(x,t), v(x,t)$ 满足

$$\underline{u}(x,t) \leqslant u(x,t) \leqslant \overline{u}(x,t) \quad 和 \quad \underline{v}(x,t) \leqslant v(x,t) \leqslant \overline{v}(x,t), \qquad (x,t) \in I_T \cup B_T.$$

证明　因为 $\overline{u}$, $\underline{u}$, $\overline{v}$ 和 $\underline{v}$ 都是非负有界的, 所以存在 $N > 0$, 使得对任意 $(x,t) \in I_T \cup B_T$ 都有

$$0 \leqslant \overline{u}(x,t), \ \underline{u}(x,t), \ \overline{v}(x,t), \ \underline{v}(x,t) \leqslant N,$$

进一步, 选取充分大的 $L > 0$ 使得

$$L > \max \left\{ ab, \ N + r \left(1 + \frac{\alpha^2}{3\beta} \right) \right\}.$$

令 $\overline{u}^{(0)} = \overline{u}$, $\underline{u}^{(0)} = \underline{u}$ 且 $\overline{v}^{(0)} = \overline{v}$, $\underline{v}^{(0)} = \underline{v}$, 构造如下迭代格式

$$
\begin{cases}
\overline{u}_t^{(k)} - \overline{u}_{xx}^{(k)} + L\overline{u}^{(k)} = r\overline{u}^{(k-1)} \left(1 + \alpha\overline{u}^{(k-1)} - \beta \left(\overline{u}^{(k-1)} \right)^2 \right) \\
\qquad\qquad - r(1 + \alpha - \beta)\overline{u}^{(k)} \times \displaystyle\int_{\mathbb{R}} \phi(x - y)\underline{u}^{(k-1)} dy \\
\qquad\qquad - \overline{u}^{(k-1)}\underline{v}^{(k-1)} + L\overline{u}^{(k-1)}, \quad (x,t) \in I_T, \\
\overline{u}^{(k)}(x,0) = u_0(x), \qquad\qquad\qquad\qquad\qquad x \in \mathbb{R},
\end{cases}
\tag{5.14}
$$

$$
\begin{cases}
\underline{u}_t^{(k)} - \underline{u}_{xx}^{(k)} + L\underline{u}^{(k)} = r\underline{u}^{(k-1)} \left(1 + \alpha\underline{u}^{(k-1)} - \beta \left(\underline{u}^{(k-1)} \right)^2 \right) \\
\qquad\qquad - r(1 + \alpha - \beta)\underline{u}^{(k)} \times \displaystyle\int_{\mathbb{R}} \phi(x - y)\overline{u}^{(k-1)} dy \\
\qquad\qquad - \underline{u}^{(k-1)}\overline{v}^{(k-1)} + L\underline{u}^{(k-1)}, \quad (x,t) \in I_T, \\
\underline{u}^{(k)}(x,0) = u_0(x), \qquad\qquad\qquad\qquad\qquad x \in \mathbb{R}
\end{cases}
\tag{5.15}
$$

和

$$
\begin{cases}
\overline{v}_t^{(k)} - \overline{v}^{(k)} + L\overline{v}^{(k)} = a\overline{v}^{(k-1)} \left(\overline{u}^{(k-1)} - b \right) + L\overline{v}^{(k-1)}, & (x,t) \in I_T, \\
\overline{v}^{(k)}(x,0) = v_0(x), & x \in \mathbb{R},
\end{cases}
\tag{5.16}
$$

$$
\begin{cases}
\underline{v}_t^{(k)} - \underline{v}^{(k)} + L\underline{v}^{(k)} = a\underline{v}^{(k-1)} \left(\underline{u}^{(k-1)} - b \right) + L\underline{v}^{(k-1)}, & (x,t) \in I_T, \\
\underline{v}^{(k)}(x,0) = v_0(x), & x \in \mathbb{R},
\end{cases}
\tag{5.17}
$$

其中 $k = 1, 2, \cdots$, 则得到四个序列 $\{\overline{u}^{(k)}\}_{k=0}^{\infty}$, $\{\underline{u}^{(k)}\}_{k=0}^{\infty}$ 和 $\{\overline{v}^{(k)}\}_{k=0}^{\infty}$, $\{\underline{v}^{(k)}\}_{k=0}^{\infty}$.
接下来, 证明对任意 $(x,t) \in I_T \cup B_T$ 都有

$$\underline{u} \leqslant \underline{u}^{(1)} \leqslant \overline{u}^{(1)} \leqslant \overline{u} \quad \text{和} \quad \underline{v} \leqslant \underline{v}^{(1)} \leqslant \overline{v}^{(1)} \leqslant \overline{v}. \tag{5.18}$$

首先定义 $\widehat{v} = \underline{v}^{(1)} - \underline{v}$, 则由 (5.5) 和 (5.17) 知 $\widehat{v}$ 满足

$$
\begin{cases}
\widehat{v}_t - \widehat{v}_{xx} + L\widehat{v} \geqslant 0, & (x,t) \in I_T, \\
\widehat{v}(x,0) \geqslant 0, & x \in \mathbb{R}.
\end{cases}
$$

进一步由比较原理得 $\widehat{v} \geqslant 0$, 即对任意 $(x,t) \in I_T \cup B_T$ 都有 $\underline{v}^{(1)} \geqslant \underline{v}$. 类似地, 令 $\widetilde{v} = \overline{v} - \overline{v}^{(1)}$. 则由 (5.4) 和 (5.16) 可知 $\widetilde{v}$ 满足

$$
\begin{cases}
\widetilde{v}_t - \widetilde{v}_{xx} + L\widetilde{v} \geqslant 0, & (x,t) \in I_T, \\
\widetilde{v}(x,0) \geqslant 0, & x \in \mathbb{R}.
\end{cases}
$$

进一步, 由比较原理可知 $\widetilde{v} \geqslant 0$, 即对任意 $(x,t) \in I_T \cup B_T$ 有 $\overline{v} \geqslant \overline{v}^{(1)}$. 下面, 证明 $\overline{v}^{(1)} \geqslant \underline{v}^{(1)}$. 令 $\overline{\overline{v}} = \overline{v}^{(1)} - \underline{v}^{(1)}$, 则由 (5.16) 和 (5.17) 得

$$
\begin{cases}
\overline{\overline{v}}_t - \overline{\overline{v}}_{xx} = a\overline{v}(\overline{u} - b) - L\left(\overline{v}^{(1)} - \overline{v}\right) - a\underline{v}(\underline{u} - b) + L\left(\underline{v}^{(1)} - \underline{v}\right), & (x,t) \in I_T, \\
\overline{\overline{v}}(x,0) \geqslant 0, & x \in \mathbb{R}.
\end{cases}
$$

(5.19)

又因为对任意 $(x,t) \in I_T \cup B_T$, 有

$$
a\overline{v}(\overline{u} - b) - L\left(\overline{v}^{(1)} - \overline{v}\right) - a\underline{v}(\underline{u} - b) + L\left(\underline{v}^{(1)} - \underline{v}\right)
$$

$$
= a\overline{u} \cdot \overline{v} - a\underline{u} \cdot \underline{v} - ab(\overline{v} - \underline{v}) + L\left(\underline{v}^{(1)} - \overline{v}^{(1)}\right) + L\left(\overline{v} - \underline{v}\right)
$$

$$
\geqslant -L\left(\overline{v}^{(1)} - \underline{v}^{(1)}\right) + (L - ab)(\overline{v} - \underline{v})
$$

$$
\geqslant -L\overline{\overline{v}},
$$

(5.20)

结合 (5.19) 和 (5.20) 可得

$$
\begin{cases}
\overline{\overline{v}}_t - \overline{\overline{v}}_{xx} + L\overline{\overline{v}} \geqslant 0, & (x,t) \in I_T, \\
\overline{\overline{v}}(x,0) \geqslant 0, & x \in \mathbb{R}.
\end{cases}
$$

进一步, 由比较原理可知 $\overline{\overline{v}} \geqslant 0$, 也就是, 对任意 $(x,t) \in I_T \cup B_T$ 有 $\overline{v}^{(1)} \geqslant \underline{v}^{(1)}$. 从而, 对任意 $(x,t) \in I_T \cup B_T$ 有 $\underline{v} \leqslant \underline{v}^{(1)} \leqslant \overline{v}^{(1)} \leqslant \overline{v}$.

下面, 证明对任意 $(x,t) \in I_T \cup B_T$, 有 $\underline{u} \leqslant \underline{u}^{(1)} \leqslant \overline{u}^{(1)} \leqslant \overline{u}$. 定义 $\widehat{u} = \underline{u}^{(1)} - \underline{u}$, 则由 (5.5) 和 (5.15) 可得

$$
\begin{cases}
\widehat{u}_t - \widehat{u}_{xx} \geqslant r(1 + \alpha - \beta)\underline{u}(\phi * \overline{u}) - r(1 + \alpha - \beta)\underline{u}^{(1)}(\phi * \overline{u}) - L\left(\underline{u}^{(1)} - \underline{u}\right) \\
\qquad\qquad = -\left(r(1 + \alpha - \beta)(\phi * \overline{u}) + L\right)\widehat{u}, & (x,t) \in I_T, \\
\widehat{u}(x,0) \geqslant 0, & x \in \mathbb{R}.
\end{cases}
$$

进一步, 由比较原理可得 $\widehat{u} \geqslant 0$, 也就是, 对任意 $(x,t) \in I_T \cup B_T$, 有 $\underline{u}^{(1)} \geqslant \underline{u}$. 类似地, 令 $\widetilde{u} = \overline{u} - \overline{u}^{(1)}$, 则由 (5.4) 和 (5.14) 可知

$$\begin{cases} \widetilde{u}_t - \widetilde{u}_{xx} \geqslant -\left(r(1+\alpha-\beta)(\phi * \underline{u}) + L\right)\widetilde{u}, & (x,t) \in I_T, \\ \widetilde{u}(x,0) \geqslant 0, & x \in \mathbb{R}. \end{cases}$$

结合比较原理知 $\widetilde{u} \geqslant 0$, 即对任意 $(x,t) \in I_T \cup B_T$, 有 $\overline{u} \geqslant \overline{u}^{(1)}$. 最后, 证明 $\overline{u}^{(1)} \geqslant \underline{u}^{(1)}$. 令 $\overline{\overline{u}} = \overline{u}^{(1)} - \underline{u}^{(1)}$, 则由 (5.14) 和 (5.15) 知 $\overline{\overline{u}}$ 满足

$$\begin{aligned}
\overline{\overline{u}}_t - \overline{\overline{u}}_{xx} &= r\overline{u}\left(1+\alpha\overline{u} - \beta\overline{u}^2\right) - r\underline{u}\left(1+\alpha\underline{u} - \beta\underline{u}^2\right) + r(1+\alpha-\beta)\underline{u}^{(1)}(\phi * \overline{u}) \\
&\quad - r(1+\alpha-\beta)\overline{u}^{(1)}(\phi * \underline{u}) + \underline{u}\,\overline{v} - \overline{u}\,\underline{v} + L\left(\underline{u}^{(1)} - \underline{u}\right) - L\left(\overline{u}^{(1)} - \overline{u}\right) \\
&\geqslant r\left(1 + 2\alpha\theta' - 3\beta\theta'^2\right)(\overline{u} - \underline{u}) + \underline{u}(\overline{v} - \underline{v}) + \underline{v}(\underline{u} - \overline{u}) + L\left(\underline{u}^{(1)} - \overline{u}^{(1)}\right) \\
&\quad + r(1+\alpha-\beta)\left(\underline{u}^{(1)}\left((\phi * (\overline{u} - \underline{u}))\right) + (\phi * \underline{u})\left(\underline{u}^{(1)} - \overline{u}^{(1)}\right)\right) + L\left(\overline{u} - \underline{u}\right) \\
&\geqslant -\left(r(1+\alpha-\beta)(\phi * \underline{u}) + L\right)\overline{\overline{u}} + \left(L + r\left(1 + 2\alpha\theta' - 3\beta\theta'^2\right) - \underline{v}\right)(\overline{u} - \underline{u}) \\
&\geqslant -\left(r(1+\alpha-\beta)(\phi * \underline{u}) + L\right)\overline{\overline{u}},
\end{aligned}$$

其中 $\theta' \in (\underline{u}, \overline{u})$, 从而

$$\begin{cases} \overline{\overline{u}}_t - \overline{\overline{u}}_{xx} \geqslant -\left(r(1+\alpha-\beta)(\phi * \underline{u}) + L\right)\overline{\overline{u}}, & (x,t) \in I_T, \\ \overline{\overline{u}}(x,0) \geqslant 0, & x \in \mathbb{R}. \end{cases}$$

进一步, 由比较原理可知 $\overline{\overline{u}} \geqslant 0$, 也就是对任意 $(x,t) \in I_T \cup B_T$, 有 $\overline{u}^{(1)} \geqslant \underline{u}^{(1)}$. 因此对任意 $(x,t) \in I_T \cup B_T$, 有 $\underline{u} \leqslant \underline{u}^{(1)} \leqslant \overline{u}^{(1)} \leqslant \overline{u}$.

接下来证明 $\left(\overline{u}^{(1)}, \overline{v}^{(1)}\right)$ 和 $\left(\underline{u}^{(1)}, \underline{v}^{(1)}\right)$ 分别是问题 (5.1) 的一对上下解. 事实上, 因为 $\overline{u}$ 满足

$$\begin{aligned}
\overline{u}_t^{(1)} - \overline{u}_{xx}^{(1)} &= r\overline{u}\left(1+\alpha\overline{u} - \beta\overline{u}^2\right) - r(1+\alpha-\beta)\overline{u}^{(1)}(\phi * \underline{u}) - \overline{u}\,\underline{v} - L\left(\overline{u}^{(1)} - \overline{u}\right) \\
&\geqslant r\overline{u}\left(1+\alpha\overline{u} - \beta\overline{u}^2\right) - r(1+\alpha-\beta)\overline{u}^{(1)}\left(\phi * \underline{u}^{(1)}\right) - \overline{u}\,\underline{v} - L\left(\overline{u}^{(1)} - \overline{u}\right) \\
&= r\overline{u}^{(1)}\left(1+\alpha\overline{u}^{(1)} - \beta\left(\overline{u}^{(1)}\right)^2\right) - r(1+\alpha-\beta)\overline{u}^{(1)}\left(\phi * \underline{u}^{(1)}\right) \\
&\quad - \overline{u}^{(1)}\underline{v}^{(1)} + \overline{u}^{(1)}\left(\underline{v}^{(1)} - \underline{v}\right) + \left(\overline{u}^{(1)} - \overline{u}\right)\underline{v} \\
&\quad + \left(r\left(1 + 2\widetilde{\theta} - 3\beta\left(\widetilde{\theta}\right)^2\right) + L\right)\left(\overline{u} - \overline{u}^{(1)}\right)
\end{aligned}$$

$$\geqslant r\overline{u}^{(1)}\left(1+\alpha\overline{u}^{(1)}-\beta\left(\overline{u}^{(1)}\right)^2\right)-r(1+\alpha-\beta)\overline{u}^{(1)}\left(\phi*\underline{u}^{(1)}\right)-\overline{u}^{(1)}\underline{v}^{(1)}$$

$$+\left(r\left(1+2\alpha\widetilde{\theta}-3\beta\left(\widehat{\theta}\right)^2\right)+L-\underline{v}\right)\left(\overline{u}-\overline{u}^{(1)}\right)$$

$$\geqslant r\overline{u}^{(1)}\left(1+\alpha\overline{u}^{(1)}-\beta(\overline{u}^{(1)})^2\right)-r(1+\alpha-\beta)\overline{u}^{(1)}\left(\phi*\underline{u}^{(1)}\right)-\overline{u}^{(1)}\underline{v}^{(1)},$$

$$(5.21)$$

其中 $\widetilde{\theta}\in\left(\overline{u}^{(1)},\ \overline{u}\right)$; $\underline{u}$ 满足

$$\underline{u}_t-\underline{u}_{xx}=r\underline{u}\left(1+\alpha\underline{u}-\beta\underline{u}^2\right)-r(1+\alpha-\beta)\underline{u}^{(1)}\left(\phi*\overline{u}\right)-\underline{u}\overline{v}-L\left(\underline{u}^{(1)}-\underline{u}\right)$$

$$\leqslant r\underline{u}^{(1)}\left(1+\alpha\underline{u}^{(1)}-\beta\left(\underline{u}^{(1)}\right)^2\right)-r(1+\alpha-\beta)\underline{u}^{(1)}\left(\phi*\overline{u}^{(1)}\right)-\underline{u}^{(1)}\overline{v}^{(1)}$$

$$+\underline{u}^{(1)}\overline{v}^{(1)}-\underline{u}\overline{v}-\left(r\left(1+2\alpha\widetilde{\theta}'-3\beta\left(\widetilde{\theta}'\right)^2\right)+L\right)\left(\underline{u}^{(1)}-\underline{u}\right)$$

$$=r\underline{u}^{(1)}\left(1+\alpha\underline{u}^{(1)}-\beta\left(\underline{u}^{(1)}\right)^2\right)-r(1+\alpha-\beta)\underline{u}^{(1)}\left(\phi*\overline{u}^{(1)}\right)$$

$$-\underline{u}^{(1)}\overline{v}^{(1)}+\underline{u}^{(1)}\left(\overline{v}^{(1)}-\overline{v}\right)+\left(\underline{u}^{(1)}-\underline{u}\right)\overline{v}$$

$$-\left(r\left(1+2\alpha\widetilde{\theta}'-3\beta\left(\widetilde{\theta}'\right)^2\right)+L\right)\left(\underline{u}^{(1)}-\underline{u}\right)$$

$$\leqslant r\underline{u}^{(1)}\left(1+\alpha\underline{u}^{(1)}-\beta\left(\underline{u}^{(1)}\right)^2\right)-r(1+\alpha-\beta)\underline{u}^{(1)}\left(\phi*\overline{u}^{(1)}\right)-\underline{u}^{(1)}\overline{v}^{(1)}$$

$$-\left(r\left(1+2\alpha\widetilde{\theta}'-3\beta\left(\widetilde{\theta}'\right)^2\right)+L-\overline{v}\right)\left(\underline{u}^{(1)}-\underline{u}\right)$$

$$\leqslant r\underline{u}^{(1)}\left(1+\alpha\underline{u}^{(1)}-\beta\left(\underline{u}^{(1)}\right)^2\right)-r(1+\alpha-\beta)\underline{u}^{(1)}\left(\phi*\overline{u}^{(1)}\right)-\underline{u}^{(1)}\overline{v}^{(1)},$$

$$(5.22)$$

其中 $\widetilde{\theta}'\in\left(\underline{u},\ \underline{u}^{(1)}\right)$; $\overline{v}^{(1)}$ 满足

$$\overline{v}_t^{(1)}-\overline{v}_{xx}^{(1)}=a\overline{v}(\overline{u}-b)-L\left(\overline{v}^{(1)}-\overline{v}\right)$$

$$\geqslant ab\left(\overline{v}^{(1)}-\overline{v}\right)-L\left(\overline{v}^{(1)}-\overline{v}\right)+a\overline{v}^{(1)}\left(\overline{u}^{(1)}-b\right)$$

$$=(L-ab)\left(\overline{v}-\overline{v}^{(1)}\right)+a\overline{v}^{(1)}\left(\overline{u}^{(1)}-b\right)$$

$$\geqslant a\overline{v}^{(1)}\left(\overline{u}^{(1)}-b\right),$$

$$(5.23)$$

且 $\underline{v}^{(1)}$ 满足

$$\underline{v}_t^{(1)}-\underline{v}_{xx}^{(1)}=a\underline{v}(\underline{u}-b)-L\left(\underline{v}^{(1)}-\underline{v}\right)$$

$$= a\underline{v}^{(1)}\left(\underline{u}^{(1)} - b\right) + a\underline{v}\left(\underline{u} - b\right) - a\underline{v}^{(1)}\left(\underline{u}^{(1)} - b\right) - L\left(\underline{v}^{(1)} - \underline{v}\right)$$

$$\leqslant a\underline{v}^{(1)}\left(\underline{u}^{(1)} - b\right) + (ab - L)\left(\underline{v}^{(1)} - \underline{v}\right)$$

$$\leqslant a\underline{v}^{(1)}\left(\underline{u}^{(1)} - b\right). \tag{5.24}$$

则由 (5.21)—(5.24) 可知 $\left(\overline{u}^{(1)}, \overline{v}^{(1)}\right)$ 和 $\left(\underline{u}^{(1)}, \underline{v}^{(1)}\right)$ 分别是问题 (5.1) 的一对上下解.

假设 $\left(\overline{u}^{(k)}, \overline{v}^{(k)}\right)$ 和 $\left(\underline{u}^{(k)}, \underline{v}^{(k)}\right)$ 是问题 (5.1) 的一对上下解. 重复上述过程可得, 对任意 $(x,t) \in I_T \cup B_T$, 有

$$\underline{u}^{(k)} \leqslant \underline{u}^{(k+1)} \leqslant \overline{u}^{(k+1)} \leqslant \overline{u}^{(k)}$$

和

$$\underline{v}^{(k)} \leqslant \underline{v}^{(k+1)} \leqslant \overline{v}^{(k+1)} \leqslant \overline{v}^{(k)}.$$

另外, 由于 $\left(\overline{u}^{(k+1)}, \overline{v}^{(k+1)}\right)$ 和 $\left(\underline{u}^{(k+1)}, \underline{v}^{(k+1)}\right)$ 是问题 (5.1) 的一对上下解, 则结合 (5.18) 可知, 对任意 $k = 0, 1, 2, \cdots, (x,t) \in I_T \cup B_T$, 有

$$\underline{u} \leqslant \underline{u}^{(1)} \leqslant \underline{u}^{(2)} \leqslant \cdots \leqslant \underline{u}^{(k)} \leqslant \overline{u}^{(k)} \leqslant \cdots \leqslant \overline{u}^{(2)} \leqslant \overline{u}^{(1)} \leqslant \overline{u}$$

和

$$\underline{v} \leqslant \underline{v}^{(1)} \leqslant \underline{v}^{(2)} \leqslant \cdots \leqslant \underline{v}^{(k)} \leqslant \overline{v}^{(k)} \leqslant \cdots \leqslant \overline{v}^{(2)} \leqslant \overline{v}^{(1)} \leqslant \overline{v}.$$

进一步, 存在 (u, v) 和 $(\mathfrak{u}, \mathfrak{v})$ 满足

$$\lim_{k \to \infty} \underline{u}^{(k)} = u, \quad \lim_{k \to \infty} \underline{v}^{(k)} = v, \quad \lim_{k \to \infty} \overline{u}^{(k)} = \mathfrak{u} \quad \text{和} \quad \lim_{k \to \infty} \overline{v}^{(k)} = \mathfrak{v},$$

另一方面, (u, v) 和 $(\mathfrak{u}, \mathfrak{v})$ 可以看作是问题 (5.1) 的一对上下解, 因此 $u = \mathfrak{u}, v = \mathfrak{v}$. 从而问题 (5.1) 的解 (u, v) 是有界的. □

下面, 进一步证明对任意非负有界初值, 问题 (5.1) 都存在解.

定理 5.3　对任意非负有界初值 $u_0(x)$ 和 $v_0(x)$, 问题 (5.1) 的解都是存在的.

证明　要证明上述结论成立, 由定理 5.2 知只需构造合适的上下解 $(\overline{u}, \overline{v})$ 和 $(\underline{u}, \underline{v})$, 使其满足 $\overline{u}(x, 0) \geqslant u_0(x) \geqslant \underline{u}(x, 0)$ 和 $\overline{v}(x, 0) \geqslant v_0(x) \geqslant \underline{v}(x, 0)$ 即可. 显然, $(\underline{u}, \underline{v}) = (0, 0)$ 是系统 (5.1) 的下解. 下面, 继续构造上解. 令 $(\overline{u})^1 = \dfrac{\alpha + \sqrt{\alpha^2 + 4\beta}}{2\beta}$, 则

$$(\overline{u})^1_t \geqslant (\overline{u})^1_{xx} + r(\overline{u})^1(1 + \alpha(\overline{u})^1 - \beta((\overline{u})^1)^2)$$

$$\geqslant (\overline{u})_{xx}^1 + r(\overline{u})^1 \left(1 + \alpha(\overline{u})^1 - \beta((\overline{u})^1)^2 - (1 + \alpha - \beta) \int_{\mathbb{R}} \phi(x - y)\underline{u}(y)dy \right)$$

$$- (\overline{u})^1 \underline{v}.$$

又因为 $u_0(x)$ 和 $v_0(x)$ 是非负有界的, 所以存在 $M > 0$ 使得对任意 $x \in \mathbb{R}$ 有

$$|u_0(x)| \leqslant M \quad \text{和} \quad |v_0(x)| \leqslant M.$$

因此, 令 $\overline{u} = M(\overline{u})^1$ 且 $\overline{v} = Me^{a\left(\frac{\alpha + \sqrt{\alpha^2 + 4\beta}}{2\beta}M - b \right)t}$, 则

$$\begin{cases} \overline{u}_t \geqslant \overline{u}_{xx} + r\overline{u} \left(1 + \alpha\overline{u} - \beta\overline{u}^2 - (1 + \alpha - \beta) \int_{\mathbb{R}} \phi(x - y)\underline{u}(y)dy \right) - \overline{u}\underline{v}, & (x,t) \in I_T, \\ \overline{u}(x,0) = \dfrac{\alpha + \sqrt{\alpha^2 + 4\beta}}{2\beta}M > M \geqslant u_0(x), & x \in \mathbb{R} \end{cases}$$

和

$$\begin{cases} \overline{v}_t \geqslant \overline{v}_{xx} + a\left(\dfrac{\alpha + \sqrt{\alpha^2 + 4\beta}}{2\beta}M - b \right)\overline{v} \geqslant \overline{v}_{xx} + a\overline{v}(\overline{u} - b), & (x,t) \in I_T, \\ \overline{v}(x,0) = M \geqslant v_0(x), & x \in \mathbb{R} \end{cases}$$

成立. 所以对任意非负有界初值 $u_0(x)$ 和 $v_0(x)$, 都有 $(\underline{u}, \underline{v})$ 和 $(\overline{u}, \overline{v})$ 满足 (5.4) 和 (5.5). □

最后, 给出解的唯一性.

定理 5.4 对任意 $(x,t) \in I_T \cup B_T$, 问题 (5.1) 都存在唯一有界解.

证明 由定理 5.3 知, 问题 (5.1) 存在解. 从而要证明最终的结论, 只需证明问题 (5.1) 至多存在一个有界解.

假设 (u_1, v_1) 和 (u_2, v_2) 是问题 (5.1) 在 $I_T \times I_T$ 上的两个有界解, 则 u_i $(i = 1, 2)$ 满足

$$u_i(x,t) = \int_0^t \int_{\mathbb{R}} \left\{ \Phi(x - y, t - s) \left[ru_i(y,s)\big(1 + \alpha u_i(y,s) - \beta(u_i)^2(y,s)\big) \right. \right.$$

$$\left. \left. - r(1 + \alpha - \beta)u_i(y,s) \int_{\mathbb{R}} \phi(y - z)u_i(z,s)dz - u_i(y,s)v_i(y,s) \right] \right\} dyds$$

$$+ \int_{\mathbb{R}} \Phi(x - y, t)u_0(y)dy,$$

其中 $\Phi(x,t)$ 是热方程的基本解. 此外, v_i $(i=1,\ 2)$ 满足

$$v_i(x,t) = \int_{\mathbb{R}} \Psi(x-y)v_0(y)dy + \int_0^t \int_{\mathbb{R}} \Psi(x-y,t-s)\left[av_i(y,s)\left(u_i(y,s)-b\right)\right]dyds,$$

其中 $\Psi(x,y)$ 是热方程的基本解.

令 $\widetilde{u} = u_1 - u_2, \widetilde{v} = v_1 - v_2$, 则

$$\widetilde{u}(x,t) = \int_0^t \int_{\mathbb{R}} \Phi(x-y,t-s)\Big[r\left(1+2\alpha\widehat{\theta}-3\beta\widehat{\theta}^2\right) - r(1+\alpha-\beta)(\phi*u_2)$$

$$- v_2\Big]\widetilde{u}(y,s)dyds - \int_0^t \int_{\mathbb{R}} r(1+\alpha-\beta)u_1(\phi*\widetilde{u})dyds$$

$$- \int_0^t \int_{\mathbb{R}} \Phi(x-y,t-s)u_1\widetilde{v}dyds, \tag{5.25}$$

其中 $\widehat{\theta}$ 介于 u_1 和 u_2 之间. 另外, 同样可以得到

$$\widetilde{v}(x,t) = \int_0^t \int_{\mathbb{R}} \Psi(x-y,t-s)[av_1(u_1-b) - av_2(u_2-b)]dyds$$

$$= \int_0^t \int_{\mathbb{R}} \Psi(x-y,t-s)[(au_1-ab)\widetilde{v} + av_2\widetilde{u}]dyds. \tag{5.26}$$

由定理 5.2 知, u_1, v_1, u_2, v_2 在 $I_T \cup B_T$ 上是非负有界的. 因此存在一个 $K>0$, 使得对任意 $(x,t) \in I_T \cup B_T$ 都有

$$0 \leqslant u_1,\ u_2,\ v_1,\ v_2 \leqslant K.$$

定义

$$M_1 := r\left(1+\frac{\alpha^2}{3\beta}\right) + r(1+\alpha-\beta)K + K, \quad M_2 := r(1+\alpha-\beta)K$$

且

$$N_1 := aK - ab, \quad N_2 := aK.$$

则由 (5.25) 和 (5.26) 可得, 对任意 $t \in (0,T)$ 都有

$$\|\widetilde{u}(\cdot,t)\|_{L^\infty} \leqslant \int_0^t M_1\|\widetilde{u}(\cdot,s)\|_{L^\infty(\mathbb{R})}ds + \int_0^t M_2\|\widetilde{u}(\cdot,s)\|_{L^\infty(\mathbb{R})}ds$$

$$+ K\int_0^t \|\widetilde{v}(\cdot,s)\|_{L^\infty(\mathbb{R})}ds$$

和

$$\|\widetilde{v}(\cdot,t)\|_{L^\infty(\mathbb{R})} \leqslant N_1 \int_0^t \|\widetilde{v}(\cdot,s)\|_{L^\infty(\mathbb{R})} ds + N_2 \int_0^t \|\widetilde{u}(\cdot,s)\|_{L^\infty(\mathbb{R})} ds.$$

进一步, 对任意 $t \in (0,T)$ 有

$$\|\widetilde{u}(\cdot,t)\|_{L^\infty} + \|\widetilde{v}(\cdot,t)\|_{L^\infty} \leqslant (M_1+M_2+K+N_1+N_2) \int_0^t (\|\widetilde{u}(\cdot,s)\|_{L^\infty} + \|\widetilde{v}(\cdot,s)\|_{L^\infty})\, ds.$$

由 Gronwall 不等式得

$$\|\widetilde{u}\|_{L^\infty} + \|\widetilde{v}\|_{L^\infty} = 0, \quad t \in (0,T).$$

又由于 $\widetilde{u}$ 和 $\widetilde{v}$ 是连续的, 可得 $\widetilde{u} \equiv \widetilde{v} \equiv 0$, 也就是在 I_T 上有 $u_1 \equiv u_2$ 且 $v_1 \equiv v_2$. □

5.4 解的其他性质

在 5.3 节中, 给出了问题 (5.1) 解的存在性和唯一性的证明. 接下来进一步研究解的其他性质, 包括解的有界性以及在正平衡点附近的 Turing 分支. 下面首先证明 (5.1) 的解是一致有界的.

定理 5.5 问题 (5.1) 的非负解都是一致有界的, 也就是说, 存在一个正常数 $C > 0$, 使得对任意 $(x,t) \in \mathbb{R} \times \mathbb{R}^+$ 都有

$$0 \leqslant u(x,t) \leqslant C \quad \text{和} \quad 0 \leqslant v(x,t) \leqslant C.$$

证明 分两部分证明. 首先证明 u 是一致有界的, 因为 u 满足

$$\begin{cases} u_t = u_{xx} + ru(1+\alpha u - \beta u^2 - (1+\alpha-\beta)(\phi * u)) - uv \\ \quad \leqslant u_{xx} + ru(1+\alpha u - \beta u^2), & (x,t) \in I_T \cup B_T, \\ u(x,0) = u_0(x), & x \in \mathbb{R}, \end{cases} \tag{5.27}$$

所以由比较原理可知 (5.27) 的解比初值问题

$$\begin{cases} \dfrac{dz}{dt} = rz(1+\alpha z - \beta z^2), & t > 0, \\ z(0) = \|u_0\|_\infty \end{cases} \tag{5.28}$$

的解的值要小. 显然微分方程 (5.28) 有两个非负平衡点:

$$z = 0 \quad \text{和} \quad z = \frac{\alpha + \sqrt{\alpha^2 + 4\beta}}{2\beta} > 0.$$

又因为正平衡点是全局渐近稳定的, 从而 (5.28) 的解 $z(t)$ 是一致有界的且上确界不超过 $\max\left\{\|u_0\|_\infty, \dfrac{\alpha+\sqrt{\alpha^2+4\beta}}{2\beta}\right\}$, 所以问题 (5.27) 的解也是一致有界的且上确界不超过 $\max\left\{\|u_0\|_\infty, \dfrac{\alpha+\sqrt{\alpha^2+4\beta}}{2\beta}\right\}$. 因此, u 是一致有界的, 即存在一个 $D>0$, 使得对任意 $(x,t)\in\mathbb{R}\times\mathbb{R}^+$ 都有 $u(x,t)\leqslant D$.

下面, 证明 v 的一致有界性. 令 $w=au+v$, 则

$$w_t - w_{xx} = aru\left(1+\alpha u-\beta u^2-(1+\alpha-\beta)(\phi*u)\right)-abv$$

$$\leqslant M-abw,$$

其中 $M=\max_{u\in[0,D]}ar\left(1+\alpha u-\beta u^2+a^2bu\right)$, 因此

$$\begin{cases} w_t \leqslant w_{xx}+M-abw, \\ w(x,0)=w_0(x)=au_0(x)+v_0(x). \end{cases}$$

由比较原理可知, w 比如下初值问题

$$\begin{cases} \dfrac{ds}{dt}=M-abs, \\ s(0)=\|w_0\|_\infty \end{cases}$$

的解小. 通过计算可得

$$s\leqslant\max\left\{\|w_0\|_\infty, \dfrac{M}{ab}+C_2\right\},$$

其中 C_2 是一个常数, 因此 w 是一致有界的. 结合 u 的一致有界性, 可得 v 也是一致有界的. □

注 5.1　由上面定理, 可知 u,v 都是一致有界的. 进一步结合定理 5.4, 易知问题 (5.1) 存在唯一全局解.

注 5.2　由定理 5.5 知, 系统 (5.1) 的解不会爆破.

接下来, 考虑正平衡点附近的分支. 为此, 取特殊的核函数 $\phi(x)=\dfrac{1}{2\sigma}e^{-\frac{|x|}{\sigma}}$, 其中 $\sigma>0$ 是一个常数.

令 $w(x,t)=(\phi*u)(x,t)=\displaystyle\int_\mathbb{R}\dfrac{1}{2\sigma}e^{-\frac{|x-y|}{\sigma}}u(y,t)dy$, 则系统 (5.1) 可化为

$$\begin{cases} u_t = u_{xx} + ru(1 + \alpha u - \beta u^2 - (1 + \alpha - \beta)w) - uv, \\ v_t = v_{xx} + av(u - b), \\ 0 = w_{xx} + \dfrac{1}{\sigma^2}(u - w). \end{cases} \tag{5.29}$$

显然, 系统 (5.29) 有四个平衡点: $(0,0,0)$, $\left(-\dfrac{1}{\beta}, 0, -\dfrac{1}{\beta}\right)$, $(1,0,1)$ 和 $(b, r(1 - b)(1 + \beta b), b)$. 因为平衡点 $(b, r(1 - b)(1 + \beta b), b)$ 对应着系统 (5.1) 的共存态 $(b, r(1 - b)(1 + \beta b))$ (值得注意的是, 这里要求 $b < 1$, 因为只有 $b < 1$, 系统 (5.1) 才存在正平衡点), 所以主要研究这一点附近的 Turing 分支.

将系统 (5.29) 在 $(b, r(1 - b)(1 + \beta b), b)$ 处线性化可得

$$\begin{cases} u_t = u_{xx} + (r\alpha b - 2r\beta b^2)u - bv - rb(1 + \alpha - \beta)w, \\ v_t = v_{xx} + ar(1 - b)(1 + \beta b)u, \\ 0 = w_{xx} + \dfrac{1}{\sigma^2}u - \dfrac{1}{\sigma^2}w. \end{cases} \tag{5.30}$$

选取具有如下形式的试验函数

$$\begin{pmatrix} u \\ v \\ w \end{pmatrix} = \sum_{k=1}^{\infty} \begin{pmatrix} C_k^1 \\ C_k^2 \\ C_k^3 \end{pmatrix} e^{\lambda t + ikx}, \tag{5.31}$$

其中 k 是一个实参数. 将 (5.31) 代入 (5.30) 可得

$$\begin{vmatrix} -k^2 - \lambda + r\alpha b - 2r\beta b^2 & -b & -rb(1 + \alpha - \beta) \\ ar(1 - b)(1 + \beta b) & -k^2 - \lambda & 0 \\ \dfrac{1}{\sigma^2} & 0 & -\dfrac{1}{\sigma^2} - k^2 \end{vmatrix} = 0,$$

它等价于

$$\left(\frac{1}{\sigma^2} + k^2\right)\lambda^2 - \left[\left(\frac{1}{\sigma^2} + k^2\right)(r\alpha b - 2r\beta b^2 - 2k^2) - \frac{rb}{\sigma^2}(1 + \alpha - \beta)\right]\lambda - D = 0, \tag{5.32}$$

其中

$$D := k^2\left(\frac{1}{\sigma^2} + k^2\right)(r\alpha b - 2r\beta b^2 - k^2) - abr(1 - b)(1 + \beta b)\left(\frac{1}{\sigma^2} + k^2\right)$$

$$- rb(1 + \alpha - \beta)\frac{k^2}{\sigma^2}.$$

由上面对系统 (5.29) 的分析, 得到如下结论.

定理 5.6　如果

$$\sigma_T = \sqrt{\frac{rb(1 + \alpha - \beta) - (r\alpha b - 2r\beta b^2 - 2k_T^2)}{k_T^2(r\alpha b - 2r\beta b^2 - 2k_T^2)}},$$

则系统 (5.29) 在唯一的正平衡点附近会出现 Turing 分支, 且临界频率为 $k_T :=$ $\sqrt[4]{abr(1 - b)(1 + \beta b)}$.

证明　易知仅当 $\mathrm{Im}(\lambda_k) = 0, \mathrm{Re}(\lambda_k) = 0$, 且 $k = k_T \neq 0$ 时, 系统 (5.32) 会出现 Turing 分支. 为了得到 Turing 分支, 令

$$\begin{cases} \left(\dfrac{1}{\sigma^2} + k^2\right)(r\alpha b - 2r\beta b^2 - 2k^2) = \dfrac{rb}{\sigma^2}(1 + \alpha - \beta), \\ k^2\left(r\alpha b - 2r\beta b^2 - k^2\right)\left(\dfrac{1}{\sigma^2} + k^2\right) - abr(1 - b)(1 + \beta b)\left(\dfrac{1}{\sigma^2} + k^2\right) \\ -rb(1 + \alpha - \beta)\dfrac{k^2}{\sigma^2} = 0. \end{cases}$$

由上式可得 σ_T 和 k_T 具有如下值:

$$\begin{cases} \sigma_T = \sqrt{\dfrac{rb(1 + \alpha - \beta) - (r\alpha b - 2r\beta b^2 - 2k_T^2)}{k_T^2(r\alpha b - 2r\beta b^2 - 2k_T^2)}}, \\ k_T = \sqrt[4]{abr(1 - b)(1 + \beta b)}. \end{cases} \qquad \square$$

注 5.3　这节中, 主要应用小扰动分析的办法来研究正平衡点附近的 Turing 分支. 小扰动分析的主要部分是线性稳定分析, 其优势是相对容易得到发生 Turing 分支 (或 Hopf 分支) 的时间. 但仅仅使用这种方式, 不能够进一步探索 Turing 分支附近的动力学行为. 而为了进一步研究这些问题, 可以考虑中心流形的办法 (参见文章 [82]), 它可以将无穷维问题转化为有限维 (值得注意的是, 反应扩散方程可产生无穷维动力系统, 它拥有吸引子 (参见文章 [34, 49]) 和惯性流形), 从而可以用来构造周期稳态 (参见 Faye 和 Holzer 的文章 [51]) 并计算规范形 (参见 Song 等的文章 [164]). 另外, 惯性流形 (参见文章 [167]) 也是研究耗散演化方程解的长时间行为的有效工具, 它至少是 Lipschitz 连续的、有限维的、空间不变的, 且包含全局吸引子. 当应用惯性流形时, 需要满足 "谱间隙条件", 而近似惯性流形则不需要满足这些条件. 此外, 经常用非线性 Galerkin 办法 (参见文章 [133]) 来计

算惯性流形且过程相当复杂. 值得注意的是, 通过应用中心流形办法得到的解在流形上; 而通过惯性流形办法得到的解是指数趋于惯性流形的.

由定理 5.6 可知, 当 $\sigma = \sigma_T$ 且 $k = k_T$ 时, 系统 (5.29) 会在唯一的正平衡点附近出现 Turing 分支. 令 $r = 3, \alpha = 0.4, \beta = 0.1, b = 0.6$ 且 $a = 0.02$. 通过计算得 $\sigma_T = 8.1437$. 下面, 通过数值模拟, 可以验证当 $\sigma = 8.1437$ 时, 系统 (5.29) 在 $(b, r(1-b)(1+\beta b), b)$ 附近存在 Turing 分支, 参见图 5.1.

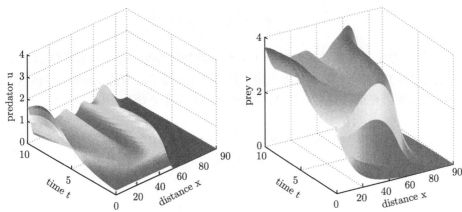

图 5.1 左图表示捕食者的时空演化图; 右图表示食饵的时空演化图. 其中计算区域都是 $(x, t) \in [0, 90] \times [0, 10]$, 其他参数取值为 $L_0 = 50$ 且 $\sigma = 8.1437$ (彩图请扫封底二维码)

令

$$u(0, x) = \begin{cases} 0.2, & x \leqslant L_0, \\ 0, & x > L_0 \end{cases} \qquad (5.33)$$

且

$$v(0, x) = \begin{cases} 2.448, & x \leqslant L_0, \\ 0, & x > L_0, \end{cases} \qquad (5.34)$$

则

$$w(0, x) = \begin{cases} 0.2 - 0.1 e^{\frac{x-L_0}{\sigma}}, & x \leqslant L_0, \\ 0.1 e^{-\frac{x-L_0}{\sigma}}, & x > L_0. \end{cases} \qquad (5.35)$$

通过 (5.33)—(5.35) 以及 Neumann 边界条件, 我们可以用 MATLAB 中的 pdepe 函数来模拟系统 (5.29) (参见图 5.1).

由图 5.1, 可知当 $\sigma = 8.1437$ 时, 系统 (5.1) 中的捕食者 u 和食饵 v 的确在平衡点 $(b, r(1-b)(1+\beta b))$ 附近出现 Turing 分支.

第 6 章　非局部 Lotka-Volterra 竞争系统的行波解

6.1　背景及发展现状

前几章考虑了非局部时滞对单个方程行波解的影响, 那么它对系统的行波解会产生怎样的影响呢? 这一章进一步考虑 (具有非局部时滞的) 系统的行波解. 具体地, 考虑如下带有非局部项的 Lotka-Volterra 竞争系统

$$
\begin{cases}
u_t - d_1 u_{xx} = r_1 u \left(1 - b_1(\phi_1 * u) - a_1(\phi_2 * v)\right), \\
v_t - d_2 v_{xx} = r_2 v \left(1 - b_2(\phi_3 * v) - a_2(\phi_4 * u)\right),
\end{cases}
\tag{6.1}
$$

其中 r_i, a_i, $b_i > 0$ $(i = 1, 2)$ 都是常数且

$$
(\phi_i * u)(x, t) := \int_{\mathbb{R}} \phi_i(x - y) u(y, t) dy, \quad x \in \mathbb{R}, \quad i = 1, 2, 3, 4.
$$

另外, 核函数 $\phi_i(x)$ $(i = 1, 2, 3, 4)$ 是有界的且满足

$$
\phi_i(x) \geqslant 0, \quad \phi_i(0) > 0 \quad \text{和} \quad \int_{\mathbb{R}} \phi_i(x) dx = 1,
$$

对任意 $\lambda \in \left(0, \max\left\{1, \sqrt{\dfrac{r}{d}}\right\}\right)$, 都有 $\displaystyle\int_{\mathbb{R}} \phi_i(y) e^{\lambda y} dy < \infty, i = 1, 2, 3, 4.$

为了简化符号, 通过对系统 (6.1) 作尺度变换得

$$
\begin{cases}
u_t - u_{xx} = u \left(1 - \phi_1 * u - a_1(\phi_2 * v)\right), \\
v_t - d v_{xx} = r v \left(1 - \phi_3 * v - a_2(\phi_4 * u)\right).
\end{cases}
\tag{6.2}
$$

另外, 众所周知, 如果将 ϕ_i 替换成 Dirac-(δ) 函数, 则系统 (6.2) (或者 (6.1)) 能够进一步简化为经典的 Lotka-Volterra 竞争系统

$$
\begin{cases}
u_t - u_{xx} = u \left(1 - u - a_1 v\right), \\
v_t - d v_{xx} = r v \left(1 - v - a_2 u\right).
\end{cases}
\tag{6.3}
$$

这里 $u(x,t)$, $v(x,t)$ 分别表示两个竞争物种的种群密度. $d > 0$ 表示物种 v 的扩散系数; a_1, a_2 分别表示物种 u, v 的种间竞争系数. 显然, 系统 (6.3) 总是有三个平衡点 $(0,0)$, $(1,0)$ 和 $(0,1)$. 特别地, 如果 $a_1, a_2 < 1$ 或 $a_1, a_2 > 1$, 系统 (6.3) 存在第四个平衡点 (也就是共存态)

$$(u^*, v^*) = \left(\frac{1-a_1}{1-a_1 a_2}, \frac{1-a_2}{1-a_1 a_2} \right).$$

在本章中总是假设 a_1, $a_2 < 1$. 过去几年里, 关于系统 (6.3) 的行波解的研究很多, 具体可以参见文章 [33, 56, 72, 168, 174] 及其的参考文献.

　　而关于时滞或非局部反应扩散系统的研究前面已经做了详细的阐述, 然而他们考虑的大都是时滞充分小或者非局部充分弱的情形, 当时滞不是充分小或者非局部不是充分弱的时候, 系统的行波解是怎样的呢? 近期在这些情形下, 关于单个方程行波解的研究有了很大的进展. 特别是 Berestycki 等在文章 [28] 中考虑了如下方程

$$u_t - u_{xx} = \mu u(1 - \phi * u), \quad x \in \mathbb{R}, \tag{6.4}$$

并证明了对任意的 $c \geqslant c^* = 2\sqrt{\mu}$, (6.4) 存在连接 0 到未知正稳态的行波解, 而当 $c < c^*$ 时, 不存在这样的行波解.

　　这里我们考虑的问题是: 一般情形下, 系统 (6.2) 行波解的存在性.

　　接下来, 给出主要结果.

　　定理 6.1　*对任意 $c > c^* = \max\left\{ 2, 2\sqrt{dr} \right\}$, 存在行波解 $(u(x - ct), v(x - ct))$* 满足

$$\begin{cases} -u''(x) - cu'(x) = u(x)\left(1 - (\phi_1 * u)(x) - a_1(\phi_2 * v)(x)\right), & x \in \mathbb{R}, \\ -dv''(x) - cv'(x) = rv(x)(1 - (\phi_3 * v)(x) - a_2(\phi_4 * u)(x)), & x \in \mathbb{R} \end{cases} \tag{6.5}$$

及其边界条件

$$\liminf_{x \to -\infty}(u(x) + v(x)) > 0, \quad \lim_{x \to +\infty} u(x) = 0 \ \ \text{和} \ \ \lim_{x \to +\infty} v(x) = 0, \tag{6.6}$$

其中 $u(x)$ 和 $v(x)$ 都是正函数. 特别地, 存在一个 $Z_0 > 0$, 使得 u 和 v 在 $[Z_0, +\infty)$ 上都是单调递减的. 进一步, 如果 $a_1 < M$, $a_2 < M$, 其中

$$M = \max\left\{ u^*, \ v^*, \ \frac{4}{3}\left(\int_{-\sqrt{\frac{1}{2}}}^{0} \phi_1(y)dy \right)^{-1}, \ \frac{4}{3}\left(\int_{-\sqrt{\frac{d}{2r}}}^{0} \phi_3(y)dy \right)^{-1} \right\},$$

则行波解 $(u(x-ct), v(x-xt))$ 还满足

$$\liminf_{x\to-\infty}(u(x)) > 0 \quad \text{和} \quad \liminf_{x\to-\infty}(v(x)) > 0, \tag{6.7}$$

此外, 当 $c < c^*$ 时, 不存在行波解 $(u(x-ct), v(x-ct))$ 满足 (6.5) 和 (6.6) (或 (6.7)).

下面研究系统 (6.1) 的一种特殊情形.

定理 6.2　如果 $\phi_1(x) = \phi_3(x) = \delta(x)$, 其中 $\delta(x)$ 是 Dirac 函数, 则定理 6.1 中建立的行波解还满足

$$\lim_{x\to-\infty} u(x) = u^*, \quad \lim_{x\to-\infty} v(x) = v^*.$$

接着, 证明对于充分大的波速 c, 定理 6.1 中建立的行波解 $(u(x-ct), v(x-ct))$ 也满足 $(u(-\infty), v(-\infty)) = (u^*, v^*)$.

定理 6.3　令

$$\bar{c} = \max\left\{\sqrt{n_2}M, \ r\sqrt{m_2}M\right\},$$

其中 M 的定义见定理 6.1, 并且

$$n_2 = \int_{\mathbb{R}} x^2 \phi_1(x)dx, \quad m_2 = \int_{\mathbb{R}} x^2 \phi_3(x)dx,$$

则定理 6.1 中建立的行波解在波速 $c > \bar{c}$ 时还满足 $(u(-\infty), v(-\infty)) = (u^*, v^*)$.

本章的结构如下. 在 6.2 节中, 我们建立系统 (6.1) 行波解的存在性结果, 也就是定理 6.1. 进一步, 考虑系统 (6.1) 的特殊情形——$\phi_1(x) = \phi_3(x) = \delta(x)$, 并证明定理 6.2. 紧接着, 在 6.3 节中我们将研究快波, 从而完成定理 6.3 的证明. 最后在 6.4 节中, 通过应用数值模拟, 说明定理 6.1 中的未知正稳态也可以是一个周期稳态.

6.2　行波解的存在性

在这一节, 证明系统 (6.2) 存在连接 $(0,0)$ 到未知正稳态的行波解. 令 $c > \max\left\{2, 2\sqrt{dr}\right\}$ 且 $\xi = x - ct$, 接下来寻找系统 (6.2) 具有形如 $(u(x,t), v(x,t)) = (U(\xi), V(\xi))$ 的解, 从而得到

$$\begin{cases} -cU'(\xi) - U''(\xi) = U(\xi)\left(1 - (\phi_1 * U)(\xi) - a_1(\phi_2 * V)(\xi)\right), \\ -cV'(\xi) - dV''(\xi) = rV(\xi)\left(1 - (\phi_3 * V)(\xi) - a_2(\phi_4 * U)(\xi)\right), \end{cases}$$

其中

$$(\phi_i * w)(\xi) = \int_{\mathbb{R}} \phi_i(\eta) w(\xi - \eta) d\eta, \quad \xi \in \mathbb{R}.$$

　　首先在有界区域上给出一个两点边值问题的解, 紧接着取极限, 从而得到整个 $\mathbb{R}$ 上问题的解. 特别地, 通过构造上下解以及应用 Schauder 不动点定理得到两点边值问题的解.

　　上解 取

$$\overline{p}_c(x) = e^{-\lambda_c x} \quad 且 \quad \overline{q}_c(x) = e^{-\zeta_c x}, \quad x \in \mathbb{R},$$

其中 $\lambda_c > 0$ 是方程

$$\lambda_c^2 - c\lambda_c + 1 = 0$$

最小的根; $\zeta_c > 0$ 是方程

$$d\zeta_c^2 - c\zeta_c + r = 0$$

最小的根, 则

$$-\overline{p}_c'' - c\overline{p}_c' = \overline{p}_c \quad 和 \quad -d\overline{q}_c'' - c\overline{q}_c' = r\overline{q}_c, \quad x \in \mathbb{R}.$$

　　下解 取

$$\underline{p}_c(x) = e^{-\lambda_c x} - Ae^{-(\lambda_c + \varepsilon)x} \quad 和 \quad \underline{q}_c(x) = e^{-\zeta_c x} - Be^{-(\zeta_c + \varepsilon)x},$$

其中 $\varepsilon \in (0, \min\{\lambda_c, \zeta_c\})$ 充分小且满足

$$\kappa_c = -(\lambda_c + \varepsilon)^2 + c(\lambda_c + \varepsilon) - 1 > 0$$

和

$$\iota_c = -d(\zeta_c + \varepsilon)^2 + c(\zeta_c + \varepsilon) - r > 0.$$

另外, $A > 1$ 充分大且满足

$$\frac{\ln A}{\varepsilon} > \max\left\{ \frac{1}{\lambda_c - \varepsilon} \ln \frac{2Z_1^c}{A\kappa_c}, \frac{1}{\zeta_c - \varepsilon} \ln \frac{2a_1 Z_2^c}{A\kappa_c} \right\},$$

$B > 1$ 充分大且满足

$$\frac{\ln B}{\varepsilon} > \max\left\{ \frac{1}{\lambda_c - \varepsilon} \ln \frac{2ra_2 Z_4^c}{B\iota_c}, \frac{1}{\zeta_c - \varepsilon} \ln \frac{2r Z_3^c}{B\iota_c} \right\},$$

其中

$$Z_i^c = \int_{\mathbb{R}} \phi_i(y) e^{\lambda_c y} dy, \quad i = 1, 4,$$

并且

$$Z_i^c = \int_{\mathbb{R}} \phi_i(y)e^{\zeta_c y}dy, \quad i = 2, 3.$$

需要指出的是, 由核函数 ϕ_i 满足的条件知这里的 Z_i^c 都是有界的. 从而对任意的 x 满足 $\underline{p}_c(x) > 0$ 和 $\underline{q}_c(x) > 0$, 也就是, $x > \max\left\{\dfrac{\ln A}{\varepsilon}, \dfrac{\ln B}{\varepsilon}\right\}$, 有

$$
\begin{aligned}
&-c\underline{p}_c' - \underline{p}_c'' - \underline{p}_c + \underline{p}_c(\phi_1 * \overline{p}_c) + a_1\underline{p}_c(\phi_2 * \overline{q}_c)\\
&= -c\left[-\lambda_c e^{-\lambda_c x} + A(\lambda_c + \varepsilon)e^{-(\lambda_c+\varepsilon)x}\right] - \left[\lambda_c^2 e^{-\lambda_c x} - A(\lambda_c + \varepsilon)^2 e^{-(\lambda_c+\varepsilon)x}\right]\\
&\quad - \left[e^{-\lambda_c x} - Ae^{-(\lambda_c+\varepsilon)x}\right] + \left[e^{-\lambda_c x} - Ae^{-(\lambda_c+\varepsilon)x}\right]\left(Z_1^c e^{-\lambda_c x} + a_1 Z_2^c e^{-\zeta_c x}\right)\\
&= e^{-\lambda_c x}\left(c\lambda_c - \lambda_c^2 - 1\right) + Ae^{-(\lambda_c+\varepsilon)x}\left[-c(\lambda_c+\varepsilon) + (\lambda_c+\varepsilon)^2 + 1\right]\\
&\quad + \left[e^{-\lambda_c x} - Ae^{-(\lambda_c+\varepsilon)x}\right]\left(Z_1^c e^{-\lambda_c x} + a_1 Z_2^c e^{-\zeta_c x}\right)\\
&< e^{-\lambda_c x}\left(c\lambda_c - \lambda_c^2 - 1\right) + Ae^{-(\lambda_c+\varepsilon)x}\left[-c(\lambda_c+\varepsilon) + (\lambda_c+\varepsilon)^2 + 1\right]\\
&\quad + e^{-\lambda_c x}\left(Z_1^c e^{-\lambda_c x} + a_1 Z_2^c e^{-\zeta_c x}\right)\\
&= e^{-(\lambda_c+\varepsilon)x}\left[-A\kappa_c + Z_1^c e^{-(\lambda_c-\varepsilon)x} + a_1 Z_2^c e^{-(\zeta_c-\varepsilon)x}\right]\\
&< 0
\end{aligned}
$$

和

$$
\begin{aligned}
&-c\underline{q}_c' - d\underline{q}_c'' - r\underline{q}_c + r\underline{q}_c(\phi_3 * \overline{q}_c) + ra_2\underline{q}_c(\phi_4 * \overline{p}_c)\\
&= -c\left[-\zeta_c e^{-\zeta_c x} + B(\zeta_c + \varepsilon)e^{-(\zeta_c+\varepsilon)x}\right] - d\left[\zeta_c^2 e^{-\zeta_c x} - B(\zeta_c + \varepsilon)^2 e^{-(\zeta_c+\varepsilon)x}\right]\\
&\quad - r\left[e^{-\zeta_c x} - Be^{-(\zeta_c+\varepsilon)x}\right] + r\left[e^{-\zeta_c x} - Be^{-(\zeta_c+\varepsilon)x}\right]\left(Z_3^c e^{-\zeta_c x} + a_2 Z_4^c e^{-\lambda_c x}\right)\\
&= e^{-\zeta_c x}\left(c\zeta_c - d\zeta_c^2 - r\right) + Be^{-(\zeta_c+\varepsilon)x}\left[-c(\zeta_c+\varepsilon) + d(\zeta_c+\varepsilon)^2 + r\right]\\
&\quad + r\left[e^{-\zeta_c x} - Be^{-(\zeta_c+\varepsilon)x}\right]\left(Z_3^c e^{-\zeta_c x} + a_2 Z_4^c e^{-\lambda_c x}\right)\\
&< e^{-\zeta_c x}\left(c\zeta_c - d\zeta_c^2 - r\right) + Be^{-(\zeta_c+\varepsilon)x}\left[-c(\zeta_c+\varepsilon) + d(\zeta_c+\varepsilon)^2 + r\right]\\
&\quad + re^{-\zeta_c x}\left(Z_3^c e^{-\zeta_c x} + a_2 Z_4^c e^{-\lambda_c x}\right)\\
&= e^{-(\zeta_c+\varepsilon)x}\left[-B\iota_c + rZ_3^c e^{-(\zeta_c-\varepsilon)x} + ra_2 Z_4^c e^{-(\lambda_c-\varepsilon)x}\right]\\
&< 0
\end{aligned}
$$

成立. 令

$$\widetilde{p}_c(x) = \max\left\{0, \underline{p}_c(x)\right\}, \quad \widetilde{q}_c(x) = \max\left\{0, \underline{q}_c(x)\right\}, \quad x \in \mathbb{R},$$

则对任意的 $x \neq \dfrac{\ln A}{\varepsilon}$, 有

$$-c\widetilde{p}_c' - \widetilde{p}_c'' \leqslant \widetilde{p}_c - \widetilde{p}_c(\phi_1 * \overline{p}_c) - a_1 \widetilde{p}_c(\phi_2 * \overline{q}_c),$$

而对任意的 $x \neq \dfrac{\ln B}{\varepsilon}$, 有

$$-c\widetilde{q}_c' - d\widetilde{q}_c'' \leqslant r\widetilde{q}_c - r\widetilde{q}_c(\phi_3 * \overline{q}_c) - ra_2 \widetilde{q}_c(\phi_4 * \overline{p}_c)$$

成立.

两点边值问题 对任意 $c > \max\{2, 2\sqrt{dr}\}$, 考虑有限区域 $(-a, a)$ 上的问题

$$\begin{cases} -cu' - u'' = u\left(1 - \phi_1 * \overline{u} - a_1(\phi_2 * \overline{v})\right), \\ -cv' - dv'' = rv\left(1 - \phi_3 * \overline{v} - a_2(\phi_4 * \overline{u})\right), \\ u(\pm a) = \widetilde{p}_c(\pm a), \quad v(\pm a) = \widetilde{q}_c(\pm a), \end{cases} \tag{6.8}$$

其中 $a > \max\left\{\dfrac{\ln A}{\varepsilon}, \dfrac{\ln B}{\varepsilon}\right\}$ 且

$$\overline{u}(x) = \begin{cases} u(a), & x > a, \\ u(x), & x \in [-a, a], \\ u(-a), & x < -a, \end{cases} \quad \overline{v}(x) = \begin{cases} v(a), & x > a, \\ v(x), & x \in [-a, a], \\ v(-a), & x < -a. \end{cases}$$

为了得到问题 (6.8) 解的存在性, 考虑如下两点边值问题

$$\begin{cases} -cu' - u'' + (\phi_1 * \overline{u}_0 + a_1(\phi_2 * \overline{v}_0))u = u_0, \\ -cv' - dv'' + r(\phi_3 * \overline{v}_0 + a_2(\phi_4 * \overline{u}_0))v = rv_0, \\ u(\pm a) = \widetilde{p}_c(\pm a), \quad v(\pm a) = \widetilde{q}_c(\pm a), \end{cases} \tag{6.9}$$

其中 $(u_0, v_0) \in \mathcal{M}_a$, 并且

$$\overline{u}_0(x) = \begin{cases} u_0(a), & x > a, \\ u_0(x), & x \in [-a, a], \\ u_0(-a), & x < -a, \end{cases} \quad \overline{v}_0(x) = \begin{cases} v_0(a), & x > a, \\ v_0(x), & x \in [-a, a], \\ v_0(-a), & x < -a. \end{cases}$$

另外, 凸集 $\mathcal{M}_a$ 定义为

$$\mathcal{M}_a = \left\{ (u,v) \in C\left([-a,a],\mathbb{R}^2\right) : \widetilde{p}_c(x) \leqslant u(x) \leqslant \overline{p}_c(x) \text{ 且 } \widetilde{q}_c(x) \leqslant v(x) \leqslant \overline{q}_c(x) \right\}.$$

令 Ψ_a 表示问题 (6.9) 的解映射, 也就是说 $\Psi_a(u_0,\ v_0) = (u,\ v)$. 显然问题 (6.8) 的解就是问题 (6.9) 的不动点. 易知 Ψ_a 是紧的、连续的. 接下来, 说明在映射 Ψ_a 下集合 $\mathcal{M}_a$ 是不变的. 给定 $(u_0,v_0) \in \mathcal{M}_a$, 因为 $(u,v) \equiv (0,0)$ 是问题 (6.9) 的下解, 则对任意的 $x \in (-a,a)$, 有 $u(x) > 0$, $v(x) > 0$. 从而

$$-c\overline{p}_c' - \overline{p}_c'' + (\phi_1 * u_0 + a_1(\phi_2 * v_0))\overline{p}_c$$
$$\geqslant -c\overline{p}_c' - \overline{p}_c''$$
$$= -cu' - u'' + (\phi_1 * u_0 + a_1(\phi_2 * v_0))u,$$

并且

$$-c\overline{q}_c' - d\overline{q}_c'' + r(\phi_3 * v_0 + a_2(\phi_4 * u_0))\overline{q}_c$$
$$\geqslant -c\overline{q}_c' - d\overline{q}_c''$$
$$= -cv' - dv'' + r(\phi_3 * v_0 + a_2(\phi_4 * u_0))v,$$

其中 $u(\pm a) = \widetilde{p}_c(\pm a) \leqslant \overline{p}_c(\pm a)$, $v(\pm a) = \widetilde{q}_c(\pm a) \leqslant \overline{q}_c(\pm a)$. 进一步, 由最大值原理知, 对任意 $x \in (-a,a)$, 都有 $u(x) \leqslant \overline{p}_c(x)$ 并且 $v(x) \leqslant \overline{q}_c(x)$.

另一方面, 我们知道对任意 $x \in \left(\dfrac{\ln A}{\varepsilon}, a\right)$ 有

$$-c\widetilde{p}_c' - \widetilde{p}_c'' + (\phi_1 * u_0 + a_1(\phi_2 * v_0))\widetilde{p}_c$$
$$\leqslant -c\widetilde{p}_c' - \widetilde{p}_c'' + (\phi_1 * \overline{p}_c + a_1\phi_2 * \overline{q}_c)\widetilde{p}_c$$
$$= -cu' - u'' + (\phi_1 * u_0 + a_1(\phi_2 * v_0))u,$$

对任意 $x \in \left(\dfrac{\ln B}{\varepsilon}, a\right)$ 有

$$-c\widetilde{q}_c' - d\widetilde{q}_c'' + r(\phi_3 * v_0 + a_2(\phi_4 * u_0))\widetilde{q}_c$$
$$\leqslant -c\widetilde{q}_c' - d\widetilde{q}_c'' + r(\phi_3 * \overline{q}_c + a_2(\phi_4 * \overline{p}_c))\widetilde{q}_c$$
$$\leqslant r\widetilde{q}_c$$
$$\leqslant rv_0$$

$$= -cv' - dv'' + r(\phi_3 * v_0 + a_2(\phi_4 * u_0))v$$

成立, 其中 $u(a) = \widetilde{p}_c(a)$, $u\left(\dfrac{\ln A}{\varepsilon}\right) > 0 = \widetilde{p}_c\left(\dfrac{\ln A}{\varepsilon}\right)$, $v\left(\dfrac{\ln B}{\varepsilon}\right) > 0 = \widetilde{q}_c\left(\dfrac{\ln B}{\varepsilon}\right)$,

并且 $v(a) = \widetilde{q}_c(a)$. 再次应用最大值原理可知, 对任意 $x \in \left(\dfrac{\ln A}{\varepsilon}, a\right)$ 有 $u(x) \geqslant$

$\widetilde{p}_c(x)$, 对任意 $x \in \left(\dfrac{\ln B}{\varepsilon}, a\right)$ 有 $v(x) \geqslant \widetilde{q}_c(x)$, 从而对任意 $x \in (-a, a)$, 都有

$u(x) \geqslant \widetilde{p}_c(x)$, $v(x) \geqslant \widetilde{q}_c(x)$. 因此, 集合 $\mathcal{M}_a$ 是不变的.

应用 Schauder 不动点定理, 可知 Ψ_a 在 $\mathcal{M}_a$ 上存在不动点 (u_a, v_a), 而它恰好就是问题 (6.8) 的解. 另外, 还有如下引理.

引理 6.1 存在一个不依赖于 a 和 $c > c^*$ (其中 $c^* = \max\{2, 2\sqrt{dr}\}$) 的常数 M_0, 使得对任意 $a > \max\left\{\dfrac{\ln A}{\varepsilon}, \dfrac{\ln B}{\varepsilon}\right\}$ 和 任意 $x \in (-a, a)$, 问题 (6.8) 的每一个解都满足

$$0 \leqslant u_a(x) \leqslant M_0 \quad \text{和} \quad 0 \leqslant v_a(x) \leqslant M_0. \tag{6.10}$$

证明 令

$$M_u = \max_{x \in [-a, a]} u_a(x) = u_a(x_M), \quad M_v = \max_{x \in [-a, a]} v_a(x) = v_a(x_N),$$

不妨设 $M_u > u^*$ 和 $M_v > v^*$ 中至少有一个不等式是成立的 (要不然结论成立). 它包含了三种情形: (i) $M_u > u^*$, $M_v > v^*$; (ii) $M_u > u^*$, $M_v \leqslant v^*$; (iii) $M_u \leqslant u^*$, $M_v > v^*$.

情形 (i), 通过对方程

$$-cu_a' - u_a'' = u_a(1 - \phi_1 * u_a - a_1(\phi_2 * v_a))$$

在 x_M 处作估计, 以及对方程

$$-cv_a' - dv_a'' = rv_a(1 - \phi_3 * v_a - a_1(\phi_4 * u_a))$$

在 x_N 处作估计得

$$\begin{cases} 1 - (\phi_1 * u_a)(x_M) - a_1(\phi_2 * v_a)(x_M) \geqslant 0, \\ 1 - (\phi_3 * v_a)(x_N) - a_2(\phi_4 * u)(x_N) \geqslant 0, \end{cases}$$

这说明

$$(\phi_1 * u_a)(x_M) \leqslant 1 \quad \text{且} \quad (\phi_3 * v_a)(x_N) \leqslant 1.$$

另外,
$$-cu_a' - u_a'' \leqslant u_a \leqslant M_u,$$
并且
$$-cv_a' - dv_a'' \leqslant rv_a \leqslant rM_v,$$
则
$$(u_a'e^{cx})' \geqslant -M_u e^{cx} \quad \text{且} \quad \left(dv_a'e^{\frac{c}{d}x}\right)' \geqslant -rM_v e^{\frac{c}{d}x}.$$
对前一个不等式从 x_M 到 $x > x_M$ 积分, 并对后一个不等式从 x_N 到 $x > x_N$ 积分, 结合 $u_a'(x_M) = 0$ 和 $v_a'(x_N) = 0$ 得
$$u_a'(x) \geqslant -\frac{M_u}{c}\left(1 - e^{-c(x-x_M)}\right), \quad x \in [x_M, a)$$
和
$$v_a'(x) \geqslant -\frac{rM_v}{c}\left(1 - e^{-\frac{c}{d}(x-x_N)}\right), \quad x \in [x_N, a)$$
成立. 进一步, 对任意 $x \geqslant x_M$ 有
$$u_a(x) \geqslant M_u\left[1 - \frac{1}{2}(x-x_M)^2\right]; \tag{6.11}$$
对任意 $x \geqslant x_N$ 有
$$v_a(x) \geqslant M_v\left[1 - \frac{r}{2d}(x-x_N)^2\right]. \tag{6.12}$$
又因为
$$u_a(a) \leqslant e^{-\lambda_c a} \leqslant 1 \quad \text{且} \quad v_a(a) \leqslant e^{-\zeta_c a} \leqslant 1,$$
从而
$$1 \geqslant M_u\left[1 - \frac{1}{2}(a-x_M)^2\right], \quad 1 \geqslant M_v\left[1 - \frac{r}{2d}(a-x_N)^2\right]. \tag{6.13}$$
取 $a_0 = \sqrt{\frac{1}{2}}$, 并令 $x_0 := \sqrt{\frac{1}{2}}$, 则如果 $x_M \in (a - x_0, a)$, 由 (6.13) 得
$$M_u \leqslant \left[1 - \frac{1}{2}(a-x_M)^2\right]^{-1}$$
$$\leqslant \left(1 - \frac{1}{2}x_0^2\right)^{-1}$$

$$\leqslant \frac{4}{3}.$$

而如果 $x_M \in (-a, a - x_0)$, 则由 (6.11) 得

$$1 \geqslant (\phi_1 * u_a)(x_M)$$

$$= \int_{\mathbb{R}} \phi_1(y) u_a(x_M - y) dy$$

$$\geqslant \int_{-x_0}^{0} \phi_1(y) u_a(x_M - y) dy$$

$$\geqslant M_u \int_{-x_0}^{0} \phi_1(y) \left(1 - \frac{y^2}{2}\right) dy.$$

进一步, 由 x_0 的定义得

$$M_u \leqslant \frac{4}{3} \left(\int_{-\sqrt{\frac{1}{2}}}^{0} \phi_1(y) dy\right)^{-1}.$$

同理取 $\tilde{a}_0 = \sqrt{\dfrac{d}{2r}}$, 并令 $y_0 := \sqrt{\dfrac{d}{2r}}$, 则如果 $x_N \in (a - y_0, a)$, 由 (6.13) 得

$$M_v \leqslant \left[1 - \frac{r}{2d}(a - x_N)^2\right]^{-1}$$

$$\leqslant \left(1 - \frac{1}{2}y_0^2\right)^{-1}$$

$$\leqslant \frac{4}{3}.$$

另一方面, 如果 $x_N \in (-a, a - y_0)$, 则由 (6.12) 得

$$1 \geqslant (\phi_3 * v)(x_N)$$

$$= \int_{\mathbb{R}} \phi_3(y) v_a(x_N - y) dy$$

$$\geqslant \int_{-y_0}^{0} \phi_3(y) v_a(x_N - y) dy$$

$$\geqslant M_v \int_{-y_0}^{0} \phi_3(y) \left(1 - \frac{ry^2}{2d}\right) dy.$$

进一步, 由 y_0 的定义知

$$M_v \leqslant \frac{4}{3} \left(\int_{-\sqrt{\frac{d}{2r}}}^{0} \phi_3(y)dy \right)^{-1},$$

因此

$$M_u \leqslant \frac{4}{3} \left(\int_{-\sqrt{\frac{1}{2}}}^{0} \phi_1(y)dy \right)^{-1} \quad \text{且} \quad M_v \leqslant \frac{4}{3} \left(\int_{-\sqrt{\frac{d}{2r}}}^{0} \phi_3(y)dy \right)^{-1}.$$

取

$$M_0 = \max \left\{ \frac{4}{3} \left(\int_{-\sqrt{\frac{1}{2}}}^{0} \phi_1(y)dy \right)^{-1}, \frac{4}{3} \left(\int_{-\sqrt{\frac{d}{2r}}}^{0} \phi_3(y)dy \right)^{-1} \right\},$$

从而得到不等式 (6.10).

对于情形 (ii), 类似于 (i), 可得

$$M_u \leqslant \frac{4}{3} \left(\int_{-\sqrt{\frac{1}{2}}}^{0} \phi_1(y)dy \right)^{-1}.$$

因此取

$$M_0 = \max \left\{ \frac{4}{3} \left(\int_{-\sqrt{\frac{1}{2}}}^{0} \phi_1(y)dy \right)^{-1}, v^* \right\},$$

同样可以得到不等式 (6.10). 类似地, 对于情形 (iii), 选取

$$M_0 = \max \left\{ \frac{4}{3} \left(\int_{-\sqrt{\frac{d}{2r}}}^{0} \phi_3(y)dy \right)^{-1}, u^* \right\},$$

可以得到 u 和 v 的一致有界性. □

随着 $a \to +\infty$, 对 u_a, v_a 取极限 由标准的椭圆估计以及引理 6.1, 可知存在 $M > 0$ 使得

$$\|u_a\|_{C^{2,\alpha}\left(-\frac{a}{2}, \frac{a}{2}\right)} \leqslant M, \quad \text{对任意 } a > \max \left\{ \frac{\ln A}{\varepsilon}, \frac{\ln B}{\varepsilon} \right\},$$

并且

$$\|v_a\|_{C^{2,\alpha}\left(-\frac{a}{2}, \frac{a}{2}\right)} \leqslant M, \quad \text{对任意 } a > \max \left\{ \frac{\ln A}{\varepsilon}, \frac{\ln B}{\varepsilon} \right\},$$

其中 $\alpha \in (0,1)$ 是个常数. 令 $a \to +\infty$ (可能沿着某一子列), 则知在 $C^2_{\mathrm{loc}}(\mathbb{R})$ 上 $u_a \to u$, 并且 $u(x)$ 满足

$$-cu' - u'' = u\left(1 - \phi_1 * u - a_1(\phi_2 * v)\right), \quad x \in \mathbb{R};$$

另外, 在 $C^2_{\mathrm{loc}}(\mathbb{R})$ 上还有 $v_a \to v$ 且 $v(x)$ 满足

$$-cv' - dv'' = rv\left(1 - \phi_3 * v - a_2(\phi_4 * u)\right), \quad x \in \mathbb{R}.$$

进一步, 可知

$$\widetilde{p}_c(x) \leqslant u(x) \leqslant \min\left\{M_0, \overline{p}_c(x)\right\},$$

并且

$$\widetilde{q}_c(x) \leqslant v(x) \leqslant \min\left\{M_0, \overline{q}_c(x)\right\},$$

这说明

$$\lim_{x \to +\infty} u(x) = 0 \quad \text{且} \quad \lim_{x \to +\infty} v(x) = 0.$$

接下来, 分四步来证明定理 6.1 的剩余部分.

第一步 证明存在一个 $Z_0 > 0$, 使得当 $x > Z_0$ 时, $u(x)$ 和 $v(x)$ 都是单调递减的.

采用反证法. 假设随着 $x \to +\infty$, $u(x)$ 不是最终单调的, 则存在一个序列 $z_n \to +\infty$ 使得 $u(x)$ 在 z_n 处获得局部最小值并且 $u(z_n) \to 0$, $v(z_n) \to 0$. 因为

$$-cu'(z_n) - u''(z_n) = u(z_n)(1 - (\phi_1 * u)(z_n) - a_1(\phi_2 * v)(z_n)),$$

则对任意 $n \in \mathbb{N}$ 有

$$(\phi_1 * u)(z_n) + a_1(\phi_2 * v)(z_n) \geqslant 1. \tag{6.14}$$

另一方面, 因为 $u(x)$ 和 $v(x)$ 在 $C^2(\mathbb{R})$ 上有界且 $\lim_{x \to +\infty} u(x) = \lim_{x \to +\infty} v(x) = 0$, 由 Harnack 不等式知, 对任意的 $Z > 0$ 和任意的 $\delta \in \left(0, \min\left\{\dfrac{u^*}{8}, \dfrac{v^*}{8}\right\}\right)$, 存在一个 $N > 0$ 使得当 $n > N$ 时, 对任意 $x \in (z_n - Z, z_n + Z)$, 都有 $u(x) \leqslant \delta$ 和 $v(x) \leqslant \delta$ 成立. 然而由 (6.14) 知对于充分大的 Z, 这是不可能的, 从而 $u(x)$ 是最终单调的. 采用类似的办法, 可以得到 $v(x)$ 也是最终单调的.

第二步 证明当波速 $c < c^*$ 时, 系统不存在行波解.

令 $u_n(x) = u(x + z_n)/u(z_n)$, $v_n(x) = v(x + z_n)/v(z_n)$, 则

$$-u_n''(x) - cu_n'(x) = u_n(x)\left(1 - \phi_1 * \widetilde{u}_n(x) - a_1(\phi_2 * \widetilde{v}_n)(x)\right), \quad x \in \mathbb{R},$$

并且

$$-dv_n''(x) - cv_n'(x) = rv_n(x)\left(1 - \phi_3 * \tilde{v}_n(x) - a_2\left(\phi_4 * \tilde{u}_n(x)\right)\right), \quad x \in \mathbb{R},$$

其中 $\tilde{u}_n(x) = u(x + z_n)$ 且 $\tilde{v}_n(x) = v(x + z_n)$. 由 Harnack 不等式知, 随着 $n \to +\infty$, 对任意 x, $\tilde{u}_n$ 和 $\tilde{v}_n$ 都是局部一致收敛到 0 的. 假设序列 u_n 收敛到函数 $u(x)$, 其中 $u(x)$ 满足

$$-u'' - cu' = u, \quad x \in \mathbb{R}, \tag{6.15}$$

并且序列 v_n 收敛到函数 $v(x)$, 其中 $v(x)$ 满足

$$-dv'' - cv' = rv, \quad x \in \mathbb{R}. \tag{6.16}$$

又因为 u, v 都是非负的且 $u(0) = v(0) = 1$. 而方程 (6.15) 和 (6.16) 存在这样的解当且仅当 $c \geqslant \max\{2, \ 2\sqrt{dr}\}$, 从而 $c \geqslant \max\{2, \ 2\sqrt{dr}\}$. 因此, 当 $c < \max\{2, \ 2\sqrt{dr}\}$ 时, 系统不存在行波解.

第三步　证明

$$\liminf_{x \to -\infty}(u(x) + v(x)) > 0.$$

采用反证法, 假设结论不成立, 则随着 $n \to +\infty$, 存在序列 $y_n \to -\infty$, 使得 $u(y_n) \to 0$ 并且 $v(y_n) \to 0$. 作变换 $\tilde{u}(x) = u(-x)$, $\tilde{v}(x) = v(-x)$ 和 $\tilde{c} = -c$, 则 $\tilde{u}(-y_n) \to 0$, $\tilde{v}(-y_n) \to 0$, 并且 $\tilde{u}(x)$, $\tilde{v}(x)$ 满足

$$\begin{cases} -\tilde{c}\tilde{u}' - \tilde{u}'' = \tilde{u}\left(1 - \phi_1 * \tilde{u} - a_1(\phi_2 * \tilde{v})\right), \\ -\tilde{c}\tilde{v}' - d\tilde{v}'' = r\tilde{v}\left(1 - \phi_3 * \tilde{v} - a_2(\phi_4 * \tilde{u})\right), \end{cases}$$

则由前两步可知 $\tilde{c} \geqslant \max\{2, \ 2\sqrt{dr}\}$, 这说明 $c \leqslant -\max\{2, \ 2\sqrt{dr}\}$, 从而得到矛盾.

第四步　证明如果 $a_1 < \dfrac{1}{M}$, $a_2 < \dfrac{1}{M}$, 则

$$\liminf_{x \to -\infty} u(x) > 0 \quad \text{且} \quad \liminf_{x \to -\infty} v(x) > 0.$$

同样地采用反证法, 如果 $\liminf_{x \to -\infty} u(x) = 0$, 则它包含以下两种情形.

情形 1　存在一个序列 $x_n \to -\infty$, 使得 $u(x)$ 在 x_n 处达到极小值并且随着 $n \to +\infty$ 有 $u(x_n) \to 0$.

由 Harnack 不等式知, 对任意 $Z > 0$ 和任意 $\delta \in \left(0, \dfrac{1 - a_1 M}{2}\right)$, 都存在一个 $N > 0$, 使得对任意 $x \in (x_n - Z, x_n + Z)$, $n > N$ 有 $u(x) \leqslant \delta$, 从而 $\lim_{n \to +\infty}(\phi_1 * u)(x_n) = 0$ 且对于充分大的 n 有

$$-cu'(x_n) - u''(x_n) = u(x_n)(1 - (\phi_1 * u)(x_n) - a_1(\phi_2 * v)(x_n))$$

$$\geqslant u(x_n)(1 - a_1 M - (\phi_1 * u)(x_n))$$

$$> 0.$$

另一方面, 因为 $u(x)$ 在 x_n 处达到极小值, 则

$$-cu'(x_n) - u''(x_n) \leqslant 0.$$

显然这是不可能的.

情形 2 $\lim_{x \to -\infty} u(x) = 0$ 且存在一个充分大的 $Z > 0$ 使得 $u'(x) \geqslant 0$, $\forall x < -Z$.

因为 $\lim_{x \to -\infty} u(x) = 0$ 且 $\liminf_{x \to -\infty}(u(x) + v(x)) > 0$, 则

$$\liminf_{x \to -\infty} v(x) > 0.$$

从而存在一个序列 $x_n \to -\infty$ 使得

$$\lim_{n \to +\infty} v(x_n) = \liminf_{x \to -\infty} v(x) = A > 0$$

且

$$\lim_{n \to +\infty} u(x_n) = 0,$$

其中 A 是一个常数. 令

$$\widetilde{u}_n(x) = u(x + x_n)/u(x_n), \quad \widetilde{v}_n(x) = v(x + x_n)/v(x_n).$$

因为

$$\begin{cases} -cu'(x + x_n) - u''(x + x_n) = u(x + x_n)(1 - (\phi_1 * \widehat{u}_n)(x) - a_1(\phi_2 * \widehat{v}_n)(x)), \\ -cv'(x + x_n) - dv''(x + x_n) = rv(x + x_n)(1 - (\phi_3 * \widehat{v}_n)(x) - a_2(\phi_4 * \widehat{u}_n)(x)), \end{cases}$$

其中 $\widehat{u}_n(x) = u(x + x_n)$, $\widehat{v}_n(x) = v(x + x_n)$, 则

$$-c\widetilde{u}_n'(x) - \widetilde{u}_n''(x) = \widetilde{u}_n(x)(1 - (\phi_1 * \widehat{u}_n)(x) - a_1(\phi_2 * \widehat{v}_n)(x)).$$

假设 $\widetilde{u}_n(x)$ 收敛到 $\widetilde{u}(x)$ 且 $\widetilde{v}_n(x)$ 收敛到 $\widetilde{v}(x)$. 由 Harnack 不等式知, 在 $C^2_{\mathrm{loc}}(\mathbb{R})$ 中当 $n \to +\infty$ 时有 $\widehat{u}(x + x_n) \to 0$ 和 $\widehat{v}(x + x_n) \to \widetilde{v}(x)$. 进一步得

$$-c\widetilde{u}'(x) - \widetilde{u}''(x) = \widetilde{u}(x)(1 - a_1(\phi_2 * \widehat{v}(x))),$$

从而, 对任意 $x > 0$ 有

$$-c\widetilde{u}(x) + c\widetilde{u}(0) - \widetilde{u}'(x) + \widetilde{u}'(0) = \int_0^x \widetilde{u}(y)(1 - a_1(\phi_2 * \widetilde{v}(y)))dy$$
$$> (1 - a_1 M)\widetilde{u}(0)x. \tag{6.17}$$

又因为 $\widetilde{u}(x) > 0$, $\widetilde{u}'(x) > 0$ 且 $\widetilde{u}(0) = 1$, 则对于充分大的 x, 不等式 (6.17) 是不成立的, 从而得出矛盾. 因此 $\liminf_{x \to -\infty} u(x) > 0$. 类似可证

$$\liminf_{x \to -\infty} v(x) > 0.$$

至此, 完成了定理 6.1 的证明.

接下来, 证明定理 6.2, 也就是考虑系统 (6.1) 的特殊情形——$\phi_1(x) = \phi_3(x) = \delta(x)$. 这时系统 (6.1) 简化为

$$\begin{cases} u_t = u_{xx} + u(1 - u - a_1\phi_2 * v), \\ v_t = dv_{xx} + rv(1 - v - a_2\phi_4 * u), \end{cases} \tag{6.18}$$

对应的行波方程为

$$\begin{cases} -cu' - u'' = u(1 - u - a_1\phi_2 * v), \\ -cv' - dv'' = rv(1 - v - a_2\phi_4 * u). \end{cases} \tag{6.19}$$

因为 Fisher-KPP 方程的行波解是有界的, 从而系统 (6.19) 的解 (u, v) 满足

$$u \leqslant 1, \quad v \leqslant 1.$$

为了证明定理 6.2, 给出如下引理.

引理 6.2　对任意 $c \geqslant \max\{2, 2\sqrt{dr}\}$, 系统 (6.19) 的解 (u, v) 满足

$$\liminf_{x \to -\infty} u(x) > 0 \quad 和 \quad \liminf_{x \to -\infty} v(x) > 0. \tag{6.20}$$

证明　反证, 假设不等式 (6.20) 不成立, 则

$$\liminf_{x \to -\infty} u(x) = 0 \quad 和 \quad \liminf_{x \to -\infty} v(x) = 0$$

中至少有一个成立. 不妨假设 $\liminf_{x\to-\infty} u(x) = 0$, 它包括两种情形: (i) 存在序列 $x_n \to -\infty$, 使得随着 $n \to \infty$, $u(x_n) \to 0$ 且 $u(x)$ 在 x_n 处达到局部最小值. (ii) $\lim_{x\to-\infty} u(x) = 0$ 且对于充分小的 $x < 0$, $u(x)$ 是单调的.

如果情形 (i) 成立, 因为 $u(x)$ 在 x_n 处达到局部最小, 则

$$u'(x_n) = 0, \quad u''(x_n) > 0. \tag{6.21}$$

由 (6.21) 以及

$$-cu'(x_n) - u''(x_n) = u(x_n)(1 - u(x_n) - a_1(\phi_2 * v)(x_n)),$$

可知

$$1 - u(x_n) - a_1(\phi_2 * v)(x_n) < 0.$$

另一方面, 因为 $u(x_n) \to 0$ 且 $v \leqslant 1$, 则

$$1 - u(x_n) - a_1(\phi_2 * v)(x_n)$$
$$\geqslant 1 - u(x_n) - a_1$$
$$\geqslant 0,$$

其中 $n \to +\infty$, 显然这是一个矛盾.

如果情形 (ii) 成立, 因为 $u \leqslant 1$, $v \leqslant 1$, 令 $w_1(x,t) = u(x - ct)$, $w_2(x,t) = v(x - ct)$, 则有

$$\begin{cases} \partial_t w_1 \geqslant \Delta w_1 + w_1(1 - a_1 - w_1), \\ \partial_t w_2 \geqslant d\Delta w_2 + rw_2(1 - a_2 - w_2), \end{cases}$$

考虑方程

$$\partial_t u_1 = \Delta u_1 + u_1(1 - a_1 - u_1) \quad 和 \quad \partial_t u_2 = d\Delta u_2 + ru_2(1 - a_2 - u_2),$$

由 Fisher-KPP 方程的渐近传播速度理论可得, 对于初值 $\varphi_0(x)$ 具有紧致集且 $0 \leqslant \varphi_0(x) \leqslant 1 - a_i (i = 1, 2)$, 有

$$\lim_{t\to+\infty, |x|\leqslant c_i t} u_i(x,t; \varphi_0) = 1 - a_i, \quad 0 < c_i < c_i^*, \quad i = 1, 2,$$

其中 $c_1^* = 2\sqrt{1 - a_1}$, $c_2^* = 2\sqrt{dr(1 - a_2)}$. 而如果取 $\varphi_0(x) < w_i(x,t)$, 又有 $w_i(x,t) \geqslant u_i(x,t; \varphi_0)$, 从而

$$w_i(0,t) \geqslant u_i(0,t; \varphi_0),$$

进一步推得

$$0 = \lim_{t\to+\infty} u_i(-ct) = \lim_{t\to+\infty} w_i(0,t) \geqslant \lim_{t\to+\infty} u_i(0,t;\varphi_0) = 1 - a_i > 0, \quad i = 1,2,$$

显然这是不可能的, 因此 $\liminf_{x\to-\infty} u(x) > 0$. 类似可得

$$\liminf_{x\to-\infty} v(x) > 0. \qquad \square$$

进一步证明

$$\lim_{x\to-\infty} u(x) = u^* \quad 和 \quad \lim_{x\to-\infty} v(x) = v^*.$$

定义

$$\liminf_{x\to-\infty} u(x) = \underline{u}^*, \qquad \limsup_{x\to-\infty} u(x) = \overline{u}^*$$

且

$$\liminf_{x\to-\infty} v(x) = \underline{v}^*, \qquad \limsup_{x\to-\infty} v(x) = \overline{v}^*,$$

则存在 $s \in (0,1]$ 使得

$$a_1(s) \leqslant \underline{u}^* \leqslant \overline{u}^* \leqslant b_1(s),$$
$$a_2(s) \leqslant \underline{v}^* \leqslant \overline{v}^* \leqslant b_2(s),$$

其中

$$a_1(s) = su^*, \quad b_1(s) = su^* + (1-s),$$
$$a_2(s) = sv^*, \quad b_2(s) = sv^* + (1-s),$$
$$a(s) = (a_1(s), a_2(s)), \quad b(s) = (b_1(s), b_2(s)).$$

由 Lin 和 Ruan 在文章 [120] 中的定理 5.4 (或者 Smith 的专著 [158] 中的第五章的第二小节) 知 $[a(s), b(s)]$ 是相应泛函微分方程 (6.18) 的严格压缩矩形. 也就是说, 对任意 $y \in (0,1)$ 和 $u \in \Sigma(y) = [a(y),\ b(y)]$, 都有

$$f_i(u) > 0\ (f_i(u) < 0), \quad 如果\ u_i = a_i(y)\ (u_i = b_i(y)), i = 1,2,$$

其中

$$f_1 = u(1 - u - a_1\phi_2 * v), \quad f_2 = v(1 - v - a_2\phi_4 * u).$$

定理 6.2 的证明　假设结论不成立. 不失一般性, 假设 $\underline{u}^* < \overline{u}^*$. 取 $y_1 \in (0,1)$ 时满足

$$a_1(y) \leqslant \underline{u}^* < \overline{u}^* \leqslant b_1(y),$$

$$a_2(y) \leqslant \underline{v}^* \leqslant \overline{v}^* \leqslant b_2(y)$$

的最大的 y. 不妨假设

$$\underline{u}^* = a_1(y_1).$$

接下来证明 u', u'', v' 以及 v'' 都是一致有界的. 易知 $0 < u \leqslant 1$ 且 $0 < v \leqslant 1$, 又因为 (c, u, v) 满足

$$\begin{cases} -cu' - u'' = u(1 - u - a_1(\phi_2 * v)), \\ -cv' - dv'' = rv(1 - v - a_2(\phi_4 * u)), \end{cases}$$

则

$$u(x) = \frac{1}{\lambda_2 - \lambda_1} \int_x^\infty \left[e^{\lambda_1(x-y)} - e^{\lambda_2(x-y)} \right] \left[u^2(y) + a_1 u(y)(\phi_2 * v)(y) \right] dy,$$

其中 $\lambda_1 < \lambda_2 < 0$ 是特征方程 $\lambda^2 + c\lambda + 1 = 0$ 的两个负根, 并且

$$v(x) = \frac{1}{\mu_2 - \mu_1} \int_x^\infty \left[e^{\mu_1(x-y)} - e^{\mu_2(x-y)} \right] \left[rv^2(y) + ra_2 v(y)(\phi_4 * u)(y) \right] dy,$$

其中 $\mu_1 < \mu_2 < 0$ 是特征方程 $d\mu^2 + c\mu + r = 0$ 的两个负根. 因此

$$u'(x) = \frac{1}{\lambda_2 - \lambda_1} \int_x^\infty \left[\lambda_1 e^{\lambda_1(x-y)} - \lambda_2 e^{\lambda_2(x-y)} \right] \left[u^2(y) + a_1 u(y)(\phi_2 * v)(y) \right] dy,$$

$$v'(x) = \frac{1}{\mu_2 - \mu_1} \int_x^\infty \left[\mu_1 e^{\mu_1(x-y)} - \mu_2 e^{\mu_2(x-y)} \right] \left[rv^2(y) + ra_2 v(y)(\phi_4 * u)(y) \right] dy,$$

$$u''(x) = \frac{1}{\lambda_2 - \lambda_1} \int_x^\infty \left[\lambda_1^2 e^{\lambda_1(x-y)} - \lambda_2^2 e^{\lambda_2(x-y)} \right] \left[u^2(y) + a_1 u(y)(\phi_2 * v)(y) \right] dy$$

且

$$v''(x) = \frac{1}{\mu_2 - \mu_1} \int_x^\infty \left[\mu_1^2 e^{\mu_1(x-y)} - \mu_2^2 e^{\mu_2(x-y)} \right] \left[rv^2(y) + ra_2 v(y)(\phi_4 * u)(y) \right] dy,$$

这说明

$$|u'(x)| \leqslant \frac{2}{\sqrt{c^2 - 4}}(1 + a_1), \quad x \in \mathbb{R},$$

$$|v'(x)| \leqslant \frac{2d}{\sqrt{c^2 - 4dr}}(r + a_2 r), \quad x \in \mathbb{R},$$

$$|u''(x)| \leqslant 1 + a_1, \quad x \in \mathbb{R},$$

并且

$$|v''(x)| \leqslant r + a_2 r, \quad x \in \mathbb{R},$$

所以, u', u'', v' 和 v'' 都是一致有界的.

由于 u', u'', v' 和 v'' 都是一致有界的, 结合连续函数的波动引理知, 存在 x_n, $n \in \mathbb{N}$, 且 $\lim_{n \to +\infty} x_n = +\infty$ 使得

$$\liminf_{x \to +\infty} u(x) = \lim_{n \to +\infty} u(x_n) = a_1(y_1) \leqslant \limsup_{x \to -\infty} u(x) \leqslant b_1(y_1)$$

和

$$\liminf_{n \to +\infty}(-cu'(x_n) - u''(x_n)) \leqslant 0$$

成立. 因此

$$\liminf_{n \to +\infty} f_1(u(x_n), v(x_n)) = f_1\left(a_1(y_1), \liminf_{n \to +\infty} v(x_n)\right) \leqslant 0. \tag{6.22}$$

另一方面, 因为 $[a(s), b(s)]$ 是一个严格的压缩矩形, 从而

$$f_1(a_1(y_1), \cdot) > 0,$$

这与 (6.22) 相矛盾. 因此, 完成了定理 6.2 的证明. □

6.3　连接 $(0,0)$ 到 (u^*, v^*) 的快波

在 6.2 节, 证明了对任意 $c > \max\{2, 2\sqrt{dr}\}$, 系统 (6.2) 都存在连接平衡点 $(0,0)$ 到未知正稳态 $(u_\infty(x),\ v_\infty(x))$ 的行波解. 在这节, 进一步证明当波速 c 大于某一常数时, 这个未知的正稳态恰好就是系统的正平衡点 (u^*, v^*).

为了方便, 定义

$$m_i := \int_{\mathbb{R}} |z|^i \phi_3(z) dz, \quad n_i := \int_{\mathbb{R}} |z|^i \phi_1(z) dz, \quad i = 1, 2.$$

接下来证明定理 6.3.

定理 6.3 的证明　假设 (c, u) 满足问题 (6.5)—(6.6), 其中 $c > \max\{2, 2\sqrt{dr}\}$. 下面证明如果

$$c > \max\left\{\sqrt{n_2}M,\ r\sqrt{m_2}M\right\},$$

则极限 $\lim_{x \to -\infty}(u(x),\, v(x))$ 存在且等于 (u^*, v^*), 其中

$$M = \max\left\{u^*,\, v^*,\, \frac{4}{3}\left(\int_{-\sqrt{\frac{1}{2}}}^{0} \phi_1(y)dy\right)^{-1},\, \frac{4}{3}\left(\int_{-\sqrt{\frac{d}{2r}}}^{0} \phi_3(y)dy\right)^{-1}\right\}.$$

分三步来证明这个结论.

第一步 证明 $\|u\|_{L^\infty}$, $\|v\|_{L^\infty}$, $\|u'\|_{L^\infty}$ 和 $\|v'\|_{L^\infty}$ 都是有界的.

由引理 6.1可知 $\|u\|_{L^\infty} \leqslant M$ 且 $\|v\|_{L^\infty} \leqslant M$, 从而 u, v 都是有界的. 进一步, 采用类似于定理 6.2 中的证明方法, 同样可以得到 $\|u'\|_{L^\infty}$ 和 $\|v'\|_{L^\infty}$ 是有界的, 也就是说存在一个 $\widetilde{M} > 0$ 和 $\widetilde{N} > 0$ 使得对任意 $x \in \mathbb{R}$, 有

$$|u'(x)| \leqslant \widetilde{M} \quad \text{和} \quad |v'(x)| \leqslant \widetilde{N}.$$

第二步 证明如果

$$c > \max\left\{\sqrt{n_2}M,\, r\sqrt{m_2}M\right\},$$

则有

$$u' \in L^2(\mathbb{R}) \quad \text{和} \quad \lim_{x \to \pm\infty} u'(x) = 0,$$

以及

$$v' \in L^2(\mathbb{R}) \quad \text{和} \quad \lim_{x \to \pm\infty} v'(x) = 0.$$

定义 $W'(x) = x(1-x)$, 则

$$-cu' - u'' = u(1 - \phi_1 * u - a_1(\phi_2 * v))$$

可化为

$$cu' = -u'' - u(1 - u - a_1(\phi_2 * v)) - u(u - \phi_1 * u)$$
$$= -u'' - u(1-u) + a_1 u(\phi_2 * v) - u(u - \phi_1 * u).$$

上式两边同时乘以 u', 并从 $-A$ 到 B 积分得

$$c\int_{-A}^{B} u'^2 dx = \left[-\frac{1}{2}u'^2 - W(u)\right]_{-A}^{B} + a_1\int_{-A}^{B} uu'(\phi_2 * v)dx - \int_{-A}^{B} uu'(u - \phi_1 * u)dx. \tag{6.23}$$

定义

$$\Upsilon_{A,B} = \int_{-A}^{B} uu'(u - \phi_1 * u)dx,$$

由 Cauchy-Schwarz 不等式得

$$
\Upsilon_{A,B}^2 \leqslant \int_{-A}^{B} (uu')^2 dx \int_{-A}^{B} (u - \phi_1 * u)^2 dx
$$

$$
\leqslant M^2 \int_{-A}^{B} u'^2 dx \int_{-A}^{B} (u - \phi_1 * u)^2 dx. \tag{6.24}
$$

对于给定的 x, 有

$$
(u - \phi_1 * u)(x) = \int_{\mathbb{R}} \phi_1(x - y)(u(x) - u(y)) dy
$$

$$
= \int_{\mathbb{R}} \int_0^1 \phi_1(x - y)(x - y)u'(x + t(y - x)) dt dy.
$$

再次应用 Cauchy-Schwarz 不等式得

$$
(u - \phi_1 * u)^2(x) \leqslant \int_{\mathbb{R}} \int_0^1 \phi_1(x - y)(x - y)^2 dt dy
$$

$$
\cdot \int_{\mathbb{R}} \int_0^1 \phi_1(x - y)u'^2(x + t(y - x)) dt dy
$$

$$
\leqslant n_2 \int_{\mathbb{R}} \int_0^1 \phi_1(-z)u'^2(x + tz) dz dt.
$$

进一步得到

$$
\int_{-A}^{B} (u - \phi_1 * u)^2(x) dx \leqslant n_2 \int_0^1 \int_{\mathbb{R}} \phi_1(-z) \int_{-A+tz}^{B+tz} u'^2(y) dy dz dt.
$$

又因为 $|u'| \leqslant \widetilde{M}$, 则

$$
\int_{-A+tz}^{B+tz} u'^2 dx = \int_{-A+tz}^{-A} u'^2 dx + \int_{-A}^{B} u'^2 dx + \int_{B}^{B+tz} u'^2 dx
$$

$$
\leqslant \int_{-A}^{B} (u'^2 + 2t|z|\widetilde{M}^2) dx.
$$

进一步得到

$$
\int_{-A+tz}^{B+tz} u'^2 dx = \int_{-A+tz}^{-A} u'^2 dx + \int_{-A}^{B} u'^2 dx + \int_{B}^{B+tz} u'^2 dx
$$

$$\leqslant \int_{-A}^{B} (u'^2 + 2t|z|\widetilde{M}^2)dx. \tag{6.25}$$

令 $H_{A,B} := \int_{-A}^{B} u'^2 dx$, 由 (6.23)—(6.25) 得

$$|c|H_{A,B} \leqslant \widetilde{M}^2 + 2\|W\|_{L^\infty(-M,M)} + a_1 M^3 + M\sqrt{H_{A,B}} \cdot \sqrt{n_2 H_{A,B} + n_1 n_2 \widetilde{M}^2}$$

$$\leqslant \widetilde{M}^2 + 2\|W\|_{L^\infty(-M,M)} + a_1 M^3 + M\sqrt{n_2}\sqrt{H_{A,B}^2 + n_1 \widetilde{M}^2 H_{A,B}}.$$

从而如果 $|c| > \sqrt{n_2}M$, 则 $H_{A,B} = \int_{-A}^{B} u'^2 dx$ 是有界的, 所以 $u' \in L^2$. 又因为 u' 在 $\mathbb{R}$ 上一致连续, 因此

$$\lim_{x \to \pm\infty} u'(x) = 0.$$

类似可以证得如果 $|c| > r\sqrt{m_2}M$, 则 $v' \in L^2$ 且

$$\lim_{x \to \pm\infty} v' = 0.$$

第三步 证明如果

$$c > \max\{\sqrt{n_2}M, \ r\sqrt{m_2}M\},$$

则极限 $\lim_{x \to -\infty}(u(x), \ v(x))$ 存在且等于 $(u^*, \ v^*)$.

定义 (u,v) 在 $-\infty$ 处的极限集为 Γ. 因为 u,v 都是有界的, 则 Γ 是非空的. 令 $(\xi, \ \eta) \in \Gamma$, 则存在序列 $x_n \to -\infty$, 使得 $(u(x_n), \ v(x_n)) \to (\xi, \ \eta)$. 定义 $u_n(x) = u(x + x_n)$, $v_n(x) = v(x + x_n)$, 则 $(u_n(x), \ v_n(x))$ 满足

$$\begin{cases} -u_n'' - cu_n' = u_n(1 - \phi_1 * u_n - a_1(\phi_2 * v_n)), & x \in \mathbb{R}, \\ -dv_n'' - cv_n' = rv_n(1 - \phi_3 * v_n - a_2(\phi_4 * u_n)), & x \in \mathbb{R}. \end{cases}$$

由椭圆的内部估计以及 Sobolev 嵌入定理知, 可以提取 u_n, v_n 的一个子列, 不妨还记为 u_n, v_n, 使其满足在 $C_{\text{loc}}^{1,\beta}(\mathbb{R})$ 上 u_n 强收敛到 $\widetilde{u}$, 而在 $W_{\text{loc}}^{2,p}(\mathbb{R})$ 上 u_n 弱收敛到 $\widetilde{u}$. 同样地, 在 $C_{\text{loc}}^{1,\beta}(\mathbb{R})$ 上 v_n 强收敛到 $\widetilde{v}$, 而在 $W_{\text{loc}}^{2,p}(\mathbb{R})$ 上 v_n 弱收敛到 $\widetilde{v}$. 则由第二步的证明知

$$\widetilde{u}'(x) = \lim_{n \to \infty} u'(x + x_n) = 0, \quad x \in \mathbb{R}$$

且

$$\widetilde{v}'(x) = \lim_{n \to \infty} v'(x + x_n) = 0, \quad x \in \mathbb{R}.$$

另外, $\widetilde{u}, \widetilde{v}$ 还满足

$$\begin{cases} -\widetilde{u}'' - c\widetilde{u}' = \widetilde{u}\,(1 - \phi_1 * \widetilde{u} - a_1(\phi_2 * \widetilde{v})), & x \in \mathbb{R}, \\ -d\widetilde{v}'' - c\widetilde{v}' = r\widetilde{v}\,(1 - \phi_3 * \widetilde{v} - a_2(\phi_4 * \widetilde{u})), & x \in \mathbb{R}, \end{cases}$$

这意味着 $(\widetilde{u}, \widetilde{v})$ 是 $(0,0)$, $(1,0)$, $(0,1)$ 和 (u^*, v^*) 中的其中一个. 因为

$$\widetilde{u}(0) = \lim_{n \to \infty} u(x_n) = \xi \quad \text{和} \quad \widetilde{v}(0) = \lim_{n \to \infty} v(x_n) = \eta,$$

则

$$(\xi, \eta) \in \{(0,0),\ (1,0),\ (0,1),\ (u^*, v^*)\}.$$

又因为 u, v 是连续函数且 Γ 是连通的, 从而 $\Gamma = \{(0,0)\}$ 或 $\Gamma = \{(1,0)\}$ 或 $\Gamma = \{(0,1)\}$ 或 $\Gamma = \{(u^*, v^*)\}$. 又因为 $\liminf_{x \to -\infty}(u(x) + v(x)) > 0$, 则

$$\lim_{x \to -\infty} (u(x), v(x)) = (u^*, v^*) \ \text{或}\ (1,0) \ \text{或}\ (0,1).$$

为完成这一部分的证明, 接下来证明

$$\lim_{x \to -\infty} (u(x),\ v(x)) = (0,1) \quad \text{和} \quad \lim_{x \to -\infty} (u(x), v(x)) = (1,0)$$

是不可能的. 采用反证法. 不失一般性, 假设 $\lim_{x \to -\infty}(u(x), v(x)) = (0,1)$. 在这种情形下, 首先证明存在一个充分大的 $Z > 0$, 对任意 $x < -Z$ 都有 $u'(x) > 0$. 若上述结论不成立, 则存在一个序列 $\{x_n\}$ 使得 $u(x)$ 在 x_n 处达到极小值且随着 $x_n \to -\infty$ 有 $u(x_n) \to 0$, 所以

$$u'(x_n) = 0, \quad u''(x_n) \geqslant 0,$$

进一步得

$$-cu'(x_n) - u''(x_n) \leqslant 0.$$

另一方面, 因为 $a_1 < 1$, $\lim_{x \to -\infty} u(x) = 0$ 且 $\lim_{x \to -\infty} v(x) = 1$, 则对于充分大的 n 有

$$1 - (\phi_1 * u)(x_n) - a_1(\phi_2 * v)(x_n) > 0,$$

这与

$$-cu'(x_n) - u''(x_n) = 1 - (\phi_1 * u)(x_n) - a_1(\phi_2 * v)(x_n)$$

相矛盾. 因此对任意 $x < -Z$ 都有 $u'(x) > 0$.

取 $\{x_n\}$ 使得随着 $n \to +\infty$ 有 $x_n \to -\infty$, 并令

$$\widetilde{u}_n(x) = u(x + x_n)/u(x_n), \quad \widetilde{v}_n(x) = v(x + x_n)/v(x_n),$$

$$\widehat{u}_n(x) = u(x + x_n), \quad \widehat{v}_n(x) = v(x + x_n).$$

则

$$-c\widetilde{u}_n'(x) - \widetilde{u}_n''(x) = \widetilde{u}_n(x)(1 - (\phi_1 * \widehat{u}_n)(x) - a_1(\phi_2 * \widehat{v}_n)(x)).$$

显然存在 $\widetilde{u}(x) \in C^2(\mathbb{R})$ 使得在 $C_{\mathrm{loc}}^2(\mathbb{R})$ 上随着 $n \to +\infty$ 有 $\widetilde{u}_n(x)$ 收敛到 $\widetilde{u}(x)$. 另外, 在 $C_{\mathrm{loc}}(\mathbb{R})$ 上随着 $n \to +\infty$ 有 $\widehat{u}_n(x) \to 0$ 且 $\widehat{v}_n(x) \to 1$. 令 $n \to \infty$, 则

$$-c\widetilde{u}'(x) - \widetilde{u}''(x) = (1 - a_1)\widetilde{u}(x), \quad x \in \mathbb{R}.$$

又因为 $u(x)$ 在负无穷端是单调递增的, 则对任意 $x \in \mathbb{R}$ 有 $\widetilde{u}'(x) > 0$. 另外, 易知 $\widetilde{u}(0) = 1$. 在上面等式两边同时从 0 到 x ($x > 0$) 积分得

$$-c\widetilde{u}(x) + c - \widetilde{u}'(x) + \widetilde{u}'(0) = (1 - a_1)\int_0^x \widetilde{u}(y)dy > (1 - a_1)x,$$

这显然是不可能的, 因此, $\lim_{x \to -\infty}(u(x), v(x)) = (0, 1)$ 是不可能的. 类似地, 可以证明 $\lim_{x \to -\infty}(u(x), v(x)) = (1, 0)$ 也是不可能的. 所以

$$\lim_{x \to -\infty}(u(x), v(x)) = (u^*, v^*),$$

从而完成了定理 6.3 的证明. $\qquad\qquad\qquad\qquad\qquad\qquad\qquad\qquad\qquad\qquad$ □

6.4 数 值 模 拟

在 6.2 节中, 证明了对于任意波速 $c > c^*$, 系统 (6.2) 存在连接 (0,0) 到未知正稳态的行波解. 紧接着, 在 6.3 节中证明了对于充分大的波速 c, 这个未知的正稳态恰好就是系统的正平衡点 (u^*, v^*). 然而, 我们还不知道行波解的具体形状是怎样的. 在这节中, 通过数值模拟的办法, 给出行波解的具体波形图, 并对这些结果给出一定的解释. 为了计算方便, 令 $\phi_2(x) = \phi_4(x) = \delta(x)$ ($\delta(x)$ 是 Dirac 函数) 且 $\phi_1(x) = \phi_3(x) = \phi(x)$, 则系统 (6.2) 简化为

$$\begin{cases} u_t - u_{xx} = u(1 - \phi * u - a_1 v), \\ v_t - dv_{xx} = rv(1 - \phi * v - a_2 u). \end{cases} \tag{6.26}$$

接下来, 研究系统 (6.26) 中的核函数取特殊的形式 $\phi(x) = \phi_\sigma(x) = \dfrac{A}{\sigma}e^{-\frac{a}{\sigma}|x|} - \dfrac{1}{\sigma}e^{-\frac{|x|}{\sigma}}$, 其中 $A = \dfrac{3a}{2} > 0$, $a \in \left(\dfrac{2}{3}, \sqrt{\dfrac{2}{3}}\right)$.

令 $\phi_\sigma^+(x) = \dfrac{A}{\sigma}e^{-\frac{a}{\sigma}|x|}$ 且 $\phi_\sigma^-(x) = -\dfrac{1}{\sigma}e^{-\frac{|x|}{\sigma}}$. 定义

$$\widetilde{u}(t,x) = \left(\phi_\sigma^+ * u\right)(t,x), \quad \widehat{u}(t,x) = \left(\phi_\sigma^- * u\right)(t,x)$$

和

$$\widetilde{v}(t,x) = \left(\phi_\sigma^+ * v\right)(t,x), \quad \widehat{v}(t,x) = \left(\phi_\sigma^- * v\right)(t,x),$$

则

$$\widetilde{u}_{xx} = -\frac{1}{\sigma^2}\left(3a^2 u - a^2\widetilde{u}\right), \quad \widehat{u}_{xx} = -\frac{1}{\sigma^2}(-2u - \widehat{u})$$

和

$$\widetilde{v}_{xx} = -\frac{1}{\sigma^2}\left(3a^2 v - a^2\widetilde{v}\right), \quad \widehat{v}_{xx} = -\frac{1}{\sigma^2}(-2v - \widehat{v}).$$

所以系统 (6.26) 可化为

$$\begin{cases} u_t - u_{xx} = u(1 - \widetilde{u} - \widehat{u} - a_1 v), \\[2mm] v_t - dv_{xx} = rv(1 - \widetilde{v} - \widehat{v} - a_2 u), \\[2mm] 0 = \widetilde{u}_{xx} + \dfrac{1}{\sigma^2}(3a^2 u - a^2\widetilde{u}), \\[2mm] 0 = \widehat{u}_{xx} + \dfrac{1}{\sigma^2}(-2u - \widehat{u}), \\[2mm] 0 = \widetilde{v}_{xx} + \dfrac{1}{\sigma^2}(3a^2 v - a^2\widetilde{v}), \\[2mm] 0 = \widehat{v}_{xx} + \dfrac{1}{\sigma^2}(-2v - \widehat{v}). \end{cases} \tag{6.27}$$

显然, 系统 (6.27) 有正平衡解

$$\begin{aligned} &(u^*, v^*, \widetilde{u}^*, \widehat{u}^*, \widetilde{v}^*, \widehat{v}^*) \\ &= \left(\frac{1-a_1}{1-a_1 a_2}, \frac{1-a_2}{1-a_1 a_2}, 3\frac{1-a_1}{1-a_1 a_2}, -2\frac{1-a_1}{1-a_1 a_2}, 3\frac{1-a_2}{1-a_1 a_2}, -2\frac{1-a_2}{1-a_1 a_2}\right). \end{aligned} \tag{6.28}$$

接下来给出初值条件. 定义

$$u(x,0) = \begin{cases} \dfrac{1-a_1}{1-a_1a_2}, & x \leqslant L_0, \\ 0, & x > L_0 \end{cases} \tag{6.29}$$

且

$$v(x,0) = \begin{cases} \dfrac{1-a_2}{1-a_1a_2}, & x \leqslant L_0, \\ 0, & x > L_0, \end{cases} \tag{6.30}$$

由 $\widetilde{u}(t,x)$ 和 $\widehat{u}(t,x)$ 的定义得

$$\begin{aligned}
\widetilde{u}(x,0) &= \int_{\mathbb{R}} \frac{A}{\sigma} e^{-\frac{a}{\sigma}|x-y|} u(y,0) dy \\
&= \begin{cases} 3\dfrac{1-a_1}{1-a_1a_2}\left(1 - \dfrac{1}{2}e^{\frac{a(x-L_0)}{\sigma}}\right), & x \leqslant L_0, \\ \dfrac{3}{2}\dfrac{1-a_1}{1-a_1a_2}e^{-\frac{a(x-L_0)}{\sigma}}, & x > L_0 \end{cases}
\end{aligned} \tag{6.31}$$

且

$$\begin{aligned}
\widehat{u}(x,0) &= \int_{\mathbb{R}} -\frac{1}{\sigma} e^{-\frac{1}{\sigma}|x-y|} u(y,0) dy \\
&= \begin{cases} -2\dfrac{1-a_1}{1-a_1a_2}\left(1 - \dfrac{1}{2}e^{\frac{x-L_0}{\sigma}}\right), & x \leqslant L_0, \\ -\dfrac{1-a_1}{1-a_1a_2}e^{-\frac{x-L_0}{\sigma}}, & x > L_0. \end{cases}
\end{aligned} \tag{6.32}$$

类似地, 可以得到

$$\begin{aligned}
\widetilde{v}(x,0) &= \int_{\mathbb{R}} \frac{A}{\sigma} e^{-\frac{a}{\sigma}|x-y|} v(y,0) dy \\
&= \begin{cases} 3\dfrac{1-a_2}{1-a_1a_2}\left(1 - \dfrac{1}{2}e^{\frac{a(x-L_0)}{\sigma}}\right), & x \leqslant L_0, \\ \dfrac{3}{2}\dfrac{1-a_2}{1-a_1a_2}e^{-\frac{a(x-L_0)}{\sigma}}, & x > L_0 \end{cases}
\end{aligned} \tag{6.33}$$

和

$$
\begin{aligned}
\widehat{v}(x,0) &= \int_{\mathbb{R}} -\frac{1}{\sigma} e^{-\frac{1}{\sigma}|x-y|} v(y,0) dy \\
&= \begin{cases}
-2\dfrac{1-a_2}{1-a_1 a_2}\left(1-\dfrac{1}{2}e^{\frac{x-L_0}{\sigma}}\right), & x \leqslant L_0, \\
-\dfrac{1-a_2}{1-a_1 a_2}e^{-\frac{x-L_0}{\sigma}}, & x > L_0.
\end{cases}
\end{aligned}
\tag{6.34}
$$

在进行数值模拟之前, 我们还需要知道边界条件, 这里考虑 Neumann 边界条件, 结合前面的 (6.29)— (6.34), 系统 (6.27) 可以用 MATLAB 中的 pedpe 函数进行模拟 (参见图 6.1 和图 6.2).

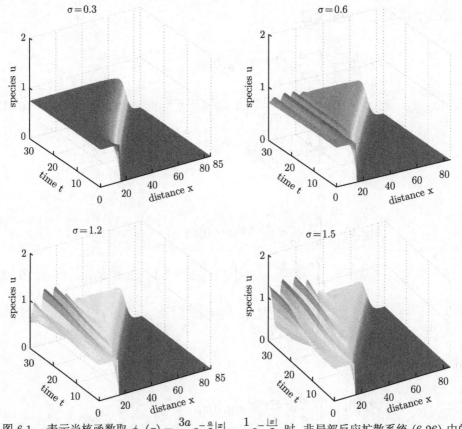

图 6.1　表示当核函数取 $\phi_\sigma(x) = \dfrac{3a}{2\sigma}e^{-\frac{a}{\sigma}|x|} - \dfrac{1}{\sigma}e^{-\frac{|x|}{\sigma}}$ 时, 非局部反应扩散系统 (6.26) 中的
函数 $u(x,t)$ 的时空演化图. 其中计算区域为 $x \in [0,85]$, $t \in [0,30]$. 并且相应的参数为
$L_0 = 15$, $a = 0.7$, $a_1 = 0.4$, $a_2 = 0.5$, $d = 0.1$, $r = 2$. 另外, σ 的取值依次为
0.3, 0.6, 1.2, 1.5 (彩图请扫封底二维码)

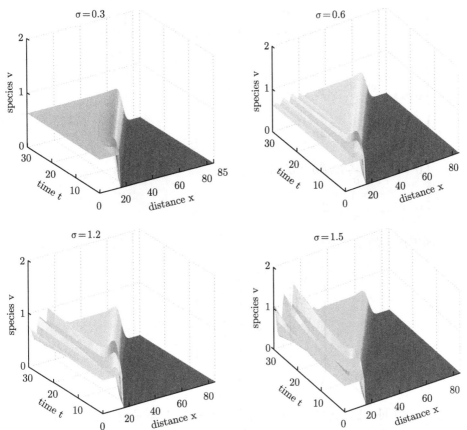

图 6.2 表示当核函数取 $\phi_\sigma(x) = \dfrac{3a}{2\sigma}e^{-\frac{a}{\sigma}|x|} - \dfrac{1}{\sigma}e^{-\frac{|x|}{\sigma}}$ 时, 非局部反应扩散系统 (6.26) 中的函数 $v(x,t)$ 的时空演化图. 其中计算区域为 $x \in [0,85]$, $t \in [0,30]$. 并且相应的参数为 $L_0 = 15$, $a = 0.7$, $a_1 = 0.4$, $a_2 = 0.5$, $d = 0.1$, $r = 2$. 另外, σ 的取值依次为 0.3, 0.6, 1.2, 1.5

(彩图请扫封底二维码)

从图 6.1 中可以看到, 随着 σ 的增加, 系统 (6.26) 中的解 $u(x,t)$ 会出现一个 "波峰". 另外, $u = u^* = \dfrac{1-a_1}{1-a_1a_2}$ 的稳定性也会发生改变, 而在 $u = u^*$ 附近出现一个周期稳态. 类似地, 从图 6.2 中可以看到关于解 $v(x,t)$ 的类似结论.

下面, 对这种现象做一下简单的解释. 将系统 (6.27) 在平衡点 $(u^*, v^*, \widetilde{u}^*, \widehat{u}^*, \widetilde{v}^*, \widehat{v}^*)$ 附近线性化得

$$
\begin{cases}
u_t - u_{xx} = -a_1 \cdot \dfrac{1-a_1}{1-a_1a_2}v - \dfrac{1-a_1}{1-a_1a_2}\widetilde{u} - \dfrac{1-a_1}{1-a_1a_2}\widehat{u}, \\[2mm]
v_t - dv_{xx} = -ra_2\dfrac{1-a_2}{1-a_1a_2}u - r\dfrac{1-a_2}{1-a_1a_2}\widetilde{v} - r\dfrac{1-a_2}{1-a_1a_2}\widehat{v}, \\[2mm]
0 = \widetilde{u}_{xx} + \dfrac{1}{\sigma^2}(3a^2u - a^2\widetilde{u}), \\[2mm]
0 = \widehat{u}_{xx} + \dfrac{1}{\sigma^2}(-2u - \widehat{u}), \\[2mm]
0 = \widetilde{v}_{xx} + \dfrac{1}{\sigma^2}(3a^2u - a^2\widetilde{v}), \\[2mm]
0 = \widehat{v}_{xx} + \dfrac{1}{\sigma^2}(-2u - \widehat{v}).
\end{cases}
\tag{6.35}
$$

取具有如下形式的试验函数

$$
\begin{pmatrix} u \\ v \\ \widetilde{u} \\ \widehat{u} \\ \widetilde{v} \\ \widehat{v} \end{pmatrix} = \sum_{k=1}^{\infty} \begin{pmatrix} C_k^1 \\ C_k^2 \\ C_k^3 \\ C_k^4 \\ C_k^5 \\ C_k^6 \end{pmatrix} e^{\lambda t + ikx},
\tag{6.36}
$$

其中 λ 是在时间 t 的扰动增长率, i 是单位纯虚数, 也就是满足 $i^2 = -1$, 另外, k 是频率. 将 (6.36) 代入 (6.35) 得

$$
\begin{vmatrix}
-k^2 - \lambda & \dfrac{a_1(a_1-1)}{1-a_1a_2} & \dfrac{a_1-1}{1-a_1a_2} & \dfrac{a_1-1}{1-a_1a_2} & 0 & 0 \\[3mm]
\dfrac{ra_2(a_2-1)}{1-a_1a_2} & -\lambda - dk^2 & 0 & 0 & \dfrac{r(a_2-1)}{1-a_1a_2} & \dfrac{r(a_2-1)}{1-a_1a_2} \\[3mm]
\dfrac{3a^2}{\sigma^2} & 0 & -\dfrac{a^2}{\sigma^2} - k^2 & 0 & 0 & 0 \\[3mm]
-\dfrac{2}{\sigma^2} & 0 & 0 & -\dfrac{1}{\sigma^2} - k^2 & 0 & 0 \\[3mm]
0 & \dfrac{3a^2}{\sigma^2} & 0 & 0 & -\dfrac{a^2}{\sigma^2} - k^2 & 0 \\[3mm]
0 & -\dfrac{2}{\sigma^2} & 0 & 0 & 0 & -\dfrac{1}{\sigma^2} - k^2
\end{vmatrix} = 0,
$$

它等价于

$$
B\lambda^2 + D\lambda + E = 0,
$$

其中

$$B = \left(\frac{1}{\sigma^2} + k^2\right)^2 \left(\frac{a^2}{\sigma^2} + k^2\right)^2,$$

$$D = (d+1)k^2 \left(\frac{1}{\sigma^2} + k^2\right)^2 \left(\frac{a^2}{\sigma^2} + k^2\right)^2 + \frac{3a^2}{\sigma^2} \cdot \frac{1-a_1}{1-a_1a_2} \left(\frac{a^2}{\sigma^2} + k^2\right) \left(\frac{1}{\sigma^2} + k^2\right)^2$$

$$- \frac{2}{\sigma^2} \cdot \frac{1-a_1}{1-a_1a_2} \left(\frac{1}{\sigma^2} + k^2\right) \left(\frac{a^2}{\sigma^2} + k^2\right)^2 + \frac{3a^2r}{\sigma^2} \cdot \frac{1-a_2}{1-a_1a_2} \left(\frac{a^2}{\sigma^2} + k^2\right)$$

$$\times \left(\frac{1}{\sigma^2} + k^2\right)^2 - \frac{2r}{\sigma^2} \cdot \frac{1-a_2}{1-a_1a_2} \left(\frac{1}{\sigma^2} + k^2\right) \left(\frac{a^2}{\sigma^2} + k^2\right)^2,$$

$$E = \left(\frac{1}{\sigma^2} + k^2\right)^2 \left(\frac{a^2}{\sigma^2} + k^2\right)^2 \left(dk^4 - ra_1a_2\frac{(1-a_1)(1-a_2)}{(1-a_1a_2)^2}\right)$$

$$+ dk^2 \left[\frac{3a^2}{\sigma^2} \cdot \frac{1-a_1}{1-a_1a_2} \times \left(\frac{a^2}{\sigma^2} + k^2\right) \left(\frac{1}{\sigma^2} + k^2\right)^2\right.$$

$$\left. - \frac{2}{\sigma^2} \cdot \frac{1-a_1}{1-a_1a_2} \left(\frac{1}{\sigma^2} + k^2\right) \left(\frac{a^2}{\sigma^2} + k^2\right)^2\right]$$

$$+ \left[\frac{2r}{\sigma^2} \times \frac{1-a_2}{1-a_1a_2} \left(\frac{a^2}{\sigma^2} + k^2\right) - \frac{3a^2r}{\sigma^2} \cdot \frac{1-a_2}{1-a_1a_2} \left(\frac{1}{\sigma^2} + k^2\right)\right]$$

$$\times \left[\frac{2}{\sigma^2} \cdot \frac{1-a_1}{1-a_1a_2} \times \left(\frac{a^2}{\sigma^2} + k^2\right) - \frac{3a^2}{\sigma^2} \cdot \frac{1-a_1}{1-a_1a_2} \left(\frac{1}{\sigma^2} + k^2\right)\right.$$

$$\left. - k^2 \left(\frac{1}{\sigma^2} + k^2\right) \left(\frac{a^2}{\sigma^2} + k^2\right)\right].$$

因为当 $k = 0$ 时,

$$D = \frac{3a^2}{\sigma^2} \cdot \frac{1-a_1}{1-a_1a_2} \cdot \frac{1}{\sigma^4} \cdot \frac{a^2}{\sigma^2} - \frac{2}{\sigma^2} \cdot \frac{1-a_1}{1-a_1a_2} \cdot \frac{1}{\sigma^2} \cdot \frac{a^4}{\sigma^4}$$

$$+ \frac{3a^2r}{\sigma^2} \cdot \frac{1-a_2}{1-a_1a_2} \cdot \frac{1}{\sigma^4} \cdot \frac{a^2}{\sigma^2} - \frac{2r}{\sigma^2} \cdot \frac{1-a_2}{1-a_1a_2} \frac{a^4}{\sigma^4} \cdot \frac{1}{\sigma^2}$$

$$= \frac{a^4}{\sigma^8} \cdot \frac{1-a_1}{1-a_1a_2} + \frac{ra^4}{\sigma^8} \cdot \frac{1-a_2}{1-a_1a_2} > 0, \tag{6.37}$$

则不会出现 Hopf 分支. 然而当 $k = 0$ 时,

$$E = -\frac{a^4}{\sigma^8} ra_1a_2 \cdot \frac{(1-a_1)(1-a_2)}{(1-a_1a_2)^2} + \left(\frac{2r}{\sigma^2} \cdot \frac{1-a_2}{1-a_1a_2} \cdot \frac{a^2}{\sigma^2} - \frac{3a^2r}{\sigma^2} \cdot \frac{1-a_2}{1-a_1a_2} \cdot \frac{1}{\sigma^2}\right)$$

$$\times \left(\frac{2}{\sigma^2} \cdot \frac{1-a_1}{1-a_1a_2} \cdot \frac{a^2}{\sigma^2} - \frac{3a^2}{\sigma^2} \cdot \frac{1-a_1}{1-a_1a_2} \cdot \frac{1}{\sigma^2} \right)$$

$$= \frac{ra^4(1-a_1a_2)}{\sigma^8} \cdot \frac{(1-a_1)(1-a_2)}{(1-a_1a_2)^2} > 0. \tag{6.38}$$

另一方面, 存在 $k > 0$ 满足当 $\sigma \to +\infty$ 时有 $E < 0$. 从而很容易知道, 存在一个 $k_T > 0$ 和 $\sigma_T > 0$ 使得

$$\begin{cases} E'(k_T) = 0, \\ E(k_T, \sigma_T) = 0. \end{cases}$$

结合 (6.37) 和 (6.38)可知当 $\sigma = \sigma_T$ 时, 系统 (6.26) 会出现 Turing 分支且相应的频率为 k_T. 所以从图 6.1 和图 6.2 中可以看到周期稳态.

第 7 章 非局部 Lotka-Volterra 竞争系统的斑图生成

7.1 背景及发展现状

在第 6 章的最后, 通过数值模拟我们发现非局部 Lotka-Volterra 竞争系统会出现 Turing 分支, 也就是在共存态附近会出现一个周期稳态. 然而种群传播之后的分布是怎样的呢? 这一章中将进一步考虑其斑图的生成问题. 近年来, 种群分布的空间斑图成为人们研究的一个热点话题. 为了更好地探索各种斑图的机理, 许多研究者将他们的工作重心放在研究各种包含不同因素的模型上, 例如, 含有噪声[127]、时间时滞[30]、时空时滞[16, 193, 200, 202, 212] 等. 并且通常都选择反应扩散方程作为载体来研究, 参见 [129, 141, 153, 177, 199] 及其参考文献.

尤其是非局部效应 (它经常以积分卷积项的形式出现在模型中) 在各种时空斑图的生成过程都起到了非常重要的作用. 本章考虑如下具有非局部项的 Lotka-Volterra 竞争系统

$$\begin{cases} u_t = \Delta u + u(1 - \phi * *u - a_1 v), \\ v_t = d\Delta v + rv(1 - \phi * *v - a_2 u), \end{cases} \tag{7.1}$$

其中

$$(\phi * *u)(x,t) = \int_{-\infty}^{t} \int_{\mathbb{R}^2} \phi(x-y, t-s)u(y,s)dyds,$$

$$(\phi * *v)(x,t) = \int_{-\infty}^{t} \int_{\mathbb{R}^2} \phi(x-y, t-s)v(y,s)dyds$$

且

$$\phi(x,t) = \frac{1}{4\pi t} e^{-\frac{|x|^2}{4t}} \frac{1}{\tau} e^{-\frac{t}{\tau}}, \tag{7.2}$$

这里 $(x,t) \in \mathbb{R}^2 \times (0, \infty)$. 在这个模型中, $u(x,t)$, $v(x,t)$ 分别表示竞争物种 u 和 v 的种群密度. d 和 r 分别表示物种 v 的扩散系数和内禀增长率. a_1, a_2 表示物种 u, v 的种内竞争系数. d, r, a_1, a_2, τ 都是正常数. 关于 (7.1) 的更多生物解释参见 [33, 54, 68, 72, 119].

显然系统 (7.1) 总有三个平衡点 $(0,0)$, $(1,0)$, $(0,1)$. 特别地, 如果 $a_1, a_2 < 1$ 或 $a_1, a_2 > 1$, 系统存在第四个平衡点 (也就是共存态)

$$(u^*, v^*) = \left(\frac{1-a_1}{1-a_1 a_2}, \frac{1-a_2}{1-a_1 a_2} \right).$$

在本章中, 总是假设 $a_1, a_2 < 1$. 从生物的角度出发, 我们对平衡点 (u^*, v^*) 极为感兴趣. Ruan 和 Wu 在文章 [152] 中考虑了如下具有无限时滞的两种群竞争的 Lotka-Volterra 模型

$$\begin{cases} u_t = \Delta u + u \left(1 - u - a_1 \int_{-\infty}^{t} k_1(t-s)v(s)ds \right), & (x,t) \in \Omega \times \mathbb{R}^+, \\ v_t = d\Delta v + rv \left(1 - a_2 \int_{-\infty}^{t} k_2(t-s)u(s)ds - v \right), & (x,t) \in \Omega \times \mathbb{R}^+, \\ \dfrac{\partial u}{\partial n} = \dfrac{\partial v}{\partial n} = 0, & x \in \partial\Omega, \\ u(s,x) = \psi_1(s,x) \geqslant 0, \quad v(s,x) = \psi_2(s,x) \geqslant 0, & (s,x) \in (-\infty, 0] \times \Omega, \end{cases}$$
$$(7.3)$$

其中 $\Omega \subset \mathbb{R}^n$ 是有界的, ψ_1 和 ψ_2 都是连续函数. 在文章中他们指出共存态 (u^*, v^*) 是稳定的, 并且系统 (7.3) 的渐近行为与对应的常微分方程

$$\begin{cases} \dfrac{du}{dt} = u(1 - u - a_1 v), \\ \dfrac{dv}{dt} = rv(1 - a_2 u - v) \end{cases}$$

或 (7.3) (或 (7.1)) 没有时滞 (或非局部时滞) 是类似的. Gourley 和 Ruan 在文章 [68] 中进一步考虑了模型 (7.3) 具有非局部时滞并得到了相同的结论. 需要注意的是, 在文章 [68, 152] 中考虑的时滞 (或是非局部时滞) 都是出现在种间竞争项. 因此, 一个很自然的问题: 当非局部时滞出现在种内竞争时, 系统 (7.1) 的共存态 (u^*, v^*) 是否还是稳定的? 如果不稳定, 会有什么样的斑图出现呢?

本章将研究当核函数为 (7.2) 时, 模型 (7.1) 的上述问题. 首先, 通过对模型 (7.1) 应用 Turing 分支理论, 得到模型出现 Turing 分支的条件. 紧接着, 根据这些条件, 通过应用数值模拟的办法得到了有 τ (时间时滞) 和 r (物种 v 的自然增长率) 张成的 Turing 空间. 进一步, 通过应用多尺度分析的办法, 得到关于不同 Turing 斑图的振幅方程. 最后, 通过分析振幅方程的稳定性, 得到了出现不同 Turing 斑图的条件, 并给出了数值模拟验证了相关的结果.

具体的结构如下. 通过应用线性稳定分析, 在 7.2 节中给出 Turing 分支出现的充分条件. 紧接着, 在 7.3 节中, 通过应用多尺度分析的办法, 得到了 Turing 斑图的振幅方程. 在 7.4 节中, 我们指出 Lotka-Volterra 竞争系统在 Turing 空间中有点状斑图和条状斑图. 与此同时, 还给出了数值模拟验证相关理论结果.

7.2 分 支 讨 论

在这节中, 考虑 Turing 分支以及相应的 Turing 空间. 具体地, 通过应用线性分析得到特征方程. 首先研究在有扩散和无扩散两种情形下的特征方程. 紧接着, 将分析得到在共存态 (u^*, v^*) 附近出现 Turing 分支的条件.

为了简化研究, 令 $\widetilde{u}(x,t) = (\phi ** u)(x,t)$ 且 $\widetilde{v}(x,t) = (\phi ** v)(x,t)$, 则系统 (7.1) 可化为

$$
\begin{cases}
u_t = \Delta u + u(1 - \widetilde{u} - a_1 v), \\
v_t = d\Delta v + rv(1 - \widetilde{v} - a_2 u), \\
\widetilde{u}_t = \Delta \widetilde{u} + \dfrac{1}{\tau}(u - \widetilde{u}), \\
\widetilde{v}_t = \Delta \widetilde{v} + \dfrac{1}{\tau}(v - \widetilde{v}).
\end{cases}
\tag{7.4}
$$

显然系统 (7.4) 总是有三个平衡点 $(0,0,0,0)$, $(1,0,1,0)$, $(0,1,0,1)$. 又因为 a_1, a_2 < 1, 则存在第四个平衡点 (也就是共存态)

$$
(u^*, v^*, \widetilde{u}^*, \widetilde{v}^*) = \left(\frac{1-a_1}{1-a_1 a_2}, \frac{1-a_2}{1-a_1 a_2}, \frac{1-a_1}{1-a_1 a_2}, \frac{1-a_2}{1-a_1 a_2} \right).
$$

从生物学的观点来看, 第四个平衡点对应着种群的最大状态, 从而这里我们主要研究该平衡点.

下面, 将系统 (7.4) 在平衡点 $(u^*, v^*, \widetilde{u}^*, \widetilde{v}^*)$ 附近线性化得

$$
\begin{cases}
u_t = \Delta u + a_{11}u + a_{12}v + a_{13}\widetilde{u} + a_{14}\widetilde{v}, \\
v_t = d\Delta v + a_{21}u + a_{22}v + a_{23}\widetilde{u} + a_{24}\widetilde{v}, \\
\widetilde{u}_t = \Delta \widetilde{u} + a_{31}u + a_{32}v + a_{33}\widetilde{u} + a_{34}\widetilde{v}, \\
\widetilde{v}_t = \Delta \widetilde{v} + a_{41}u + a_{42}v + a_{43}\widetilde{u} + a_{44}\widetilde{v},
\end{cases}
\tag{7.5}
$$

其中

$$a_{11} = 0, \quad a_{12} = -\frac{a_1(1-a_1)}{1-a_1a_2}, \quad a_{13} = -\frac{1-a_1}{1-a_1a_2}, \quad a_{14} = 0,$$

$$a_{21} = -\frac{ra_2(1-a_2)}{1-a_1a_2}, \quad a_{22} = 0, \quad a_{23} = 0, \quad a_{24} = -\frac{r(1-a_2)}{1-a_1a_2},$$

$$a_{31} = \frac{1}{\tau}, \quad a_{32} = 0, \quad a_{33} = -\frac{1}{\tau}, \quad a_{34} = 0,$$

$$a_{41} = 0, \quad a_{42} = \frac{1}{\tau}, \quad a_{43} = 0, \quad a_{44} = -\frac{1}{\tau}.$$

选择如下形式的试验函数

$$\begin{pmatrix} u \\ v \\ \widetilde{u} \\ \widetilde{v} \end{pmatrix} = \sum_{k=1}^{\infty} \begin{pmatrix} C_k^1 \\ C_k^2 \\ C_k^3 \\ C_k^4 \end{pmatrix} e^{\lambda t + i\kappa \cdot \gamma}, \tag{7.6}$$

其中 λ 是在时间 t 的扰动增长率, i 是单位纯虚数, 也就是满足 $i^2 = -1$, $\kappa \cdot \kappa = k$ 且 k 是波的频率, $\gamma = (X, Y)$ 是二维空间的空间变量. 将 (7.6) 代入 (7.5) 得特征方程

$$\det A = \begin{vmatrix} a_{11} - k^2 - \lambda & a_{12} & a_{13} & a_{14} \\ a_{21} & a_{22} - dk^2 - \lambda & a_{23} & a_{24} \\ a_{31} & a_{32} & a_{33} - k^2 - \lambda & a_{34} \\ a_{41} & a_{42} & a_{43} & a_{44} - k^2 - \lambda \end{vmatrix} = 0,$$

它等价于

$$\lambda^4 + b_1(k)\lambda^3 + b_2(k)\lambda^2 + b_3(k)\lambda + b_4(k) = 0, \tag{7.7}$$

其中

$$b_1(k) = (d+3)k^2 + \frac{2}{\tau},$$

$$b_2(k) = \frac{r}{\tau} \cdot \frac{1-a_2}{1-a_1a_2} + \frac{1}{\tau} \cdot \frac{1-a_1}{1-a_1a_2} + dk^4 - \frac{ra_1a_2(1-a_1)(1-a_2)}{(1-a_1a_2)^2}$$
$$+ \left(\frac{1}{\tau} + k^2\right)^2 + 2k^2(d+1)\left(\frac{1}{\tau} + k^2\right),$$

$$b_3(k) = \frac{r}{\tau} \cdot \frac{1-a_2}{1-a_1a_2}\left(\frac{1}{\tau} + 2k^2\right) + \frac{1}{\tau} \cdot \frac{1-a_1}{1-a_1a_2}\left((d+1)k^2 + \frac{1}{\tau}\right)$$

$$+ (d+1)k^2 \left(\frac{1}{\tau} + k^2\right)^2 + 2\left(\frac{1}{\tau} + k^2\right)\left(dk^4 - \frac{ra_1a_2(1-a_1)(1-a_2)}{(1-a_1a_2)^2}\right),$$

$$b_4(k) = -\left(\frac{1}{\tau} + k^2\right)^2 \frac{ra_1a_2(1-a_1)(1-a_2)}{(1-a_1a_2)^2} + \frac{1}{\tau^2} \cdot \frac{r(1-a_1)(1-a_2)}{(1-a_1a_2)^2}$$

$$+ \frac{rk^2}{\tau}\left(\frac{1}{\tau} + k^2\right)\frac{1-a_2}{1-a_1a_2} + \frac{dk^2}{\tau} \cdot \frac{1-a_1}{1-a_1a_2}\left(\frac{1}{\tau} + k^2\right) + dk^4\left(\frac{1}{\tau} + k^2\right)^2.$$

基于上述线性分析, 建立特征方程, 从而可以通过特征根实部的符号来判断 $(u^*, v^*, \widetilde{u}^*, \widetilde{v}^*)$ (也就是共存态) 的稳定性. 接下来, 通过分析特征方程的两种情形 (有扩散和无扩散), 得到在共存态 $(u^*, v^*, \widetilde{u}^*, \widetilde{v}^*)$ 附近出现 Turing 分支的必要条件.

如果系统 (7.4) 没有扩散项, 则此时特征方程为

$$\nu^4 + b_1(0)\nu^3 + b_2(0)\nu^2 + b_3(0)\nu + b_4(0) = 0,$$

其中

$$b_1(0) = \frac{2}{\tau},$$

$$b_2(0) = \frac{r}{\tau} \cdot \frac{1-a_2}{1-a_1a_2} + \frac{1}{\tau} \cdot \frac{1-a_1}{1-a_1a_2} - \frac{ra_1a_2(1-a_1)(1-a_2)}{(1-a_1a_2)^2} + \frac{1}{\tau^2},$$

$$b_3(0) = \frac{r}{\tau^2} \cdot \frac{1-a_2}{1-a_1a_2} + \frac{1}{\tau^2} \cdot \frac{1-a_1}{1-a_1a_2} - \frac{2r}{\tau} \cdot \frac{a_1a_2(1-a_1)(1-a_2)}{(1-a_1a_2)^2},$$

$$b_4(0) = \frac{r}{\tau^2} \cdot \frac{(1-a_1)(1-a_2)}{1-a_1a_2}.$$

从而, 得知系统稳定的充分必要条件是 $\mathrm{Re}\nu_i < 0$ $(i = 1, 2, 3, 4)$. 由 Routh-Hurwitz 判别法知, 要使 $\mathrm{Re}\nu_i < 0$ $(i = 1, 2, 3, 4)$ 成立, 则需满足如下条件:

(i) $b_1(0) > 0, b_2(0) > 0, b_4(0) > 0$;

(ii) $b_1(0)b_2(0)b_3(0) > b_3^2(0) + b_1^2(0)b_4(0)$;

(iii) $b_1(0)b_2(0) > b_3(0)$.

所以当 (7.4) 没有扩散项时, 只要上述三个条件成立, 则平衡点 $(u^*, v^*, \widetilde{u}^*, \widetilde{v}^*)$ 是稳定的.

当系统 (7.4) 具有扩散项时, 将探索 k^2 是如何影响稳定性条件 (i)—(iii) 的, 在系统 (7.4) 具有扩散项时, 任意稳定性条件 (i)—(iii) 中的一个不成立都可能导致共存平衡点变得不稳定. 接下来, 通过分析特征方程 (7.7), 得到出现 Turing 分支的充分条件. 在此条件下系统会出现时空斑图, 为此我们讨论如下两种情形.

情形 1　$b_1(k) > 0$, $b_2(k) > 0$, $b_4(k) > 0$ 不成立.

令 $b_1(k) = F_1(k^2) = (d+3)k^2 + \dfrac{2}{\tau}$. 因为 d 和 k^2 都是正数, 则只要条件 $b_1(0) = \dfrac{2}{\tau} > 0$ 成立就有 $b_1(k) > 0$ 成立.

令 $b_2(k) = F_2(k^2)$ 且 $z = k^2$, 则

$$F_2(z) = f_{22}z^2 + f_{21}z + f_{20},$$

其中

$$f_{22} = 3(d+1),$$

$$f_{21} = \frac{2d+4}{\tau},$$

$$f_{20} = \frac{r}{\tau} \cdot \frac{1-a_2}{1-a_1a_2} + \frac{1}{\tau} \cdot \frac{1-a_1}{1-a_1a_2} - \frac{ra_1a_2(1-a_1)(1-a_2)}{(1-a_1a_2)^2} + \frac{1}{\tau^2}.$$

又因为 $f_{22} > 0$, $f_{21} > 0$, 则只要条件 $b_2(0) > 0$ 成立就有 $b_2(k) > 0$ 成立.

令 $b_4(k) = F_3(k^2)$ 且 $z = k^2$, 则

$$F_3(z) = f_{34}z^4 + f_{33}z^3 + f_{32}z^2 + f_{31}z + f_{30},$$

其中

$$f_{34} = d,$$

$$f_{33} = \frac{2d}{\tau},$$

$$f_{32} = -\frac{ra_1a_2(1-a_1)(1-a_2)}{(1-a_1a_2)^2} + \frac{r}{\tau} \cdot \frac{1-a_2}{1-a_1a_2} + \frac{d}{\tau} \cdot \frac{1-a_1}{1-a_1a_2} + \frac{d}{\tau^2},$$

$$f_{31} = -\frac{2r}{\tau} \cdot \frac{a_1a_2(1-a_1)(1-a_2)}{(1-a_1a_2)^2} + \frac{r}{\tau^2} \cdot \frac{1-a_2}{1-a_1a_2} + \frac{d}{\tau^2} \cdot \frac{1-a_1}{1-a_1a_2},$$

$$f_{30} = \frac{r}{\tau^2} \cdot \frac{(1-a_1)(1-a_2)}{1-a_1a_2}.$$

此外, 亦有 $f_{34} > 0$, $f_{33} > 0$, $f_{30} > 0$ 且 $F_3(z)$ 具有如下性质:

(1) 对任意 $z = k^2$, 有 $f_{32} > \tau f_{31}$.

(2) 当 $d \geqslant 1$ 时, 有 $f_{32} \geqslant b_2(0)$, $f_{31} \geqslant b_3(0)$.

(3) 当 $z = k^2$ 时, 随着 $z \to \infty$ 有 $F_3(z) \to \infty$.

(4) $F_3(z)$ 的导数为

$$\frac{dF_3(z)}{dz} = az^3 + bz^2 + cz + e,$$

其中 $a = 4f_{34}$, $b = 3f_{33}$, $c = 2f_{32}$, $e = f_{31}$.

因为 $\dfrac{dF_3(z)}{dz}$ 是三次的, 令

$$A = b^2 - 3ac, \quad B = bc - 9ae, \quad C = c^2 - 3be, \quad \Delta = B^2 - 4AC.$$

则由 Shengjin 判别法和 Shengjin 公式得

(a) 当 $A = B = 0$ 时, 方程 $\dfrac{dF_3(z)}{dz} = 0$ 有三重实根

$$X_1 = X_2 = X_3 = -\frac{b}{3a} = -\frac{c}{b} = -\frac{3d}{c}.$$

(b) 当 $\Delta = 0$ 时, 方程 $\dfrac{dF_3(z)}{dz} = 0$ 存在实根

$$X_1 = -\frac{b}{a} + K \quad 和 \quad X_2 = X_3 = -\frac{K}{2}, \tag{7.8}$$

其中 $K = \dfrac{B}{A}$ $(A \neq 0)$.

(c) 当 $\Delta > 0$ 时, 方程 $\dfrac{dF_3(z)}{dz} = 0$ 有一个实根和一对共轭的复根

$$\begin{aligned}
X_1 &= \frac{-b - (\sqrt[3]{Y_1} + \sqrt[3]{Y_2})}{3a}, \\
X_{2,3} &= \frac{-b + \dfrac{1}{2}(\sqrt[3]{Y_1} + \sqrt[3]{Y_2}) \pm \dfrac{\sqrt{3}}{2}(\sqrt[3]{Y_1} - \sqrt[3]{Y_2})i}{3a},
\end{aligned} \tag{7.9}$$

其中

$$Y_{1,2} = Ab + 3a \frac{-B \pm \sqrt{B^2 - 4AC}}{2}.$$

(d) 当 $\Delta < 0$ 时, 方程 $\dfrac{dF_3(z)}{dz} = 0$ 有三个不相等的实根

$$X_1 = \frac{-b - 2\sqrt{A}\cos\dfrac{\theta}{3}}{3a}, \quad X_{2,3} = \frac{-b + \sqrt{A}\left(\cos\dfrac{\theta}{3} \pm \sqrt{3}\sin\dfrac{\theta}{3}\right)}{3a}, \tag{7.10}$$

其中

$$\theta = \arccos T, \quad T = \frac{2Ab - 3aB}{2A\sqrt{A}} \quad (A > 0, \ -1 < T < 1).$$

结合上面四个结果, 得到出现 Turing 分支的充分条件. 因为 $A = B = 0$ 不成立, 则性质 (4) 中的情形 (a) 不需要考虑. 而当 $\Delta = 0$ 时, 则需要 $\max(X_1, X_2) > 0$ 和 $F_3(\max(X_1, X_2)) < 0$ 成立才会出现 Turing 分支, 其中 X_1, X_2 见 (7.8). 结合系统 (7.4) 没有扩散项时的条件 (i)—(iii), 此时得到出现 Turing 分支的如下条件:

(i) $\Delta = 0$;

(ii) $\max(X_1, X_2) > 0$;

(iii) $F_3(\max(X_1, X_2)) < 0$;

(iv) $b_1(0) > 0, \ b_2(0) > 0, \ b_4(0) > 0$;

(v) $b_1(0)b_2(0)b_3(0) > b_3^2(0) + b_1^2(0)b_4(0)$;　　　　　　　　　　(7.11)

(vi) $b_1(0)b_2(0) > b_3(0)$;

(vii) $f_{31} < 0$;

(viii) $0 < d < 1$.

当 $\Delta > 0$ 时, 要使得 Turing 分支出现, 需满足条件 $X_1 > 0$ 和 $F_3(X_1) < 0$, 其中 X_1, X_2 见 (7.9). 结合系统 (7.4) 没有扩散项时的条件 (i)—(iii), 得到此时出现 Turing 分支的如下条件:

(i) $\Delta < 0$;

(ii) $X_1 > 0$;

(iii) $F_3(X_1) < 0$;

(iv) $b_1(0) > 0, \ b_2(0) > 0, \ b_4(0) > 0$;

(v) $b_1(0)b_2(0)b_3(0) > b_3^2(0) + b_1^2(0)b_4(0)$;　　　　　　　　　　(7.12)

(vi) $b_1(0)b_2(0) > b_3(0)$;

(vii) $f_{31} < 0$;

(viii) $0 < d < 1$.

如果 $\Delta < 0$, 要使得 Turing 分支出现, 需满足条件 $X_3 > 0$ 和 $F_3(X_3) < 0$, 其中 X_3 定义在 (7.10) 中. 结合系统 (7.4) 没有扩散项时的条件 (i)—(iii), 得到此

时出现 Turing 分支的如下条件:

(i) $\Delta < 0$;

(ii) $X_3 > 0$;

(iii) $F_3(X_3) < 0$;

(iv) $b_1(0) > 0,\ b_2(0) > 0,\ b_4(0) > 0$;

(v) $b_1(0)b_2(0)b_3(0) > b_3^2(0) + b_1^2(0)b_4(0)$;   (7.13)

(vi) $b_1(0)b_2(0) > b_3(0)$;

(vii) $f_{31} < 0$;

(viii) $0 < d < 1$.

情形 2　$b_1(k)b_2(k) > b_3(k)$ 不成立.

令 $F_4(k^2) = b_1(k)b_2(k) - b_3(k)$ 且 $z = k^2$, 则

$$F_4(z) = f_{43}z^3 + f_{42}z^2 + f_{41}z + f_{40},$$

其中

$$f_{43} = 3(d+1)(d+3) - (3d+1),$$

$$f_{42} = \frac{1}{\tau}(2d+4)(d+3) + \frac{1}{\tau}(2d+4),$$

$$f_{41} = (d+3)\left(\frac{r}{\tau} \cdot \frac{1-a_2}{1-a_1a_2} + \frac{1}{\tau} \cdot \frac{1-a_1}{1-a_1a_2} - \frac{ra_1a_2(1-a_1)(1-a_2)}{(1-a_1a_2)^2} + \frac{1}{\tau^2}\right)$$

$$+ \frac{4d+8}{\tau^2} - \left(\frac{2r}{\tau} \cdot \frac{1-a_2}{1-a_1a_2} + \frac{d+1}{2} \cdot \frac{1-a_1}{1-a_1a_2} + \frac{d+1}{\tau^2}\right.$$

$$\left. - \frac{2ra_1a_2(1-a_1)(1-a_2)}{(1-a_1a_2)^2}\right),$$

$$f_{40} = \frac{2}{\tau}\left(\frac{r}{\tau} \cdot \frac{1-a_2}{1-a_1a_2} + \frac{1}{\tau} \cdot \frac{1-a_1}{1-a_1a_2} - \frac{ra_1a_2(1-a_1)(1-a_2)}{(1-a_1a_2)^2} + \frac{1}{\tau^2}\right)$$

$$- \left(\frac{r}{\tau^2} \cdot \frac{1-a_2}{1-a_1a_2} + \frac{1}{\tau^2} \cdot \frac{1-a_1}{1-a_1a_2} - \frac{2ra_1a_2(1-a_1)(1-a_2)}{\tau(1-a_1a_2)^2}\right).$$

显然有 $f_{43} > 0$, $f_{42} > 0$, $f_{40} > 0$. 则仅当 $f_{41} < 0$ 时, Turing 分支才可能出现.
另外, 还知 $F_4(z)$ 具有如下性质:

(1) 当 $z = k^2$ 时, 随着 $z \to \infty$ 有 $F_4(z) \to \infty$.

(2) $F_4(z)$ 的导数

$$\frac{dF_4(z)}{dz} = 3f_{43}z^2 + 2f_{42}z + f_{41}$$

是二次的, 所以 $F_4(z)$ 有两个局部极值点

$$z_{41} = \frac{-f_{42} + \sqrt{f_{42}^2 - 3f_{43}f_{41}}}{3f_{43}}$$

和

$$z_{42} = \frac{-f_{42} - \sqrt{f_{42}^2 - 3f_{43}f_{41}}}{3f_{43}}.$$

而 $F_4(z)$ 的二阶导数

$$\frac{d^2F_4(z)}{dz^2} = 6f_{43}z + 2f_{42}$$

中起主导作用的项是 $6f_{43}$, 是一个正系数, 这说明对于充分大的 z, $F_4(z)$ 是上凹的.

(3) 如果 z_{41} 和 z_{42} 都是局部极值点, 则两个中极小值点一定在极大值点的右边, 也就是 $z_{2,\max} < z_{2,\min}$, 从而说明了两个极值点分别是什么极值点, 也就是 $z_{2,\min} = z_{21}$.

由上面三个结果, 我们给出如下使得 Turing 分支出现的充要条件. 首先, 需要极小值点 $z_{2,\min} = z_{21}$ 是正的. 其次, 需要一个与条件 $F_4(z) = F_4(k^2) > 0$ 相反的条件, 也就是当系统 (7.4) 具有扩散项时有 $F_4(z_{2,\min}) = F_4(z_{21}) < 0$ (但是在没有扩散时, $F_4(0) > 0$ 必须成立). 最后, 因为 z_{21} 与波的频率有关, 故需要 z_{21} 是正的. 此外, 还需要条件 $f_{42}^2 - 3f_{43}f_{41} > 0$ 成立. 从而, 得到此种情形下出现 Turing 分支的条件如下:

(i) $f_{41} < 0$;

(ii) $z_{4,\min} = z_{41} > 0$;

(iii) $F_4(z_{41}) < 0$;　　　　　　　　　　　　　　　　　　　　　　　　　(7.14)

(iv) $b_1(0) > 0$, $b_2(0) > 0$, $b_4(0) > 0$;

(v) $b_1(0)b_2(0)b_3(0) > b_3^2(0) + b_1^2(0)b_4(0)$;

(vi) $b_1(0)b_2(0) > b_3(0)$.

对于情形 $b_1(k)b_2(k)b_3(k) > b_3^2(k) + b_1^2(k)b_4(k)$, 同样可以得到出现 Turing 分支的充分条件, 但是分析过程相当复杂, 这不再赘述. 另外, 可以看到条件 (7.11)—(7.14) 比较复杂, 为了便于理解, 在图 7.1 中给出了这些条件的一个直观理解, 其

中红色区域表示可能发生 Turing 分支时参数的取值范围. 简而言之, 如果取 $d =$ 0.01, $a_1 = 0.3$, $a_2 = 0.4$ 且根据条件 (7.13) 和 (7.14), 可以通过数值模拟得到由参数 r 和 τ 张成的 Turing 空间, 如图 7.1.

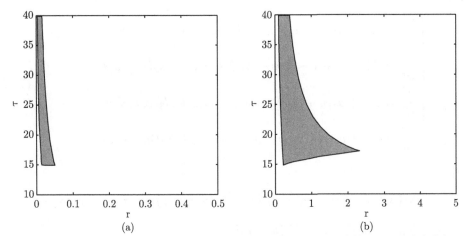

图 7.1 (a) 阴影部分表示根据条件 (7.13) 得到的由参数 r 和 τ 张成的 Turing 分支空间 (也就是出现 Turing 分支时参数的取值范围); (b) 阴影部分表示根据条件 (7.14) 得到的由参数 r 和 τ 张成的 Turing 分支空间 (也就是出现 Turing 分支时参数的取值范围) (彩图请扫封底二维码)

7.3 Turing 斑图的多尺度分析

在这节中, 通过应用多尺度分析的办法 (参见 [141, 202]), 得到了振幅方程 (它可以确定不同的 Turing 斑图). 因为仅当波的扰动频数接近阈值 k_T 时, 共存平衡点才变得不再稳定, 所以多尺度分析的办法主要在出现分支的阈值附近应用. 从而, 靠近 $\tau = \tau_T$, 临界斑图的特征值便趋于零, 并且它们是一个缓慢变化的模式. 而偏离临界模式时, 则变化迅速. 因此, 需要考虑 k_T 附近的扰动 k. 为此, 首先寻找 k_T. 而为了找到 k_T, 需要寻找 $b_4(k) = F_3(k^2)$ 关于 k^2 的极值点, 也就是说, 需要找

$$\frac{dF_3(z)}{dz} = az^3 + bz^2 + cz + e = 0$$

的解, 其中 $a = 4f_{34}$, $b = 3f_{33}$, $c = 2f_{32}$, $e = f_{31}$. 类似于 7.2 节中情形 (i) 的讨论, 可知当 $\Delta \geqslant 0$ 时, $z = k_T^2 = X_1$ (其定义见 (7.8) 或 (7.9)). 而当 $\Delta < 0$ 时, $z = k_T^2 = X_3$ (其定义见 (7.10)). 将 $k = k_T$ 代入 $b_4(k) = 0$ 中可以得到

τ_T 的值. 值得注意的是, 这里 k_T, τ_T 都不需要具体的表达式, 而只需要给出参数 a_1, a_2, d, r 的值, 然后通过计算可得 k_T 和 τ_T 的值.

接下来, 开始寻找振幅方程. 首先将模型 (7.5) 在平衡点 $(u^*, v^*, \widetilde{u}^*, \widetilde{v}^*)$ 处改写为

$$
\begin{cases}
\dfrac{\partial u}{\partial t} = \Delta u + a_{11}u + a_{12}v + a_{13}\widetilde{u} + a_{14}\widetilde{v} + N_1(u, v, \widetilde{u}, \widetilde{v}), \\[2mm]
\dfrac{\partial v}{\partial t} = d\Delta v + a_{21}u + a_{22}v + a_{23}\widetilde{u} + a_{24}\widetilde{v} + N_2(u, v, \widetilde{u}, \widetilde{v}), \\[2mm]
\dfrac{\partial \widetilde{u}}{\partial t} = \Delta \widetilde{u} + a_{31}u + a_{32}v + a_{33}\widetilde{u} + a_{34}\widetilde{v} + N_3(u, v, \widetilde{u}, \widetilde{v}), \\[2mm]
\dfrac{\partial \widetilde{v}}{\partial t} = \Delta \widetilde{u} + a_{41}u + a_{42}v + a_{43}\widetilde{u} + a_{44}\widetilde{v} + N_4(u, v, \widetilde{u}, \widetilde{v}),
\end{cases}
\tag{7.15}
$$

其中

$$
N_1(u, v, \widetilde{u}, \widetilde{v}) = -u\widetilde{u} - a_1 uv, \quad N_2(u, v, \widetilde{u}, \widetilde{v}) = -rv\widetilde{v} - ra_2 uv,
$$

$$
N_3(u, v, \widetilde{u}, \widetilde{v}) = 0, \quad N_4(u, v, \widetilde{u}, \widetilde{v}) = 0.
$$

因为靠近 $\tau = \tau_T$, 系统 (7.4) 的解可展开为

$$
U = U_u + \sum_{j=1}^{3} U_0 \left(A_j e^{ik_j \cdot \gamma} + \overline{A}_j e^{-ik_j \cdot \gamma} \right),
$$

则通过相同的方式, 系统 (7.15) 的解也可以展开为

$$
U^0 = \sum_{j=1}^{3} U_0 \left(A_j e^{ik_j \cdot \gamma} + \overline{A}_j e^{-ik_j \cdot \gamma} \right),
$$

其中 U_u 表示一致稳态且 $U_0 = (l_2 l_3, \ l_2, \ l_3, \ 1)^{\mathrm{T}}$ (其中 l_2, l_3 稍后给出) 是线性算子的特征值, A_j 和 $\overline{A}_j$ 分别对应模数 k_j 和 $-k_j$ 的振幅.

令 $U = (u, \ v, \ \widetilde{u}, \ \widetilde{v})^{\mathrm{T}}$, $N = (N_1, \ N_2, \ N_3, \ N_4)^{\mathrm{T}}$, 则系统 (7.15) 可化为如下形式

$$
\frac{\partial U}{\partial t} = LU + N,
\tag{7.16}
$$

其中

$$
L = \begin{pmatrix}
a_{11} + \Delta & a_{12} & a_{13} & a_{14} \\
a_{21} & a_{22} + d\Delta & a_{23} & a_{24} \\
a_{31} & a_{32} & a_{33} + \Delta & a_{34} \\
a_{41} & a_{42} & a_{43} & a_{44} + \Delta
\end{pmatrix}, \quad
N = \begin{pmatrix}
-u\widetilde{u} - a_1 uv \\
-rv\widetilde{v} - ra_2 uv \\
0 \\
0
\end{pmatrix}.
$$

令

$$L = L_T + (\tau_T - \tau)M, \tag{7.17}$$

其中

$$L_T = \begin{pmatrix} a_{11}^* + \Delta & a_{12}^* & a_{13}^* & a_{14}^* \\ a_{21}^* & a_{22}^* + d\Delta & a_{23}^* & a_{24}^* \\ a_{31}^* & a_{32}^* & a_{33}^* + \Delta & a_{34}^* \\ a_{41}^* & a_{42}^* & a_{43}^* & a_{44}^* + \Delta \end{pmatrix}, \quad M = \begin{pmatrix} b_{11} & b_{12} & b_{13} & b_{14} \\ b_{21} & b_{22} & b_{23} & b_{24} \\ b_{31} & b_{32} & b_{33} & b_{34} \\ b_{41} & b_{42} & b_{43} & b_{44} \end{pmatrix}$$

且

$$a_{11}^* = 0, \quad a_{12}^* = -\frac{a_1(1 - a_1)}{1 - a_1 a_2}, \quad a_{13}^* = -\frac{1 - a_1}{1 - a_1 a_2}, \quad a_{14}^* = 0,$$

$$a_{21}^* = \frac{-r a_2(1 - a_2)}{1 - a_1 a_2}, \quad a_{22}^* = 0, \quad a_{23}^* = 0, \quad a_{24}^* = -\frac{r(1 - a_2)}{1 - a_1 a_2},$$

$$a_{31}^* = \frac{1}{\tau_T}, \quad a_{32}^* = 0, \quad a_{33}^* = -\frac{1}{\tau_T}, \quad a_{34}^* = 0,$$

$$a_{41}^* = 0, \quad a_{42}^* = \frac{1}{\tau_T}, \quad a_{43}^* = 0, \quad a_{34}^* = -\frac{1}{\tau_T},$$

$$b_{11} = \frac{a_{11} - a_{11}^*}{\tau_T - \tau}, \quad b_{12} = \frac{a_{12} - a_{12}^*}{\tau_T - \tau}, \quad b_{13} = \frac{a_{13} - a_{13}^*}{\tau_T - \tau}, \quad b_{14} = \frac{a_{14} - a_{14}^*}{\tau_T - \tau},$$

$$b_{21} = \frac{a_{21} - a_{21}^*}{\tau_T - \tau}, \quad b_{22} = \frac{a_{22} - a_{22}^*}{\tau_T - \tau}, \quad b_{23} = \frac{a_{23} - a_{23}^*}{\tau_T - \tau}, \quad b_{24} = \frac{a_{24} - a_{24}^*}{\tau_T - \tau},$$

$$b_{31} = \frac{a_{31} - a_{31}^*}{\tau_T - \tau}, \quad b_{32} = \frac{a_{32} - a_{32}^*}{\tau_T - \tau}, \quad b_{33} = \frac{a_{33} - a_{33}^*}{\tau_T - \tau}, \quad b_{34} = \frac{a_{34} - a_{34}^*}{\tau_T - \tau},$$

$$b_{41} = \frac{a_{41} - a_{41}^*}{\tau_T - \tau}, \quad b_{42} = \frac{a_{42} - a_{42}^*}{\tau_T - \tau}, \quad b_{43} = \frac{a_{43} - a_{43}^*}{\tau_T - \tau}, \quad b_{44} = \frac{a_{44} - a_{44}^*}{\tau_T - \tau}.$$

为了应用多尺度分析, 令

$$\tau_T - \tau = \varepsilon \tau_1 + \varepsilon^2 \tau_2 + \varepsilon^3 \tau_3 + o(\varepsilon^4), \tag{7.18}$$

$$U = \begin{pmatrix} u \\ v \\ \widetilde{u} \\ \widetilde{v} \end{pmatrix} = \varepsilon \begin{pmatrix} u_1 \\ v_1 \\ \widetilde{u}_1 \\ \widetilde{v}_1 \end{pmatrix} + \varepsilon^2 \begin{pmatrix} u_2 \\ v_2 \\ \widetilde{u}_2 \\ \widetilde{v}_2 \end{pmatrix} + \varepsilon^3 \begin{pmatrix} u_3 \\ v_3 \\ \widetilde{u}_3 \\ \widetilde{v}_3 \end{pmatrix} + o(\varepsilon^4), \tag{7.19}$$

$$N = \varepsilon^2 h_2 + \varepsilon^3 h_3 + o(\varepsilon^4), \tag{7.20}$$

$$\frac{\partial}{\partial t} = \frac{\partial}{\partial T_0} + \varepsilon \frac{\partial}{\partial T_1} + \varepsilon^2 \frac{\partial}{\partial T_2} + o(\varepsilon^3), \tag{7.21}$$

$$\frac{\partial A}{\partial t} = \varepsilon \frac{\partial A}{\partial T_1} + \varepsilon^2 \frac{\partial A}{\partial T^2} + o(\varepsilon^3). \tag{7.22}$$

由 (7.16) 和 (7.17) 得

$$\frac{\partial U}{\partial t} = (L_T + (\tau_T - \tau)M)U + N$$

$$= L_T U + (\tau_T - \tau)MU + N. \tag{7.23}$$

将 (7.18)—(7.20) 代入 (7.23) 得

$$\frac{\partial}{\partial t}\left(\varepsilon \begin{pmatrix} u_1 \\ v_1 \\ \widetilde{u}_1 \\ \widetilde{v}_1 \end{pmatrix} + \varepsilon^2 \begin{pmatrix} u_2 \\ v_2 \\ \widetilde{u}_2 \\ \widetilde{v}_2 \end{pmatrix} + \varepsilon^3 \begin{pmatrix} u_3 \\ v_3 \\ \widetilde{u}_3 \\ \widetilde{v}_3 \end{pmatrix} \right)$$

$$= L_T \left(\varepsilon \begin{pmatrix} u_1 \\ v_1 \\ \widetilde{u}_1 \\ \widetilde{v}_1 \end{pmatrix} + \varepsilon^2 \begin{pmatrix} u_2 \\ v_2 \\ \widetilde{u}_2 \\ \widetilde{v}_2 \end{pmatrix} + \varepsilon^3 \begin{pmatrix} u_3 \\ v_3 \\ \widetilde{u}_3 \\ \widetilde{v}_3 \end{pmatrix} \right)$$

$$+ \left(\varepsilon\tau_1 + \varepsilon^2\tau_2 + \varepsilon^3\tau_3 \right) M \left(\varepsilon \begin{pmatrix} u_1 \\ v_1 \\ \widetilde{u}_1 \\ \widetilde{v}_1 \end{pmatrix} + \varepsilon^2 \begin{pmatrix} u_2 \\ v_2 \\ \widetilde{u}_2 \\ \widetilde{v}_2 \end{pmatrix} + \varepsilon^3 \begin{pmatrix} u_3 \\ v_3 \\ \widetilde{u}_3 \\ \widetilde{v}_3 \end{pmatrix} \right)$$

$$+ \varepsilon^2 h_2 + \varepsilon^3 h_3 + o(\varepsilon^4), \tag{7.24}$$

其中

$$\frac{\partial}{\partial t}\left(\varepsilon \begin{pmatrix} u_1 \\ v_1 \\ \widetilde{u}_1 \\ \widetilde{v}_1 \end{pmatrix} + \varepsilon^2 \begin{pmatrix} u_2 \\ v_2 \\ \widetilde{u}_2 \\ \widetilde{v}_2 \end{pmatrix} + \varepsilon^3 \begin{pmatrix} u_3 \\ v_3 \\ \widetilde{u}_3 \\ \widetilde{v}_3 \end{pmatrix} \right)$$

$$= \varepsilon^2 \frac{\partial}{\partial T_1} \begin{pmatrix} u_1 \\ v_1 \\ \widetilde{u}_1 \\ \widetilde{v}_1 \end{pmatrix} + \varepsilon^3 \frac{\partial}{\partial T_1} \begin{pmatrix} u_2 \\ v_2 \\ \widetilde{u}_2 \\ \widetilde{v}_2 \end{pmatrix} + \varepsilon^3 \frac{\partial}{\partial T_2} \begin{pmatrix} u_1 \\ v_1 \\ \widetilde{u}_1 \\ \widetilde{v}_1 \end{pmatrix} + o(\varepsilon^4).$$

比较 (7.24) 中 ε 的系数得

$$L_T \begin{pmatrix} u_1 \\ v_1 \\ \widetilde{u}_1 \\ \widetilde{v}_1 \end{pmatrix} = 0. \tag{7.25}$$

比较 (7.24) 中 ε^2 的系数得

$$\frac{\partial}{\partial T_1} \begin{pmatrix} u_1 \\ v_1 \\ \widetilde{u}_1 \\ \widetilde{v}_1 \end{pmatrix} = L_T \begin{pmatrix} u_2 \\ v_2 \\ \widetilde{u}_2 \\ \widetilde{v}_2 \end{pmatrix} + \tau_1 M \begin{pmatrix} u_1 \\ v_1 \\ \widetilde{u}_1 \\ \widetilde{v}_1 \end{pmatrix} + h_2. \tag{7.26}$$

比较 (7.24) 中 ε^3 的系数得

$$\frac{\partial}{\partial T_1} \begin{pmatrix} u_2 \\ v_2 \\ \widetilde{u}_2 \\ \widetilde{v}_2 \end{pmatrix} + \frac{\partial}{\partial T_2} \begin{pmatrix} u_1 \\ v_1 \\ \widetilde{u}_1 \\ \widetilde{v}_1 \end{pmatrix} = L_T \begin{pmatrix} u_3 \\ v_3 \\ \widetilde{u}_3 \\ \widetilde{v}_3 \end{pmatrix} + \tau_1 M \begin{pmatrix} u_2 \\ v_2 \\ \widetilde{u}_2 \\ \widetilde{v}_2 \end{pmatrix} + \tau_2 M \begin{pmatrix} u_1 \\ v_1 \\ \widetilde{u}_1 \\ \widetilde{v}_1 \end{pmatrix} + h_3. \tag{7.27}$$

因为系统接近临界点时, L_T 是线性算子且 $(u_1,\ v_1,\ \widetilde{u}_1,\ \widetilde{v}_1)^{\mathrm{T}}$ 是零特征值对应的特征向量的线性组合, 所以由 (7.25) 得

$$\begin{pmatrix} u_1 \\ v_1 \\ \widetilde{u}_1 \\ \widetilde{v}_1 \end{pmatrix} = \begin{pmatrix} l_2 l_3 \\ l_2 \\ l_3 \\ 1 \end{pmatrix} \left(W_1 e^{ik_1 \cdot \gamma} + W_2 e^{ik_2 \cdot \gamma} + W_3 e^{ik_3 \cdot \gamma} \right) + \text{c.c.}, \tag{7.28}$$

其中

$$l_2 = \frac{1}{2} + \frac{a_{21}^* \tau_T l_3}{2d}, \quad l_3 = -\frac{d}{\tau_T a_{13}^*} - \frac{1}{a_{13}^*} \sqrt{-\frac{d}{\tau_T} a_{24}^*}, \quad |k_j| = k_T.$$

另外, 当系统一阶扰动时, W_j 表示模 $e^{ik_j \cdot \gamma}$ $(j = 1,\ 2,\ 3)$ 的振幅, c.c. 表示前一项的共轭.

从方程 (7.26) (ε^2 的系数) 得

$$L_T \begin{pmatrix} u_2 \\ v_2 \\ \widetilde{u}_2 \\ \widetilde{v}_2 \end{pmatrix} = \frac{\partial}{\partial T_1} \begin{pmatrix} u_1 \\ v_1 \\ \widetilde{u}_1 \\ \widetilde{v}_1 \end{pmatrix} - \tau_1 M \begin{pmatrix} u_1 \\ v_1 \\ \widetilde{u}_1 \\ \widetilde{v}_1 \end{pmatrix} - h_2$$

$$= \frac{\partial}{\partial T_1} \begin{pmatrix} u_1 \\ v_1 \\ \widetilde{u}_1 \\ \widetilde{v}_1 \end{pmatrix} - \tau_1 \begin{pmatrix} b_{11}u_1 + b_{12}v_1 + b_{13}\widetilde{u}_1 + b_{14}\widetilde{v}_1 \\ b_{21}u_1 + b_{22}v_1 + b_{23}\widetilde{u}_1 + b_{24}\widetilde{v}_1 \\ b_{31}u_1 + b_{32}v_1 + b_{33}\widetilde{u}_1 + b_{34}\widetilde{v}_1 \\ b_{41}u_1 + b_{42}v_1 + b_{43}\widetilde{u}_1 + b_{44}\widetilde{v}_1 \end{pmatrix}$$

$$- \begin{pmatrix} -u_1\widetilde{u}_1 - a_1 u_1 v_1 \\ -r v_1 \widetilde{v}_1 - r a_2 u_1 v_1 \\ 0 \\ 0 \end{pmatrix}$$

$$= \begin{pmatrix} F_u \\ F_v \\ F_{\widetilde{u}} \\ F_{\widetilde{v}} \end{pmatrix}. \tag{7.29}$$

为确保 (7.29) 存在非平凡解, 由 Fredholm 可解性条件知, 方程 (7.29) 右边的向量函数必须与算子 L_T^* 的零特征值对应的特征向量正交. 这里 L_T^* 是算子 L_T 的共轭算子. 此外, L_T^* 的零特征值对应的特征向量为

$$\begin{pmatrix} 1 \\ l_2' \\ l_3' \\ \frac{a_{24}^*}{a_{13}^*} l_2' l_3' \end{pmatrix} + \text{c.c.},$$

其中

$$l_2' = \frac{a_{13}^* d - a_{24}^*}{\tau a_{21}^*(a_{24}^* - a_{13}^* d) - 4 d a_{21}^* a_{13}^* \tau_T}, \quad l_3' = \frac{2 d a_{13}^*}{5 d a_{13}^* - a_{24}^*}.$$

从而

$$\left(1, \ l_2', \ l_3', \ \frac{a_{24}^*}{a_{13}^*} l_2' l_3' \right) \begin{pmatrix} F_u^i \\ F_v^i \\ F_{\widetilde{u}}^i \\ F_{\widetilde{v}}^i \end{pmatrix} = 0, \tag{7.30}$$

其中 F_u^i, F_v^i, $F_{\widetilde{u}}^i$, $F_{\widetilde{v}}^i$ 分别表示 $e^{ik_j\gamma}$ 在 F_u, F_v, $F_{\widetilde{u}}$ 和 $F_{\widetilde{v}}$ 前面的系数, 也就

是说,

$$\begin{pmatrix} F_u \\ F_v \\ F_{\tilde{u}} \\ F_{\tilde{v}} \end{pmatrix} = \begin{pmatrix} F_u^1 \\ F_v^1 \\ F_{\tilde{u}}^1 \\ F_{\tilde{v}}^1 \end{pmatrix} e^{ik_1 \cdot \gamma} + \begin{pmatrix} F_u^2 \\ F_v^2 \\ F_{\tilde{u}}^2 \\ F_{\tilde{v}}^2 \end{pmatrix} e^{ik_2 \cdot \gamma} + \begin{pmatrix} F_u^3 \\ F_v^3 \\ F_{\tilde{u}}^3 \\ F_{\tilde{v}}^3 \end{pmatrix} e^{ik_3 \cdot \gamma}.$$

由 (7.28) 和 (7.29) 得

$$\begin{pmatrix} F_u^1 \\ F_v^1 \\ F_{\tilde{u}}^1 \\ F_{\tilde{v}}^1 \end{pmatrix} = \begin{pmatrix} l_2 l_3 \dfrac{\partial W_1}{\partial T_1} \\ l_2 \dfrac{\partial W_1}{\partial T_1} \\ l_3 \dfrac{\partial W_1}{\partial T_1} \\ \dfrac{\partial W_1}{\partial T_1} \end{pmatrix} - \tau_1 \begin{pmatrix} l_2 l_3 b_{11} W_1 + l_2 b_{12} W_1 + l_3 b_{13} W_1 + b_{14} W_1 \\ l_2 l_3 b_{21} W_1 + l_2 b_{22} W_1 + l_3 b_{23} W_1 + b_{24} W_1 \\ l_2 l_3 b_{31} W_1 + l_2 b_{32} W_1 + l_3 b_{33} W_1 + b_{34} W_1 \\ l_2 l_3 b_{41} W_1 + l_2 b_{42} W_1 + l_3 b_{43} W_1 + b_{44} W_1 \end{pmatrix}$$

$$- \begin{pmatrix} -2l_2 l_3^2 - 2a_1 l_2^2 l_3 \\ -2r l_2 - 2r a_2 l_2^2 l_3 \\ 0 \\ 0 \end{pmatrix} \overline{W}_2 \overline{W}_3, \tag{7.31}$$

$$\begin{pmatrix} F_u^2 \\ F_v^2 \\ F_{\tilde{u}}^2 \\ F_{\tilde{v}}^2 \end{pmatrix} = \begin{pmatrix} l_2 l_3 \dfrac{\partial W_2}{\partial T_1} \\ l_2 \dfrac{\partial W_2}{\partial T_1} \\ l_3 \dfrac{\partial W_2}{\partial T_1} \\ \dfrac{\partial W_2}{\partial T_1} \end{pmatrix} - \tau_1 \begin{pmatrix} l_2 l_3 b_{11} W_2 + l_2 b_{12} W_2 + l_3 b_{13} W_2 + b_{14} W_2 \\ l_2 l_3 b_{21} W_2 + l_2 b_{22} W_2 + l_3 b_{23} W_2 + b_{24} W_2 \\ l_2 l_3 b_{31} W_2 + l_2 b_{32} W_2 + l_3 b_{33} W_2 + b_{34} W_2 \\ l_2 l_3 b_{41} W_2 + l_2 b_{42} W_2 + l_3 b_{43} W_2 + b_{44} W_2 \end{pmatrix}$$

$$- \begin{pmatrix} -2l_2 l_3^2 - 2a_1 l_2^2 l_3 \\ -2r l_2 - 2r a_2 l_2^2 l_3 \\ 0 \\ 0 \end{pmatrix} \overline{W}_1 \overline{W}_3, \tag{7.32}$$

$$
\begin{pmatrix} F_u^3 \\ F_v^3 \\ F_{\tilde{u}}^3 \\ F_{\tilde{v}}^3 \end{pmatrix} = \begin{pmatrix} l_2 l_3 \dfrac{\partial W_3}{\partial T_1} \\[2mm] l_2 \dfrac{\partial W_3}{\partial T_1} \\[2mm] l_3 \dfrac{\partial W_3}{\partial T_1} \\[2mm] \dfrac{\partial W_3}{\partial T_1} \end{pmatrix} - \tau_1 \begin{pmatrix} l_2 l_3 b_{11} W_3 + l_2 b_{12} W_3 + l_3 b_{13} W_3 + b_{14} W_3 \\ l_2 l_3 b_{21} W_3 + l_2 b_{22} W_3 + l_3 b_{23} W_3 + b_{24} W_3 \\ l_2 l_3 b_{31} W_3 + l_2 b_{32} W_3 + l_3 b_{33} W_3 + b_{34} W_3 \\ l_2 l_3 b_{41} W_3 + l_2 b_{42} W_3 + l_3 b_{43} W_3 + b_{44} W_3 \end{pmatrix}
$$

$$
- \begin{pmatrix} -2 l_2 l_3^2 - 2 a_1 l_2^2 l_3 \\ -2 r l_2 - 2 r a_2 l_2^2 l_3 \\ 0 \\ 0 \end{pmatrix} \overline{W}_1 \overline{W}_2, \tag{7.33}
$$

将 (7.31)—(7.33) 代入 (7.30) 得

$$
\left(l_2 l_3 + l_2' l_2 + l_3' l_3 + \frac{a_{24}^*}{a_{13}^*} l_2' l_3' \right) \frac{\partial W_1}{\partial T_1}
$$

$$
= \tau_1 \big[(l_2 l_3 b_{11} + l_2 b_{12} + l_3 b_{13} + b_{14}) + l_2'(l_2 l_3 b_{21} + l_2 b_{22}
$$

$$
+ l_3 b_{23} + b_{24}) + l_3'(l_2 l_3 b_{31} + l_2 b_{32} + l_3 b_{33} + b_{34})
$$

$$
+ \frac{a_{24}^*}{a_{13}^*} l_2' l_3' \left(l_2 l_3 b_{41} + l_2 b_{42} + l_3 b_{43} + b_{44} \right) \big] W_1
$$

$$
+ \big[(-2 l_2 l_3^2 - 2 a_1 l_2^2 l_3) + l_2'(-2 r l_2 - 2 r a_2 l_2' l_3') \big] \overline{W}_2 \overline{W}_3, \tag{7.34}
$$

$$
\left(l_2 l_3 + l_2' l_2 + l_3' l_3 + \frac{a_{24}^*}{a_{13}^*} l_2' l_3' \right) \frac{\partial W_2}{\partial T_1}
$$

$$
= \tau_1 \big[(l_2 l_3 b_{11} + l_2 b_{12} + l_3 b_{13} + b_{14}) + l_2'(l_2 l_3 b_{21} + l_2 b_{22}
$$

$$
+ l_3 b_{23} + b_{24}) + l_3'(l_2 l_3 b_{31} + l_2 b_{32} + l_3 b_{33} + b_{34})
$$

$$
+ \frac{a_{24}^*}{a_{13}^*} l_2' l_3' \left(l_2 l_3 b_{41} + l_2 b_{42} + l_3 b_{43} + b_{44} \right) \big] W_2
$$

$$
+ \big[(-2 l_2 l_3^2 - 2 a_1 l_2^2 l_3) + l_2'(-2 r l_2 - 2 r a_2 l_2' l_3') \big] \overline{W}_1 \overline{W}_3, \tag{7.35}
$$

$$
\left(l_2 l_3 + l_2' l_2 + l_3' l_3 + \frac{a_{24}^*}{a_{13}^*} l_2' l_3' \right) \frac{\partial W_3}{\partial T_1}
$$

$$
\begin{aligned}
&= \tau_1 \big[(l_2 l_3 b_{11} + l_2 b_{12} + l_3 b_{13} + b_{14}) + l_2'(l_2 l_3 b_{21} + l_2 b_{22} \\
&\quad + l_3 b_{23} + b_{24}) + l_3'(l_2 l_3 b_{31} + l_2 b_{32} + l_3 b_{33} + b_{34}) \\
&\quad + \frac{a_{24}^*}{a_{13}^*} l_2' l_3' (l_2 l_3 b_{41} + l_2 b_{42} + l_3 b_{43} + b_{44}) \big] W_3 \\
&\quad + \big[(-2 l_2 l_3^2 - 2 a_1 l_2^2 l_3) + l_2'(-2 r l_2 - 2 r a_2 l_2' l_3') \big] \overline{W}_1 \overline{W}_2,
\end{aligned}
\tag{7.36}
$$

将 (7.28) 代入 (7.29) 中并解得

$$
\begin{pmatrix} u_2 \\ v_2 \\ \widetilde{u}_2 \\ \widetilde{v}_2 \end{pmatrix}
= \begin{pmatrix} U_0 \\ V_0 \\ \widetilde{U}_0 \\ \widetilde{V}_0 \end{pmatrix}
+ \sum_{i=1}^{3} \begin{pmatrix} U_i \\ V_i \\ \widetilde{U}_i \\ \widetilde{V}_i \end{pmatrix} e^{i k_i \cdot \gamma}
+ \sum_{i=1}^{3} \begin{pmatrix} U_{ii} \\ V_{ii} \\ \widetilde{U}_{ii} \\ \widetilde{V}_{ii} \end{pmatrix} e^{i 2 k_i \cdot \gamma}
+ \begin{pmatrix} U_{12} \\ V_{12} \\ \widetilde{U}_{12} \\ \widetilde{V}_{12} \end{pmatrix} e^{i (k_1 - k_2) \cdot \gamma}
$$

$$
+ \begin{pmatrix} U_{23} \\ V_{23} \\ \widetilde{U}_{23} \\ \widetilde{V}_{23} \end{pmatrix} e^{i (k_2 - k_3) \cdot \gamma}
+ \begin{pmatrix} U_{31} \\ V_{31} \\ \widetilde{U}_{31} \\ \widetilde{V}_{31} \end{pmatrix} e^{i (k_3 - k_1) \cdot \gamma} + \text{c.c.},
\tag{7.37}
$$

其中方程 (7.37) 的系数可以通过解关于 $\exp(0)$, $\exp(i 2 k_i \cdot \gamma)$, $\exp(i k_i \cdot \gamma)$, $\exp(i (k_j - k_m) \cdot \gamma)$ 的线性方程组得到, 从而

$$
\begin{pmatrix} U_0 \\ V_0 \\ \widetilde{U}_0 \\ \widetilde{V}_0 \end{pmatrix}
= \begin{pmatrix} u_0 \\ v_0 \\ u_0 \\ v_0 \end{pmatrix} \left(|W_1|^2 + |W_2|^2 + |W_3|^2 \right),
$$

$$
U_i = l_2 l_3 \widetilde{V}_i, \quad V_i = l_2 \widetilde{V}_i, \quad \widetilde{U}_i = l_3 \widetilde{V}_i,
$$

$$
\begin{pmatrix} U_{ii} \\ V_{ii} \\ \widetilde{U}_{ii} \\ \widetilde{V}_{ii} \end{pmatrix}
= \begin{pmatrix} u_{11} \\ v_{11} \\ \widetilde{u}_{11} \\ \widetilde{v}_{11} \end{pmatrix} W_i^2, \qquad
\begin{pmatrix} U_{ij} \\ V_{ij} \\ \widetilde{U}_{ij} \\ \widetilde{V}_{ij} \end{pmatrix}
= \begin{pmatrix} u_{12} \\ v_{12} \\ \widetilde{u}_{12} \\ \widetilde{v}_{12} \end{pmatrix} W_i \overline{W}_j,
$$

其中

$$
u_0 = \frac{(2 l_2 l_3^2 + 2 a_1 l_2^2 l_3) a_{24}^* - (2 r l_2 + 2 r a_2 l_2^2 l_3) a_{12}^*}{a_{13}^* a_{24}^* - a_{12}^* a_{21}^*},
$$

$$
v_0 = \frac{(2 r l_2 + 2 r a_2 l_2^2 l_3) a_{13}^* - (2 l_2 l_3^2 + 2 a_1 l_2^2 l_3) a_{21}^*}{a_{13}^* a_{24}^* - a_{12}^* a_{21}^*},
$$

$$u_{11} = \left(1 + \tau_T k_T^2\right) \widetilde{u}_{11},$$

$$v_{11} = \left(1 + \tau_T k_T^2\right) \widetilde{v}_{11},$$

$$\widetilde{u}_{11} = \frac{(rl_2 + ra_2 l_2^2 l_3)\left(1 + \tau_T k_T^2\right) a_{12}^* - (l_2 l_3^2 + a_1 l_2^2 l_3)\left[-dk_T^2\left(1 + \tau_T k_T^2\right) + a_{24}^*\right]}{a_{12}^* a_{21}^* \left(1 + \tau_T k_T^2\right)^2 - \left[-dk_T^2\left(1 + \tau_T k_T^2\right) + a_{24}^*\right]\left[-k_T^2\left(1 + \tau_T k_T^2\right) + a_{13}^*\right]},$$

$$\widetilde{v}_{11} = \frac{(l_2 l_3^2 + a_1 l_2^2 l_3)\left(1 + \tau_T k_T^2\right) a_{21}^* - (rl_2 + ra_2 l_2^2 l_3)\left[-k_T^2\left(1 + \tau_T k_T^2\right) + a_{13}^*\right]}{a_{12}^* a_{21}^* \left(1 + \tau_T k_T^2\right)^2 - \left[-dk_T^2\left(1 + \tau_T k_T^2\right) + a_{24}^*\right]\left[-k_T^2\left(1 + \tau_T k_T^2\right) + a_{13}^*\right]},$$

$$u_{12} = \left(1 + \tau_T k_T^2\right) \widetilde{u}_{12},$$

$$v_{12} = \left(1 + \tau_T k_T^2\right) \widetilde{v}_{12},$$

$$\widetilde{u}_{12} = \frac{(2rl_2 + 2ra_2 l_2^2 l_3)\left(1 + \tau_T k_T^2\right) a_{21}^* - (2l_2 l_3^2 + 2a_1 l_2^2 l_3)\left[-dk_T^2\left(1 + \tau_T k_T^2\right) + a_{24}^*\right]}{a_{12}^* a_{21}^* \left(1 + \tau_T k_T^2\right)^2 - \left[-dk_T^2\left(1 + \tau_T k_T^2\right) + a_{24}^*\right]\left[-k_T^2\left(1 + \tau_T k_T^2\right) + a_{13}^*\right]},$$

$$\widetilde{v}_{12} = \frac{(2l_2 l_3^2 + 2a_1 l_2^2 l_3)\left(1 + \tau_T k_T^2\right) a_{21}^* - (2rl_2 + 2ra_2 l_2^2 l_3)\left[-k_T^2\left(1 + \tau_T k_T^2\right) + a_{13}^*\right]}{a_{12}^* a_{21}^* \left(1 + \tau_T k_T^2\right)^2 - \left[-dk_T^2\left(1 + \tau_T k_T^2\right) + a_{24}^*\right]\left[-k_T^2\left(1 + \tau_T k_T^2\right) + a_{13}^*\right]}.$$

由方程 (7.27) (ε^3 的系数) 得

$$
L_T \begin{pmatrix} u_3 \\ v_3 \\ \widetilde{u}_3 \\ \widetilde{v}_3 \end{pmatrix} = \frac{\partial}{\partial T_1} \begin{pmatrix} u_2 \\ v_2 \\ \widetilde{u}_2 \\ \widetilde{v}_2 \end{pmatrix} + \frac{\partial}{\partial T_2} \begin{pmatrix} u_1 \\ v_1 \\ \widetilde{u}_1 \\ \widetilde{v}_1 \end{pmatrix} - \tau_1 \begin{pmatrix} b_{11}u_2 + b_{12}v_2 + b_{13}\widetilde{u}_2 + b_{14}\widetilde{v}_2 \\ b_{21}u_2 + b_{22}v_2 + b_{23}\widetilde{u}_2 + b_{24}\widetilde{v}_2 \\ b_{31}u_2 + b_{32}v_2 + b_{33}\widetilde{u}_2 + b_{34}\widetilde{v}_2 \\ b_{41}u_2 + b_{42}v_2 + b_{43}\widetilde{u}_2 + b_{44}\widetilde{v}_2 \end{pmatrix}
$$

$$
- \tau_2 \begin{pmatrix} b_{11}u_1 + b_{12}v_1 + b_{13}\widetilde{u}_1 + b_{14}\widetilde{v}_1 \\ b_{21}u_1 + b_{22}v_1 + b_{23}\widetilde{u}_1 + b_{24}\widetilde{v}_1 \\ b_{31}u_1 + b_{32}v_1 + b_{33}\widetilde{u}_1 + b_{34}\widetilde{v}_1 \\ b_{41}u_1 + b_{42}v_1 + b_{43}\widetilde{u}_1 + b_{44}\widetilde{v}_1 \end{pmatrix}
$$

$$
+ \begin{pmatrix} u_1\widetilde{u}_2 + u_2\widetilde{u}_1 + a_1(u_1 v_2 + u_2 v_1) \\ r(v_1\widetilde{v}_2 + v_2\widetilde{v}_1) + ra_2(u_1 v_2 + u_2 v_1) \\ 0 \\ 0 \end{pmatrix}
$$

$$
= \begin{pmatrix} H_u \\ H_v \\ H_{\widetilde{u}} \\ H_{\widetilde{v}} \end{pmatrix}. \tag{7.38}
$$

类似地, 在系统 (7.38) 中取 $e^{ik_1 \cdot \gamma}$, $e^{ik_2 \cdot \gamma}$, $e^{ik_3 \cdot \gamma}$ 前面的系数 H_u, H_v, $H_{\widetilde{u}}$, $H_{\widetilde{v}}$ 得

$$
\begin{pmatrix} H_u^1 \\ H_v^1 \\ H_{\tilde{u}}^1 \\ H_{\tilde{v}}^1 \end{pmatrix} = \begin{pmatrix} l_2 l_3 \dfrac{\partial \widetilde{V}_1}{\partial T_1} \\ l_2 \dfrac{\partial \widetilde{V}_1}{\partial T_1} \\ l_3 \dfrac{\partial \widetilde{V}_1}{\partial T_1} \\ \dfrac{\partial \widetilde{V}_1}{\partial T_1} \end{pmatrix} + \begin{pmatrix} l_2 l_3 \dfrac{\partial W_1}{\partial T_2} \\ l_2 \dfrac{\partial W_1}{\partial T_2} \\ l_3 \dfrac{\partial W_1}{\partial T_2} \\ \dfrac{\partial W_1}{\partial T_2} \end{pmatrix} - \tau_1 \begin{pmatrix} l_2 l_3 b_{11} + l_2 b_{12} + l_3 b_{13} + b_{14} \\ l_2 l_3 b_{21} + l_2 b_{22} + l_3 b_{23} + b_{24} \\ l_2 l_3 b_{31} + l_2 b_{32} + l_3 b_{33} + b_{34} \\ l_2 l_3 b_{41} + l_2 b_{42} + l_3 b_{43} + b_{44} \end{pmatrix} \widetilde{V}_1
$$

$$
- \tau_2 \begin{pmatrix} l_2 l_3 b_{11} + l_2 b_{12} + l_3 b_{13} + b_{14} \\ l_2 l_3 b_{21} + l_2 b_{22} + l_3 b_{23} + b_{24} \\ l_2 l_3 b_{31} + l_2 b_{32} + l_3 b_{33} + b_{34} \\ l_2 l_3 b_{41} + l_2 b_{42} + l_3 b_{43} + b_{44} \end{pmatrix} W_1 + \begin{pmatrix} 2 l_2 l_3^2 + 2 a_1 l_2^2 l_3 \\ 2 r l_2 + 2 r a_2 l_2^2 l_3 \\ 0 \\ 0 \end{pmatrix} \overline{W}_2 \widetilde{V}_3
$$

$$
+ \begin{pmatrix} G_{11} |W_1|^2 + G_{12} \left(|W_2|^2 + |W_3|^2 \right) \\ G_{21} |W_1|^2 + G_{22} \left(|W_2|^2 + |W_3|^2 \right) \\ 0 \\ 0 \end{pmatrix} W_1 + \begin{pmatrix} 2 l_2 l_3^2 + 2 a_1 l_2^2 l_3 \\ 2 r l_2 + 2 r a_2 l_2^2 l_3 \\ 0 \\ 0 \end{pmatrix} \overline{W}_3 \widetilde{V}_2,
$$

$$(7.39)$$

$$
\begin{pmatrix} H_u^2 \\ H_v^2 \\ H_{\tilde{u}}^2 \\ H_{\tilde{v}}^2 \end{pmatrix} = \begin{pmatrix} l_2 l_3 \dfrac{\partial \widetilde{V}_2}{\partial T_1} \\ l_2 \dfrac{\partial \widetilde{V}_2}{\partial T_1} \\ l_3 \dfrac{\partial \widetilde{V}_2}{\partial T_1} \\ \dfrac{\partial \widetilde{V}_2}{\partial T_1} \end{pmatrix} + \begin{pmatrix} l_2 l_3 \dfrac{\partial W_2}{\partial T_2} \\ l_2 \dfrac{\partial W_2}{\partial T_2} \\ l_3 \dfrac{\partial W_2}{\partial T_2} \\ \dfrac{\partial W_2}{\partial T_2} \end{pmatrix} - \tau_1 \begin{pmatrix} l_2 l_3 b_{11} + l_2 b_{12} + l_3 b_{13} + b_{14} \\ l_2 l_3 b_{21} + l_2 b_{22} + l_3 b_{23} + b_{24} \\ l_2 l_3 b_{31} + l_2 b_{32} + l_3 b_{33} + b_{34} \\ l_2 l_3 b_{41} + l_2 b_{42} + l_3 b_{43} + b_{44} \end{pmatrix} \widetilde{V}_2
$$

$$
- \tau_2 \begin{pmatrix} l_2 l_3 b_{11} + l_2 b_{12} + l_3 b_{13} + b_{14} \\ l_2 l_3 b_{21} + l_2 b_{22} + l_3 b_{23} + b_{24} \\ l_2 l_3 b_{31} + l_2 b_{32} + l_3 b_{33} + b_{34} \\ l_2 l_3 b_{41} + l_2 b_{42} + l_3 b_{43} + b_{44} \end{pmatrix} W_2 + \begin{pmatrix} 2 l_2 l_3^2 + 2 a_1 l_2^2 l_3 \\ 2 r l_2 + 2 r a_2 l_2^2 l_3 \\ 0 \\ 0 \end{pmatrix} \overline{W}_1 \overline{\widetilde{V}}_3
$$

$$
+ \begin{pmatrix} G_{11} |W_2|^2 + G_{12} \left(|W_1|^2 + |W_3|^2 \right) \\ G_{21} |W_2|^2 + G_{22} \left(|W_1|^2 + |W_3|^2 \right) \\ 0 \\ 0 \end{pmatrix} W_2 + \begin{pmatrix} 2 l_2 l_3^2 + 2 a_1 l_2^2 l_3 \\ 2 r l_2 + 2 r a_2 l_2^2 l_3 \\ 0 \\ 0 \end{pmatrix} \overline{W}_3 \widetilde{V}_1,
$$

$$(7.40)$$

$$
\begin{pmatrix} H_u^3 \\ H_v^3 \\ H_{\tilde{u}}^3 \\ H_{\tilde{v}}^3 \end{pmatrix} = \begin{pmatrix} l_2 l_3 \dfrac{\partial \widetilde{V}_3}{\partial T_1} \\[2mm] l_2 \dfrac{\partial \widetilde{V}_3}{\partial T_1} \\[2mm] l_3 \dfrac{\partial \widetilde{V}_3}{\partial T_1} \\[2mm] \dfrac{\partial \widetilde{V}_3}{\partial T_1} \end{pmatrix} + \begin{pmatrix} l_2 l_3 \dfrac{\partial W_3}{\partial T_2} \\[2mm] l_2 \dfrac{\partial W_3}{\partial T_2} \\[2mm] l_3 \dfrac{\partial W_3}{\partial T_2} \\[2mm] \dfrac{\partial W_3}{\partial T_2} \end{pmatrix} - \tau_1 \begin{pmatrix} l_2 l_3 b_{11} + l_2 b_{12} + l_3 b_{13} + b_{14} \\ l_2 l_3 b_{21} + l_2 b_{22} + l_3 b_{23} + b_{24} \\ l_2 l_3 b_{31} + l_2 b_{32} + l_3 b_{33} + b_{34} \\ l_2 l_3 b_{41} + l_2 b_{42} + l_3 b_{43} + b_{44} \end{pmatrix} \widetilde{V}_3
$$

$$
- \tau_2 \begin{pmatrix} l_2 l_3 b_{11} + l_2 b_{12} + l_3 b_{13} + b_{14} \\ l_2 l_3 b_{21} + l_2 b_{22} + l_3 b_{23} + b_{24} \\ l_2 l_3 b_{31} + l_2 b_{32} + l_3 b_{33} + b_{34} \\ l_2 l_3 b_{41} + l_2 b_{42} + l_3 b_{43} + b_{44} \end{pmatrix} W_3 + \begin{pmatrix} 2 l_2 l_3^2 + 2 a_1 l_2^2 l_3 \\ 2 r l_2 + 2 r a_2 l_2^2 l_3 \\ 0 \\ 0 \end{pmatrix} \overline{W}_1 \widetilde{V}_2
$$

$$
+ \begin{pmatrix} G_{11}|W_3|^2 + G_{12}\left(|W_1|^2 + |W_2|^2\right) \\ G_{21}|W_3|^2 + G_{22}\left(|W_1|^2 + |W_2|^2\right) \\ 0 \\ 0 \end{pmatrix} W_3 + \begin{pmatrix} 2 l_2 l_3^2 + 2 a_1 l_2^2 l_3 \\ 2 r l_2 + 2 r a_2 l_2^2 l_3 \\ 0 \\ 0 \end{pmatrix} \overline{W}_2 \widetilde{V}_1,
$$

$$
\tag{7.41}
$$

其中

$$
G_{11} = l_2 l_3 u_0 + l_2 l_3 \widetilde{u}_{11} + l_3 u_0 + l_3 u_{11} + a_1 l_2 l_3 v_0 + a_1 l_2 l_3 v_{11} + a_1 l_2 u_0 + a_1 l_2 u_{11},
$$

$$
G_{12} = l_2 l_3 u_0 + l_2 l_3 \widetilde{u}_{12} + l_3 u_0 + l_3 u_{12} + a_1 l_2 l_3 v_0 + a_1 l_2 l_3 v_{12} + a_1 l_2 u_0 + a_1 l_2 u_{12},
$$

$$
G_{21} = r a_2 (l_2 l_3 v_0 + l_2 l_3 v_{11} + l_2 u_0 + l_2 u_{11}) + r(l_2 v_0 + l_2 \widetilde{v}_{11} + v_0 + v_{11}),
$$

$$
G_{22} = r a_2 (l_2 l_3 v_0 + l_2 l_3 v_{12} + l_2 u_0 + l_2 u_{12}) + r(l_2 v_0 + l_2 \widetilde{v}_{12} + v_0 + v_{12}).
$$

再次应用 Fredholm 可解性条件并结合方程 (7.39)—(7.41) 得

$$
\left(l_2 l_3 + l_2 l_2' + l_3 l_3' + \frac{a_{24}^*}{a_{13}^*} l_2' l_3' \right) \left(\frac{\partial \widetilde{V}_1}{\partial T_1} + \frac{\partial W_1}{\partial T_2} \right)
$$

$$
= \left(\tau_1 \widetilde{V}_1 + \tau_2 W_1 \right) \Big[(l_2 l_3 b_{11} + l_2 b_{12} + l_3 b_{13} + b_{14}) + l_2'(l_2 l_3 b_{21} + l_2 b_{22} + l_3 b_{23} + b_{24})
$$

$$
+ l_3'(l_2 l_3 b_{31} + l_2 b_{32} + l_3 b_{33} + b_{34}) + \frac{a_{24}^*}{a_{13}^*} l_2' l_3' (l_2 l_3 b_{41} + l_2 b_{42} + l_3 b_{43} + b_{44}) \Big]
$$

$$
- \left[G_{11}|W_1|^2 + G_{12}\left(|W_2|^2 + |W_3|^2\right) \right] W_1
$$

$$- l_2' \left[G_{21}|W_1|^2 + G_{22} \left(|W_2|^2 + |W_3|^2 \right) \right] W_1$$

$$- \left[2l_2 l_3^2 + 2a_1 l_2^2 l_3 + l_2' \left(2r l_2 + 2r a_2 l_2^2 l_3 \right) \right] \left(\overline{W}_2 \overline{\widetilde{V}}_3 + \overline{W}_3 \overline{\widetilde{V}}_2 \right), \qquad (7.42)$$

$$\left(l_2 l_3 + l_2 l_2' + l_3 l_3' + \frac{a_{24}^*}{a_{13}^*} l_2' l_3' \right) \left(\frac{\partial \widetilde{V}_2}{\partial T_1} + \frac{\partial W_2}{\partial T_2} \right)$$

$$= \left(\tau_1 \widetilde{V}_2 + \tau_2 W_2 \right) \left[(l_2 l_3 b_{11} + l_2 b_{12} + l_3 b_{13} + b_{14}) + l_2'(l_2 l_3 b_{21} + l_2 b_{22} + l_3 b_{23} + b_{24}) \right.$$

$$\left. + l_3'(l_2 l_3 b_{31} + l_2 b_{32} + l_3 b_{33} + b_{34}) + \frac{a_{24}^*}{a_{13}^*} l_2' l_3'(l_2 l_3 b_{41} + l_2 b_{42} + l_3 b_{43} + b_{44}) \right]$$

$$- \left[G_{11}|W_2|^2 + G_{12} \left(|W_1|^2 + |W_3|^2 \right) \right] W_2$$

$$- l_2' \left[G_{21}|W_2|^2 + G_{22} \left(|W_1|^2 + |W_3|^2 \right) \right] W_2$$

$$- \left[2l_2 l_3^2 + 2a_1 l_2^2 l_3 + l_2' \left(2r l_2 + 2r a_2 l_2^2 l_3 \right) \right] \left(\overline{W}_1 \overline{\widetilde{V}}_3 + \overline{W}_3 \overline{\widetilde{V}}_1 \right), \qquad (7.43)$$

$$\left(l_2 l_3 + l_2 l_2' + l_3 l_3' + \frac{a_{24}^*}{a_{13}^*} l_2' l_3' \right) \left(\frac{\partial \widetilde{V}_3}{\partial T_1} + \frac{\partial W_3}{\partial T_2} \right)$$

$$= \left(\tau_1 \widetilde{V}_3 + \tau_2 W_3 \right) \left[(l_2 l_3 b_{11} + l_2 b_{12} + l_3 b_{13} + b_{14}) + l_2'(l_2 l_3 b_{21} + l_2 b_{22} + l_3 b_{23} + b_{24}) \right.$$

$$\left. + l_3'(l_2 l_3 b_{31} + l_2 b_{32} + l_3 b_{33} + b_{34}) + \frac{a_{24}^*}{a_{13}^*} l_2' l_3'(l_2 l_3 b_{41} + l_2 b_{42} + l_3 b_{43} + b_{44}) \right]$$

$$- \left[G_{11}|W_3|^2 + G_{12} \left(|W_1|^2 + |W_2|^2 \right) \right] W_3$$

$$- l_2' \left[G_{21}|W_3|^2 + G_{22} \left(|W_1|^2 + |W_2|^2 \right) \right] W_3$$

$$- \left[2l_2 l_3^2 + 2a_1 l_2^2 l_3 + l_2' \left(2r l_2 + 2r a_2 l_2^2 l_3 \right) \right] \left(\overline{W}_1 \overline{\widetilde{V}}_2 + \overline{W}_2 \overline{\widetilde{V}}_1 \right). \qquad (7.44)$$

令 $A_i = A_i^u = l_3 A_i^v = l_2 A_i^{\widetilde{u}} = l_2 l_3 A_i^{\widetilde{v}}$ 表示 $\exp(ik_i \cdot \gamma)$ $(i = 1,\ 2,\ 3)$ 前面的系数, 则

$$\begin{pmatrix} A_i^u \\ A_i^v \\ A_i^{\widetilde{u}} \\ A_i^{\widetilde{v}} \end{pmatrix} = \varepsilon \begin{pmatrix} l_2 l_3 \\ l_2 \\ l_3 \\ 1 \end{pmatrix} W_i + \varepsilon^2 \begin{pmatrix} l_2 l_3 \\ l_2 \\ l_3 \\ 1 \end{pmatrix} \widetilde{V}_i + o(\varepsilon^3) \quad (i = 1,\ 2,\ 3). \qquad (7.45)$$

分别将 (7.34)—(7.36) 和 (7.42)—(7.44) 乘以 ε 与 ε^2, 并利用 (7.22) 和 (7.45) 将

变量合并, 得到如下振幅方程

$$
\begin{cases}
s_0 \dfrac{\partial A_1}{\partial t} = \mu A_1 + h\overline{A}_2\overline{A}_3 - \left[g_1|A_1|^2 + g_2\left(|A_2|^2 + |A_3|^2\right)\right]A_1, \\[3mm]
s_0 \dfrac{\partial A_2}{\partial t} = \mu A_2 + h\overline{A}_1\overline{A}_3 - \left[g_1|A_2|^2 + g_2\left(|A_1|^2 + |A_3|^2\right)\right]A_2, \\[3mm]
s_0 \dfrac{\partial A_3}{\partial t} = \mu A_3 + h\overline{A}_1\overline{A}_2 - \left[g_1|A_3|^2 + g_2\left(|A_1|^2 + |A_2|^2\right)\right]A_3,
\end{cases}
\tag{7.46}
$$

其中

$$
B = (l_2l_3b_{11} + l_2b_{12} + l_3b_{13} + b_{14}) + l_2'\,(l_2l_3b_{21} + l_2b_{22} + l_3b_{23} + b_{24})
$$

$$
+ l_3'\,(l_2l_3b_{31} + l_2b_{32} + l_3b_{33} + b_{34}) + \frac{a_{24}^*}{a_{13}^*}l_2'l_3'\,(l_2l_3b_{41} + l_2b_{42} + l_3b_{43} + b_{44})\,,
$$

$$
s_0 = -\frac{l_2l_3 + l_2'l_3' + l_3l_3' + \frac{a_{24}^*}{a_{13}^*}l_2'l_3'}{\tau_T B}, \qquad
h = \frac{2l_2l_3^2 + 2a_1l_2^2l_3 + l_2'(2rl_2 + 2ra_2l_2^2l_3)}{\tau_T B},
$$

$$
g_1 = -\frac{G_{11} + l_2'G_{21}}{\tau_T B}, \qquad
g_2 = -\frac{G_{12} + l_2'G_{22}}{\tau_T B}, \qquad
\mu = -\frac{\tau_T - \tau}{\tau_T}.
$$

7.4　Turing 斑图的稳定性分析和数值模拟

在这节中, 研究振幅方程的稳定性, 构造出 Turing 空间中的不同 Turing 斑图. 显然, 一个稳定的 Turing 斑图对应于系统 (7.46) 中的一个稳态解, 并且 (7.46) 中的每一个振幅可以分解为一个相位角 ψ_j 和一个模 $\rho_j = |A_j|$. 从而将 $A_i = \rho_i\exp(i\psi_i)$ 代入 (7.46), 并分离实部和虚部得

$$
\begin{cases}
s_0 \dfrac{\partial\psi}{\partial t} = -h\dfrac{\rho_1^2\rho_2^2 + \rho_1^2\rho_3^2 + \rho_2^2\rho_3^2}{\rho_1\rho_2\rho_3}\sin\psi, \\[3mm]
s_0 \dfrac{\partial\rho_1}{\partial t} = \mu\rho_1 + h\rho_2\rho_3\cos\psi - g_1\rho_1^3 - g_2\left(\rho_2^2 + \rho_3^2\right)\rho_1, \\[3mm]
s_0 \dfrac{\partial\rho_2}{\partial t} = \mu\rho_2 + h\rho_1\rho_3\cos\psi - g_1\rho_2^3 - g_2\left(\rho_1^2 + \rho_3^2\right)\rho_2, \\[3mm]
s_0 \dfrac{\partial\rho_3}{\partial t} = \mu\rho_3 + h\rho_1\rho_2\cos\psi - g_1\rho_3^3 - g_2\left(\rho_1^2 + \rho_2^2\right)\rho_3,
\end{cases}
\tag{7.47}
$$

其中 $\psi = \psi_1 + \psi_2 + \psi_3$. 易知动力系统 (7.47) 有四种静态解.

(i) 均匀静态解:

$$
\rho_1 = \rho_2 = \rho_3 = 0.
$$

(ii) 条状斑图解:

$$\rho_1 = \sqrt{\frac{\mu}{g_1}}, \quad \rho_2 = \rho_3 = 0.$$

(iii) 两个点状斑图解:

$$\rho_1 = \rho_2 = \rho_3 = \frac{|h| \pm \sqrt{h^2 + 4(g_1 + 2g_2)\mu}}{2(g_1 + 2g_2)}, \tag{7.48}$$

它仅当 $\mu > \mu_1 = -\dfrac{h^2}{4(g_1 + 2g_2)}$ 时存在.

(iv) 混合结构解:

$$\rho_1 = \frac{|h|}{g_2 - g_1}, \quad \rho_2 = \rho_3 = \sqrt{\frac{\mu - g_1\rho_1^2}{g_1 + g_2}},$$

其中 $g_2 > g_1$.

接下来, 研究上述每一种解的稳定性, 显然, 最后一种解 (iv) 总是不稳定的, 这里不做具体分析. 下面首先研究条状斑图解 (ii) 的稳定性, 将 $\rho_1 = \widetilde{\rho}_0 + \delta\widetilde{\rho}_1$, $\rho_2 = \delta\widetilde{\rho}_2$, $\rho_3 = \widetilde{\rho}_3$ 代入如下方程

$$\tau_0 \frac{\partial \rho_1}{\partial t} = \mu\rho_1 + |h|\rho_2\rho_3 - g_1\rho_1^3 - g_2\left(\rho_2^2 + \rho_3^2\right)\rho_1, \tag{7.49}$$

并线性化得

$$\frac{\partial}{\partial t} \begin{pmatrix} \delta\widetilde{\rho}_1 \\ \delta\widetilde{\rho}_2 \\ \delta\widetilde{\rho}_3 \end{pmatrix} = \begin{pmatrix} \mu - 3g_1\widetilde{\rho}_0^2 & 0 & 0 \\ 0 & \mu - g_2\widetilde{\rho}_0^2 & |h|\widetilde{\rho}_0 \\ 0 & |h|\widetilde{\rho}_0 & \mu - g_2\widetilde{\rho}_0^2 \end{pmatrix} \begin{pmatrix} \delta\widetilde{\rho}_1 \\ \delta\widetilde{\rho}_2 \\ \delta\widetilde{\rho}_3 \end{pmatrix}, \tag{7.50}$$

其中 $\widetilde{\rho}_0 = \sqrt{\dfrac{\mu}{g_1}}$. 则 (7.50) 中的系数矩阵的特征方程为

$$(-2\mu - s)\left(\left(\mu - \frac{g_2}{g_1}\mu - s\right)^2 - \frac{|h|^2}{g_1}\mu\right) = 0,$$

显然它有三个平衡点

$$s_1 = -2\mu, \quad s_{2,3} = \mu\left(1 - \frac{g_2}{g_1}\right) \pm |h|\sqrt{\frac{\mu}{g_1}}.$$

因为 $\mu > 0$, $\dfrac{g_2}{g_1} > 1$, 则只要

$$\mu > \mu_3 = \frac{h^2 g_1}{(g_1 - g_2)^2},$$

就有 $s_1 < 0$, $s_2 < 0, s_3 < 0$. 因此, 当 $\mu > \mu_3$ 时, 条状斑图是稳定的, 而当 $\mu < \mu_3$ 时, 条状斑图不稳定.

下面研究点状斑图的稳定性, 令 $\rho_i = \tilde{\rho}_0 + \delta\tilde{\rho}_i$, 并将它代入方程 (7.49) 中, 然后线性化得

$$\frac{\partial}{\partial t}\begin{pmatrix}\delta\tilde{\rho}_1\\\delta\tilde{\rho}_2\\\delta\tilde{\rho}_3\end{pmatrix} = \begin{pmatrix}a&b&b\\b&a&b\\a&b&a\end{pmatrix}\begin{pmatrix}\delta\tilde{\rho}_1\\\delta\tilde{\rho}_2\\\delta\tilde{\rho}_3\end{pmatrix}, \tag{7.51}$$

其中 $a = \mu - (3g_1 + 2g_2)\tilde{\rho}_0^2$, $b = |h|\tilde{\rho}_0 - 2g_2\tilde{\rho}_0^2$. 从而得到 (7.51) 中系数矩阵的特征方程为

$$(a - s)^3 - 3b^2(a - s) + 2b^3 = 0, \tag{7.52}$$

显然它有三个平衡点

$$s_1 = s_2 = -b + a, \quad s_3 = 2b + a. \tag{7.53}$$

将 (7.48) 代入 (7.53) 中, 得到如下结论:

(a) 当 $\rho_0^- = \dfrac{|h| - \sqrt{h^2 + 4(g_1 + 2g_2)\mu}}{2(g_1 + 2g_2)}$ 时, s_1 和 s_2 总是正的, 从而相应的斑图总是不稳定的.

(b) 当 $\rho_0^- = \dfrac{|h| + \sqrt{h^2 + 4(g_1 + 2g_2)\mu}}{2(g_1 + 2g_2)}$ 时, 如果 μ 满足 $\mu < \mu_4 = \dfrac{2g_1 + g_2}{(g_2 - g_1)^2}h^2$, 则 (7.52) 中的特征值都是负的, 从而相应的斑图是稳定的.

因此, 由上面的讨论知 $\mu_1 < \mu_2 = 0 < \mu_3 < \mu_4$. 另外, 我们还得到如下结论.

定理 7.1　如果在 Turing 空间中, r 和 τ 的值是可变的, 其他参数都是固定的, 则

(i) 当 $\mu_2 < \mu < \mu_3$ 时, 系统 (7.4) 会出现点状斑图.

(ii) 当 $\mu_3 < \mu < \mu_4$ 时, 根据初值条件的不同, 系统 (7.4) 会出现点状斑图或条状斑图.

(iii) 当 $\mu > \mu_4$ 时, 系统 (7.4) 将由点状斑图跃迁至条状斑图; 而当 $\mu < \mu_3$ 时, 系统 (7.4) 将由条状斑图跃迁至点状斑图.

最后, 通过应用上述分析结果, 给出如下参数值: $\alpha = 0.3$, $\beta = 0.4$, $d = 0.1$, 而 μ, μ_1, μ_2, μ_3, μ_4, h (在由 r 和 τ 张成的 Turing 空间) 的值将通过具体的计算给出. 特别地, 如果选取参数值 $r = 0.1$, $\tau = 25$, 则可以得到振幅方程中相关参数的值: $h = 69.4318 > 0$, $\mu = 0.7353$, $\mu_1 = -0.5501$, $\mu_2 = 0$, $\mu_3 = 8.8833$, $\mu_4 = 17.45$. 因为 $h > 0$ 且 $\mu_2 < \mu < \mu_3$, 则系统 (7.4) 将会出现点状斑图, 也就是说, 随着参数 μ 增加到临界点 $\mu_2 = 0$, (7.4) 中的共存态平衡点将变得不再稳定. 通过非平衡相变, 系统第一个出现点状斑图. 而如果参数取值为 $r = 2$, $\tau = 17$, 我们可以得到关于振幅方程中相关参数的值为: $h = -23.2112 < 0$, $\mu = 0.18$, $\mu_1 = -0.006$, $\mu_2 = 0$, $\mu_3 = 0.034$, $\mu_4 = 6.4215$. 因为 $\mu_3 < \mu < \mu_4$, 则系统 (7.4) 会出现点状斑图或条状斑图.

在二维空间中, 对系统 (7.4) 做了大量的数值模拟. 模拟结果表示物种 u 和 v 的时空分布且指出了它们的时空斑图. 值得注意的是, 这里所有的数值模拟都是在 200×200 的区域上采用 Neumann 边界条件, 并且时间步长为 $\Delta t = 0.025$; 空间步长为 $\Delta x = 0.5$, $\Delta y = 0.5$. 此外, 采用在共存平衡态 $(u^*, v^*, \tilde{u}^*, \tilde{v}^*)$ 附近扰动的系统为初始系统. 我们展现的数值模拟结果都是最后达到稳定状态 (也就是说它们达到了其特性不再改变的状态). 在整个的数值模拟过程中, 可以看到物种 u 和 v 的不同时空斑图, 例如点状斑图、条状斑图等. 下面, 呈现在 Turing 空间中关于时间时滞参数 τ 的 Turing 斑图. 如果选择 $r = 0.1$, $\tau = 25$, 将得到物种 u 和 v 在不同时刻的时间演化图的快照 (图 7.2 和图 7.3), 并且物种 u 和 v 最终都出现点状斑图. 类似地, 如果选择 $r = 2$, $\tau = 17$, 将得到物种 u 和 v 在不同时刻的时间演化图的快照 (图 7.4 和图 7.5), 并且物种 u 和 v 最终都出现条状斑图.

从上述数值模拟的结果中, 得到了具有非局部的 Lotka-Volterra 竞争系统的条状斑图和点状斑图. 进一步, 这些斑图说明现实世界中物种的分布是不均匀的且受各种因素的影响. 具体地, 在本章中考虑了物种 v 的内禀增长率和时间时滞 τ 的影响. 从上面的结果我们可以看到, 它们对物种的时空斑图的生成起到了重要的作用. 点状斑图和条状斑图说明在种群密度小于或大于其周围的种群密度时, 物种 u 和 v 的空间分布具有斑块或间隙. 在点状斑图中, 物种 u 和 v 的种群密度将在某些位置达到最大值 (或最小值). 而在条状斑图中存在一个区域使得种群密度超过 (或低于) 最大值 (或最小值). 这些现象说明物种 u 和 v 可以通过聚在一起而存活更长的时间. 当然, 因为这里仅仅考虑了 r 和 τ 对非局部模型的影响, 所以得到的斑图相对比较简单, 而事实上现实生活中物种的分布要复杂得多. 另外, 为了便于计算在模型 (7.1) 中考虑的非局部项具有相同的核函数, 当系统 (7.1) 中的非局部项包含不同的核函数 (如 $\phi_1 ** u$, $\phi_2 ** v$) 时, 可以采用类似的办法得到类似的结论.

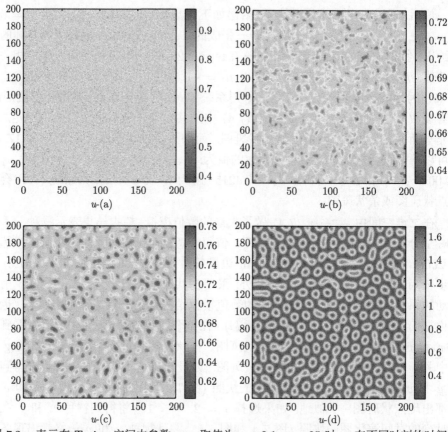

图 7.2　表示在 Turing 空间中参数 r, τ 取值为 $r = 0.1$, $\tau = 25$ 时, u 在不同时刻的时间演化轮廓图的快照. 其中, u-(a), u-(b), u-(c), u-(d) 分别表示在时间 $t = 0$, $t = 10$, $t = 1000$ 和 $t = 100000$ 时的快照 (彩图请扫封底二维码)

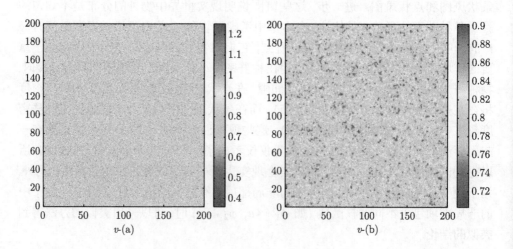

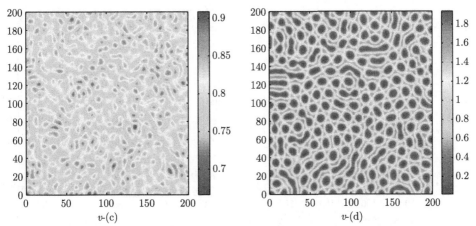

图 7.3   表示在 Turing 空间中参数 r, τ 取值为 $r = 0.1$, $\tau = 25$ 时, v 在不同时刻的时间演化轮廓图的快照. 其中, v-(a), v-(b), v-(c), v-(d) 分别表示在时间 $t = 0$, $t = 10$, $t = 1000$ 和 $t = 100000$ 时的快照 (彩图请扫封底二维码)

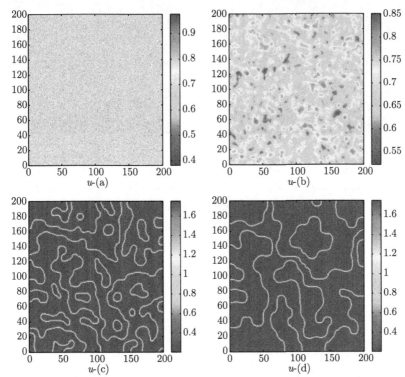

图 7.4   表示在 Turing 空间中参数 r, τ 取值为 $r = 2$, $\tau = 17$ 时, u 在不同时刻的时间演化轮廓图的快照. 其中, u-(a), u-(b), u-(c), u-(d) 分别表示在时间 $t = 0$, $t = 10$, $t = 1000$ 和 $t = 100000$ 时的快照 (彩图请扫封底二维码)

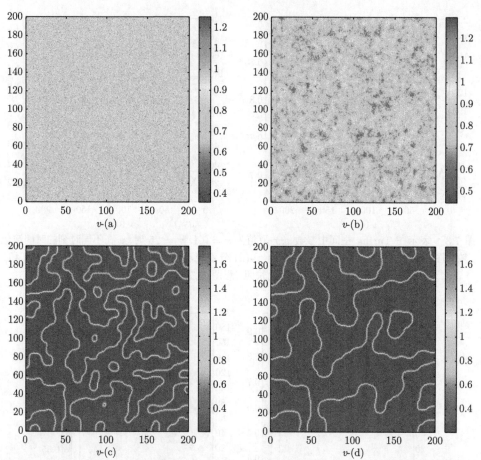

图 7.5　表示在 Turing 空间中参数 r, τ 取值为 $r = 2$, $\tau = 17$ 时, v 在不同时刻的时间演化轮廓图的快照. 其中, v-(a), v-(b), v-(c), v-(d) 分别表示在时间 $t = 0$, $t = 10$, $t = 1000$ 和 $t = 100000$ 时的快照 (彩图请扫封底二维码)

第 8 章　非局部 Lotka-Volterra 竞争系统的初值问题

8.1　背景及发展现状

本章考虑如下 Lotka-Volterra 反应扩散系统

$$\begin{cases} u_t - u_{xx} = u(1 - \phi * u - a_1 v), & t > 0,\ x \in \mathbb{R}, \\ v_t - d v_{xx} = rv(1 - \phi * v - a_2 u), & t > 0,\ x \in \mathbb{R}, \\ u(x,0) = u_0(x),\ v(x,0) = v_0(x), & x \in \mathbb{R}, \end{cases} \tag{8.1}$$

其中 $u_0, v_0 \in L^\infty(\mathbb{R}, [0, +\infty))$, 且

$$(\phi * u)(x,t) = \int_{\mathbb{R}} \phi(x-y)u(y,t)dy, \quad (\phi * v)(x,t) = \int_{\mathbb{R}} \phi(x-y)v(y,t)dy,$$

并且对一些 $\sigma > 0$ 满足

$$\phi(x) \geqslant 0, \quad x \in \mathbb{R}, \quad \operatorname*{ess\,inf}_{(-\sigma,\sigma)} \phi > 0 \ \text{和} \ \int_{\mathbb{R}} \phi(x)dx = 1. \tag{8.2}$$

在种群动力学中, $u(x,t)$ 和 $v(x,t)$ 分别表示两个竞争物种在时间 t 和位置 x 的密度, $d > 0$ 和 $r > 0$ 分别表示 v 的扩散率和自然增长率, 这里 $a_1 \geqslant 0$ 和 $a_2 \geqslant 0$ 是 u 和 v 之间的种间竞争系数. 此外, $u(\phi * u)\ (v(\phi * v))$ 说明了在没有 $v\ (u)$ 的情况下 $u\ (v)$ 不仅与邻近个人竞争, 而且还与远处的竞争有关, 这就是非局部竞争. 对于更多生物学的解释, 可以参见 [54, 72, 81, 107, 155]. 当取 $\phi(x) = \delta(x)$ 时, 其中 $\delta(x)$ 是 Dirac 函数, (8.1) 简化为经典的 Lotka-Volterra 竞争扩散系统, 它称为局部竞争. 至于两个系统之间的区别, 可以用图 8.1 描述.

Local competition　　　　Nonlocal competition

图 8.1　竞争扩散系统中的非局部效应图. 左图表示个体只能在同一位置进行交互 (即 $u(x) \times u(x)$); 右图表示与周围邻居交互的个体 (甚至很远), 也就是 $u(x) \times (\phi * u)(x)$ (彩图请扫封底二维码)

早前, 关于生物入侵和疾病传播的研究中衍生出许多空间非局部数学模型, 并引起了广泛的关注[25, 29, 84, 87, 88, 154]. 但是, 它们大多数集中在单个方程上. 其中, Gourley 和 Ruan 在文章 [68] 中提出了一种具有非局部种间项的 Lotka-Volterra 扩散系统:

$$
\begin{cases}
\dfrac{\partial u_1}{\partial t}(x,t) = d_1 \dfrac{\partial^2 u_1}{\partial x^2}(x,t) + r_1 u_1(x,t)[1 - a_1 u_1(x,t) - b_1(g_1 * u_2)(x,t)], \\
\dfrac{\partial u_2}{\partial t}(x,t) = d_2 \dfrac{\partial^2 u_2}{\partial x^2}(x,t) + r_2 u_2(x,t)[1 - a_2 u_2(x,t) - b_2(g_2 * u_1)(x,t)],
\end{cases}
$$

其中 r_i, a_i, b_i, $i = 1, 2$ 都是正常数, 并且

$$
(g_1 * u_2)(x,t) = \int_{-\infty}^{0} \int_{\mathbb{R}} \frac{e^{\frac{s}{\tau_1}}}{\sqrt{-4\pi d_2 s}} e^{\frac{y^2}{4d_2 s}} u_2(x-y, t-s) dy ds,
$$

$$
(g_2 * u_1)(x,t) = \int_{-\infty}^{0} \int_{\mathbb{R}} \frac{e^{\frac{s}{\tau_2}}}{\sqrt{-4\pi d_1 s}} e^{\frac{y^2}{4d_1 s}} u_1(x-y, t-s) dy ds.
$$

利用线性链技术和几何奇异摄动理论, 他们证明了共存平衡点的稳定性, 并在非局部充分弱的情况下建立了与经典 Lotka-Volterra 竞争系统类似的解的渐近行为. 此外, 通过将非局部系统变换为四个无时滞的反应扩散方程, Lin 和 Li[115] 证明了行波解的存在性. 显然, 所有这些工作都是关于具有种间竞争的 Lotka-Volterra 系统. 一个自然的问题是, 如何用非局部种内竞争项来处理这个系统.

此外, 以下时滞的 Lotka-Volterra 竞争扩散系统

$$
\begin{cases}
\dfrac{\partial u_1}{\partial t}(x,t) = d_1 \dfrac{\partial^2 u_1}{\partial x^2}(x,t) + r_1 u_1(x,t)[1 - a_1 u_1(x, t-\tau_1) - b_1 u_2(x, t-\tau_2)], \\
\dfrac{\partial u_2}{\partial t}(x,t) = d_2 \dfrac{\partial^2 u_2}{\partial x^2}(x,t) + r_2 u_2(x,t)[1 - b_2 u_1(x, t-\tau_3) - a_2 u_2(x, t-\tau_4)]
\end{cases}
$$

$$(8.3)$$

已被许多学者研究[93, 104, 110, 111, 120, 172, 188]. 更精确地讲, Yan 和 Zhang[208] 利用隐函数定理指出, 具有齐次 Dirichlet 边界的 (8.3) 在通过一系列临界值时, 会在空间非均匀正平稳解附近发生超临界 Hopf 分支. 有关 (8.3) (或类似方程式) 的分支或斑图的进一步结果, 参见 [74, 195, 207].

Han 和 Wang[87] 考虑了系统 (8.1) 分支后物种的空间分布, 并通过使用多尺度方法表明系统 (8.1) 在某些条件下出现点状和条纹状的形式. 到目前为止, 似乎没有关于此系统的其他结果. 在这一章中, 将进一步研究 (8.1) 的全局动力学. 首先, 考虑 (8.1) 的柯西问题的解的适定性和一致有界性. 主要困难包括由于非局部的引入, 比较原理不再适用于 (8.1), 因此无法轻易得出 u, v 的估计值. 为此, 建立

新的比较原理, 并构造了单调迭代序列以证明 (8.1) 的解的存在性. 然后使用常数变易法、Gronwall 不等式和辅助函数, 证明了解的唯一性和一致有界性. 此外, 对于具有非空紧支集的初值, 研究了 (8.1) 的传播速度, 该速度有一致的上下界. 最后, 利用截断函数以及 u 和 v 的估计, 给出了一些足够的条件来保证 Turing 分支的存在和不存在, 这取决于非局部性的强度. 与经典 Lotka-Volterra 竞争扩散系统相比, 我们的结果表明, 如果非局部性足够强, 则可能会出现非常数的周期解, 并且通过数值模拟说明了这些抽象结果.

本章的其余部分安排如下. 在 8.2 节中, 构造新的比较原理. 在 8.3 节, 给出柯西问题的解的存在性和唯一性. 在 8.4 节中, 给出传播速度、Turing 分支以及数值模拟.

8.2 比 较 原 理

在本节中, 证明系统 (8.1) 解的存在性和唯一性. 首先, 给出系统 (8.1) 上下解的定义.

为了方便, 令 $I_T = \mathbb{R} \times (0, T)$ 和 $I_T \cup B_T = \mathbb{R} \times [0, T]$. 下面, 给出关于 (8.1) 的上下解的定义.

定义 8.1 如果 $(\overline{u}(x,t), \overline{v}(x,t))$ 和 $(\underline{u}(x,t), \underline{v}(x,t))$ 满足

(i) $\overline{u}, \overline{v}, \underline{u}, \underline{v} \in C^{2,1}(I_T, [0, +\infty)) \cap C_B(I_T \cup B_T, [0, +\infty))$ 和 $\overline{u}(\cdot, t), \overline{v}(\cdot, t), \underline{u}(\cdot, t), \underline{v}(\cdot, t) \in L^1(\mathbb{R}, \mathbb{R})$, 其中 C_B 是一个有界连续的空间;

(ii) 对任意 $x \in \mathbb{R}$ 有 $\overline{u}(x, 0) \geqslant u_0(x) \geqslant \underline{u}(x, 0)$ 且 $\overline{v}(x, 0) \geqslant v_0(x) \geqslant \underline{v}(x, 0)$;

(iii) 对任意 $(x, t) \in I_T$,

$$\begin{cases} \overline{u}_t \geqslant \overline{u}_{xx} + \overline{u}\left(1 - \int_{\mathbb{R}} \phi(x-y)\underline{u}(y)dy - a_1\underline{v}\right), \\ \overline{v}_t \geqslant d\overline{v}_{xx} + r\overline{v}\left(1 - \int_{\mathbb{R}} \phi(x-y)\underline{v}(y)dy - a_2\underline{u}\right) \end{cases} \tag{8.4}$$

和

$$\begin{cases} \underline{u}_t \leqslant \underline{u}_{xx} + \underline{u}\left(1 - \int_{\mathbb{R}} \phi(x-y)\overline{u}(y)dy - a_1\overline{v}\right), \\ \underline{v}_t \leqslant d\underline{v}_{xx} + r\underline{v}\left(1 - \int_{\mathbb{R}} \phi(x-y)\overline{v}(y)dy - a_2\overline{u}\right) \end{cases} \tag{8.5}$$

成立,

则 $(\overline{u}(x,t), \overline{v}(x,t))$ 和 $(\underline{u}(x,t), \underline{v}(x,t))$ 称为系统 (8.1) 在 I_T 上的一对上下解. 在此基础上, 建立如下比较原理.

定理 8.1　假设 $(\overline{u}(x,t),\overline{v}(x,t))$ 和 $(\underline{u}(x,t),\underline{v}(x,t))$ 是 (8.1) 的一对上下解. 那么, 在 B_T 中有 $\overline{u}(x,t) \geqslant \underline{u}(x,t)$ 和 $\overline{v}(x,t) \geqslant \underline{v}(x,t)$.

证明　为了方便, 用 $(\phi * u)(x)$ 来表示 $\displaystyle\int_{\mathbb{R}} \phi(x-y)u(y)dy$, 用 $(\phi * v)(x)$ 来表示 $\displaystyle\int_{\mathbb{R}} \phi(x-y)v(y)dy$. 令 $u(x,t) = \overline{u}(x,t) - \underline{u}(x,t)$ 和 $v(x,t) = \overline{v}(x,t) - \underline{v}(x,t)$. 则对任意的 $(x,t) \in I_T$, 都有

$$u_t - u_{xx} \geqslant \overline{u}(1 - \phi * \underline{u} - a_1\underline{v}) - \underline{u}(1 - \phi * \overline{u} - a_1\overline{v})$$

$$= u + (\underline{u}(\phi * \overline{u}) - \overline{u}(\phi * \underline{u})) + a_1(\underline{u}\overline{v} - \overline{u}\underline{v})$$

$$= u + (\underline{u}(\phi * \overline{u}) - \underline{u}(\phi * \underline{u}) + \underline{u}(\phi * \underline{u}) - \overline{u}(\phi * \underline{u}))$$

$$\quad + a_1(\underline{u}\overline{v} - \underline{u} \cdot \underline{v} + \underline{u} \cdot \underline{v} - \overline{u}\underline{v})$$

$$= (1 - \phi * \underline{u} - a_1\underline{v})u + \underline{u}(\phi * u) + a_1\underline{u}v$$

和

$$v_t - dv_{xx} \geqslant r\overline{v}(1 - \phi * \underline{v} - a_2\underline{u}) - r\underline{v}(1 - \phi * \overline{v} - a_2\overline{u})$$

$$= rv + r(\underline{v}(\phi * \overline{v}) - \overline{v}(\phi * \underline{v})) + ra_2(\underline{v}\overline{u} - \overline{v}\underline{u})$$

$$= rv + r(\underline{v}(\phi * \overline{v}) - \underline{v}(\phi * \underline{v}) + \underline{v}(\phi * \underline{v}) - \overline{v}(\phi * \underline{v}))$$

$$\quad + ra_2(\underline{v}\overline{u} - \underline{v} \cdot \underline{u} + \underline{v} \cdot \underline{u} - \overline{v}\underline{u})$$

$$= r(1 - \phi * \underline{v} - a_2\underline{u})v + r\underline{v}(\phi * v) + ra_2\underline{v}u.$$

取充分大的 $\zeta > 0$ 使得对任意 $(x,t) \in I_T$, 有

$$b_1(x,t) := \zeta - (1 - \phi * \underline{u} - a_1\underline{v}) - ra_2\underline{v} \geqslant 0$$

和

$$b_2(x,t) := \zeta - (1 - \phi * \underline{v} - a_2\underline{u}) - a_1\underline{u} \geqslant 0.$$

令 $\widetilde{u}(x,t) = e^{-\sigma t}u(x,t)$, $\widetilde{v}(x,t) = e^{-\sigma t}v(\sqrt{d}x,t)$, 可得

$$\begin{cases} \widetilde{u}_t - \widetilde{u}_{xx} + (b_1(x,t) + ra_2\underline{v})\widetilde{u} \geqslant \underline{u}(\phi * \widetilde{u}) + a_1\underline{u}\widetilde{v}, & (x,t) \in I_T, \\ \widetilde{u}(x,0) \geqslant 0, & x \in \mathbb{R} \end{cases} \tag{8.6}$$

和

$$\begin{cases} \widetilde{v}_t - \widetilde{v}_{xx} + (b_2(x,t) + a_1\underline{u})\widetilde{v} \geqslant r\underline{v}(\phi * \widetilde{v}) + ra_2\underline{v}\widetilde{u}, & (x,t) \in I_T, \\ \widetilde{v}(x,0) \geqslant 0, & x \in \mathbb{R}. \end{cases}$$

令 $\widetilde{w} = \widetilde{u} + \widetilde{v}$, 则

$$\begin{cases} \widetilde{w}_t - \widetilde{w}_{xx} + b_1\widetilde{u} + b_2\widetilde{v} \geqslant \underline{u}(\phi * \widetilde{u}) + r\underline{v}(\phi * \widetilde{v}), & (x,t) \in I_T, \\ \widetilde{w}(x,0) \geqslant 0, & x \in \mathbb{R}, \end{cases}$$

等价于

$$\begin{cases} \widetilde{w}_t - \widetilde{w}_{xx} + (b_1 + b_2)\widetilde{w} \geqslant \underline{u}(\phi * \widetilde{u}) + r\underline{v}(\phi * \widetilde{v}) + b_1\widetilde{v} + b_2\widetilde{u}, & (x,t) \in I_T, \\ \widetilde{w}(x,0) \geqslant 0, & x \in \mathbb{R}. \end{cases}$$

又因为 $\overline{u},\ \underline{u},\ \overline{v}$ 和 $\underline{v}$ 都是 $I_T \cup B_T$ 中非负有界函数, 从而存在 $M > 0$, 使得

$$0 \leqslant \overline{u},\ \underline{u},\ \overline{v},\ \underline{v} \leqslant M, \quad (x,t) \in B_T$$

成立. 另外, $b_1(x,t)$ 和 $b_2(x,t)$ 都是 B_T 上的非负有界函数. 下面, 证明在 I_{T_0} 上有

$$\widetilde{w} \geqslant 0,$$

其中 $T_0 = \min\{T, s_1 s_2/[s_2(\underline{u} + \widetilde{b}_2) + s_1(r\underline{v} + \widetilde{b}_1)]\}$, $\widetilde{b}_1 = \max_{(x,t) \in I_T} b_1(x,t)$, $\widetilde{b}_2 = \max_{(x,t) \in I_T} b_2(x,t)$ 且 s_1, s_2 是正常数, 另外, s_1, s_2 还满足后面的 (8.7).

反证, 假设结论不成立, 则在 I_{T_0} 的某些点处 $\widetilde{w} < 0$, 又因为 $\widetilde{u}$ 和 $\widetilde{v}$ 都是有界的, 从而

$$\widetilde{w}_{\inf} = \inf_{(x,t) \in I_{T_0}} \widetilde{w}(x,t) < 0.$$

另外,

$$\inf_{(x,t) \in I_{T_0}} \widetilde{w}(x,t) \geqslant \inf_{(x,t) \in I_{T_0}} \widetilde{u}(x,t) + \inf_{(x,t) \in I_{T_0}} \widetilde{v}(x,t)$$

$$\geqslant \inf_{(x,t) \in I_T} \widetilde{u}(x,t) + \inf_{(x,t) \in I_T} \widetilde{v}(x,t)$$

$$:= \widetilde{u}_{\inf} + \widetilde{v}_{\inf},$$

那么存在两个正常数 s_1, s_2 以及点 I_{T_0} 中的一个点 (x^*, t^*) 满足

$$\widetilde{w}(x^*, t^*) < 0$$

和

$$\widetilde{w}(x^*, t^*) \leqslant s_1 \widetilde{u}_{\inf}, \quad \widetilde{w}(x^*, t^*) \leqslant s_2 \widetilde{v}_{\inf}. \tag{8.7}$$

定义

$$w = \frac{\widetilde{w}}{1 + x^2 + \zeta t},$$

其中 ζ 是一个正常数 (稍后给出它的取值范围), 则有

$$(\zeta - 2)w - 4xw_x + \left(1 + x^2 + \zeta t\right)(w_t - w_{xx}) + (b_1 + b_2)\left(1 + x^2 + \zeta t\right)w$$

$$\geqslant \underline{u}(\phi * \widetilde{u}) + r\underline{v}(\phi * \widetilde{v}) + b_1\widetilde{v} + b_2\widetilde{u},$$

从而

$$\begin{cases} \left(1 + x^2 + \zeta t\right)(w_t - w_{xx} + (b_1 + b_2)w) + (\zeta - 2)w \\ -4xw_x \geqslant \underline{u}(\phi * \widetilde{u}) + r\underline{v}(\phi * \widetilde{v}) + b_1\widetilde{v} + b_2\widetilde{u}, & (x,t) \in I_{T_0}, \\ w(x,0) \geqslant 0, & x \in \mathbb{R}. \end{cases} \quad (8.8)$$

由 (8.8) 结合 $\lim_{|x|\to+\infty} w(x,t) = 0$ 可知, w 在 I_{T_0} 中的 $(\widetilde{x}, \widetilde{t})$ 处达到最小值 $w_{\min}$ (< 0), 因此

$$w_{\min} = \min_{(x,t)\in I_{T_0}} \frac{\widetilde{w}(x,t)}{1 + x^2 + \zeta t}$$

$$\leqslant \frac{\widetilde{w}(x^*, t^*)}{1 + (x^*)^2 + \zeta t^*}.$$

联立 (8.7), 得到

$$w_{\min} \leqslant \frac{s_1\widetilde{u}_{\inf}}{1 + (x^*)^2 + \zeta t^*} \quad \text{和} \quad w_{\min} \leqslant \frac{s_2\widetilde{v}_{\inf}}{1 + (x^*)^2 + \zeta t^*},$$

它等价于

$$\widetilde{u}_{\inf} \geqslant \frac{(1 + (x^*)^2 + \zeta t^*)w_{\min}}{s_1} \quad \text{和} \quad \widetilde{v}_{\inf} \geqslant \frac{(1 + (x^*)^2 + \zeta t^*)w_{\min}}{s_2}. \quad (8.9)$$

又因为在点 $(\widetilde{x}, \widetilde{t})$ 处 $w_t \leqslant 0, w_{xx} \geqslant 0$ 和 $w_x = 0$, 结合 (8.8) 可得

$$(b_1 + b_2)\left(1 + \widetilde{x}^2 + \zeta\widetilde{t}\right)w_{\min} + (\zeta - 2)w_{\min}$$

$$\geqslant \overline{u}(\phi * \widetilde{u}) + r\underline{v}(\phi * \widetilde{v}) + b_1\widetilde{v} + b_2\widetilde{u}$$

$$\geqslant \underline{u}\widetilde{u}_{\inf} + r\underline{v}\widetilde{v}_{\inf} + b_1\widetilde{v}_{\inf} + b_2\widetilde{u}_{\inf}. \quad (8.10)$$

此外, 由 (8.9) 和 (8.10) 知

$$(\zeta - 2)w_{\min} \geqslant (\underline{u} + b_2)\widetilde{u}_{\inf} + (r\underline{v} + b_1)\widetilde{v}_{\inf},$$

等价于

$$(\zeta - 2)w_{\min} \geqslant (\underline{u} + b_2)\frac{(1 + (x^*)^2 + \zeta t^*)\,w_{\min}}{s_1} + (r\underline{v} + b_1)\frac{(1 + (x^*)^2 + \zeta t^*)\,w_{\min}}{s_2}.$$

因此,

$$(\zeta - 2) \leqslant \frac{\underline{u} + b_2}{s_1}\left(1 + (x^*)^2 + \zeta t^*\right) + \frac{r\underline{v} + b_1}{s_2}\left(1 + (x^*)^2 + \zeta t^*\right),$$

进一步,

$$\left(1 - \frac{\underline{u} + b_2}{s_1}t^* - \frac{r\underline{v} + b_1}{s_2}t^*\right)\zeta \leqslant \frac{\underline{u} + b_2}{s_1}\left(1 + (x^*)^2\right) + \frac{r\underline{v} + b_1}{s_2}\left(1 + (x^*)^2\right) + 2,$$

它说明

$$\left(1 - \left(\frac{\underline{u} + \widetilde{b}_2}{s_1} + \frac{r\underline{v} + \widetilde{b}_1}{s_2}\right)T_0\right)\zeta \leqslant \left(\frac{\underline{u} + b_2}{s_1} + \frac{r\underline{v} + b_1}{s_2}\right)\left(1 + (x^*)^2\right) + 2,$$

其中 $\widetilde{b}_1 = \max_{(x,t) \in I_T} b_1(x,t)$ 和 $\widetilde{b}_2 = \max_{(x,t) \in I_T} b_2(x,t)$. 又因为 x^* 与 ζ 无关, 如果选择足够大的 ζ, 则得到矛盾, 所以对任意 $(x,t) \in I_{T_0} \cup B_{T_0}$ 都有

$$\widetilde{w}(x,t) \geqslant 0.$$

而如果 $T > T_0$, 将 $t = T_0$ 作为初始时刻, 重复上述过程可得, 对任意的 $(x,t) \in I_T \cup B_T$ 都有

$$\widetilde{w}(x,t) \geqslant 0. \tag{8.11}$$

接下来, 利用上述结论, 证明在 $I_T \cup B_T$ 中有 $\widetilde{u}(x,t) \geqslant 0$, $\widetilde{v}(x,t) \geqslant 0$. 由 (8.6) 和 (8.11) 得到

$$\begin{cases} \widetilde{u}_t - \widetilde{u}_{xx} + (b_1(x,t) + ra_2\underline{v} + a_1\underline{u})\widetilde{u} \geqslant \underline{u}(\phi * \widetilde{u}), \\ \widetilde{u}(x,0) \geqslant 0. \end{cases} \tag{8.12}$$

我们首先证明 $\widetilde{u}(x,t) \geqslant 0$. 类似于上面过程, 假设在 I_{T_1} 中有一些点使得 $\widetilde{u} < 0$, 其中 $T_1 = \min\left\{T, \dfrac{1}{2}\right\}$, 则

$$\overline{u}_{\inf} = \inf_{(x,t) \in I_{T_1}} \widetilde{u}(x,t) < 0.$$

由 (8.12) 可知, 在 I_{T_1} 中存在 (x^{**}, t^{**}), 使得

$$\widetilde{u}(x^{**}, t^{**}) \leqslant \frac{\overline{u}_{\inf}}{2}.$$

另外, 定义

$$f = \frac{\widetilde{u}}{1 + x^2 + \widetilde{\zeta} t},$$

其中 $\widetilde{\zeta}$ 是一个正常数, 由后面决定. 那么

$$\left(\widetilde{\zeta} - 2\right) f - 4x f_x + \left(1 + x^2 + \widetilde{\zeta} t\right)(f_t - f_{xx})$$
$$+ (b_1 + ra_2\underline{v} + a_1\underline{u})\left(1 + x^2 + \widetilde{\zeta} t\right) f \geqslant \underline{u}(\phi * \widetilde{u}),$$

因此

$$\begin{cases} \left(1 + x^2 + \widetilde{\zeta} t\right)(f_t - f_{xx} + (b_1 + ra_2\underline{v} + a_1\underline{u})f) + \left(\widetilde{\zeta} - 2\right) f - 4x f_x \geqslant \underline{u}(\phi * \widetilde{u}), \\ \qquad (x, t) \in I_{T_1}, \\ f(x, 0) \geqslant 0, \quad x \in \mathbb{R}. \end{cases}$$
(8.13)

由 (8.13) 和 $\lim_{|x| \to +\infty} f(x, t) = 0$, 得到 f 在 I_{T_1} 中的 $\left(\widetilde{\widetilde{x}}, \widetilde{\widetilde{t}}\right)$ 达到其负的最小值 $f_{\min}$, 那么

$$f_{\min} = \min_{(x,t) \in I_{T_1}} \frac{\widetilde{u}}{1 + x^2 + \widetilde{\zeta} t} \leqslant \frac{\widetilde{u}(x^{**}, t^{**})}{1 + (x^{**})^2 + \widetilde{\zeta} t} \leqslant \frac{\overline{u}_{\inf}}{2\left(1 + (x^{**})^2 + \widetilde{\zeta} t\right)},$$

等价于

$$\frac{\overline{u}_{\inf}}{f_{\min}} \leqslant 2\left(1 + (x^{**})^2 + \widetilde{\zeta} t\right).$$
(8.14)

因为在 $\left(\widetilde{\widetilde{x}}, \widetilde{\widetilde{t}}\right)$ 处有 $\widetilde{u}_t \leqslant 0, \widetilde{u}_{xx} = 0$, 结合 (8.13) 可得

$$(d_1 + ra_2\underline{v} + a_1\underline{u})\left(1 + \widetilde{\widetilde{x}}^2 + \widetilde{\widetilde{\zeta t}}\right) f_{\min} + \left(\widetilde{\zeta} - 2\right) f_{\min} \geqslant \underline{u}(\phi * \widetilde{u}).$$
(8.15)

此外, 由 (8.14) 和 (8.15) 知

$$\left(\widetilde{\zeta} - 2\right) f_{\min} \geqslant \underline{u}(\phi * \widetilde{u}) \geqslant \underline{u}\,\overline{u}_{\inf},$$

等价于

$$\widetilde{\zeta} - 2 \leqslant 2\underline{u}\left(1 + (x^{**})^2 + \widetilde{\zeta}t^{**}\right).$$

因此

$$(1 - t^{**})\widetilde{\zeta} \leqslant 2\underline{u}\left(1 + (x^{**})^2\right) + 2,$$

这意味着

$$(1 - T_1)\widetilde{\zeta} \leqslant 2\underline{u}\left(1 + (x^{**})^2\right) + 2.$$

因为 x^{**} 与 $\widetilde{\zeta}$ 无关, 如果选取 $\widetilde{\zeta}$ 足够大, 那么产生矛盾, 则在 $I_T \cup B_T$ 中有

$$\widetilde{u}(x, t) \geqslant 0.$$

对 $T > T_1$, 令 $t = T_1$ 作为初始值重复上述过程. 因此, 在 $I_T \cup B_T$ 中有

$$\widetilde{u}(x, t) \geqslant 0.$$

类似可得在 $I_T \cup B_T$ 中 $\widetilde{v}(x, t) \geqslant 0$. 进一步得到, 在 $I_T \cup B_T$ 有 $u(x, t) \geqslant 0$, $v(x, t) \geqslant 0$. $\qquad\square$

8.3 解的存在性和唯一性

在这节, 进一步证明问题 (8.1) 存在唯一解. 首先, 通过比较原理我们构造四个单调序列, 以此得到问题 (8.1) 解的存在性. 然后, 借助于抛物方程的基本解和 Gronwall 不等式, 说明问题 (8.1) 的解是唯一的.

下面, 给出解的存在性证明.

定理 8.2 假设 $\overline{u}$, $\underline{u}$, $\overline{v}$, $\underline{v}$ 都是非负的且 $(\overline{u}, \overline{v})$, $(\underline{u}, \underline{v})$ 是 (8.1) 在 $I_T \times I_T$ 中的一对上下解. 则问题 (8.1) 在 $I_T \times I_T$ 中存在解 (u, v), 并且在 $I_T \cup B_T$ 中 $u(x, t), v(x, t)$ 满足

$$\underline{u}(x, t) \leqslant u(x, t) \leqslant \overline{u}(x, t) \quad \text{和} \quad \underline{v}(x, t) \leqslant v(x, t) \leqslant \overline{v}(x, t).$$

证明 因为 $\overline{u}$, $\underline{u}$, $\overline{v}$, $\underline{v}$ 都是非负有界的, 从而存在 $N > 0$, 使得对任意 $(x, t) \in I_T \cup B_T$ 都有

$$0 \leqslant \overline{u}(x, t), \ \underline{u}(x, t), \ \overline{v}(x, t), \ \underline{v}(x, t) \leqslant N.$$

选取充分大的 $L > 0$ 使得

$$L > \max\{a_1 N - 1, r(a_2 N - 1)\}.$$

令 $\overline{u}^{(0)} = \overline{u}$, $\underline{u}^{(0)} = \underline{u}$ 和 $\overline{v}^{(0)} = \overline{v}$, $\underline{v}^{(0)} = \underline{v}$. 则构造如下迭代格式

$$\begin{cases} \overline{u}_t^{(k)} - \overline{u}_{xx}^{(k)} + L\overline{u}^{(k)} = \overline{u}^{(k-1)}\left(1 - a_1\underline{v}^{(k-1)}\right) - \overline{u}^{(k)}(\phi * \underline{u}^{(k-1)}) \\ \qquad\qquad\qquad + L\overline{u}^{(k-1)}, \quad (x,t) \in I_T, \\ \overline{u}^{(k)}(x,0) = u_0(x), \quad x \in \mathbb{R}, \end{cases} \tag{8.16}$$

$$\begin{cases} \underline{u}_t^{(k)} - \underline{u}_{xx}^{(k)} + L\underline{u}^{(k)} = \underline{u}^{(k-1)}\left(1 - a_1\overline{v}^{(k-1)}\right) - \underline{u}^{(k)}(\phi * \overline{u}^{(k-1)}) \\ \qquad\qquad\qquad + L\underline{u}^{(k-1)}, \quad (x,t) \in I_T, \\ \underline{u}^{(k)}(x,0) = u_0(x), \quad x \in \mathbb{R}, \end{cases} \tag{8.17}$$

$$\begin{cases} \overline{v}_t^{(k)} - d\overline{v}_{xx}^{(k)} + L\overline{v}^{(k)} = r\overline{v}^{(k-1)}\left(1 - a_2\underline{u}^{(k-1)}\right) - r\overline{v}^{(k)}(\phi * \underline{v}^{(k-1)}) \\ \qquad\qquad\qquad + L\overline{v}^{(k-1)}, \quad (x,t) \in I_T, \\ \overline{v}^{(k)}(x,0) = v_0(x), \quad x \in \mathbb{R}, \end{cases}$$

和

$$\begin{cases} \underline{v}_t^{(k)} - d\underline{v}_{xx}^{(k)} + L\underline{v}^{(k)} = r\underline{v}^{(k-1)}\left(1 - a_2\overline{u}^{(k-1)}\right) - r\underline{v}^{(k)}(\phi * \overline{v}^{(k-1)}) \\ \qquad\qquad\qquad + L\underline{v}^{(k-1)}, \quad (x,t) \in I_T, \\ \underline{v}^{(k)}(x,0) = v_0(x), \quad x \in \mathbb{R}, \end{cases}$$

其中 $k = 1, 2, \cdots$, 从而得到了四个序列 $\left\{\overline{u}^{(k)}\right\}_{k=0}^{\infty}$, $\left\{\underline{u}^{(k)}\right\}_{k=0}^{\infty}$, $\left\{\overline{v}^{(k)}\right\}_{k=0}^{\infty}$ 和 $\left\{\underline{v}^{(k)}\right\}_{k=0}^{\infty}$.

接下来, 证明在 $I_T \cup B_T$ 中都有

$$\underline{u} \leqslant \underline{u}^{(1)} \leqslant \overline{u}^{(1)} \leqslant \overline{u} \quad 和 \quad \underline{v} \leqslant \underline{v}^{(1)} \leqslant \overline{v}^{(1)} \leqslant \overline{v}. \tag{8.18}$$

首先, 定义 $\widehat{u} = \underline{u}^{(1)} - \underline{u}$. 则由 (8.5) 和 (8.17) 可知 $\widehat{u}$ 满足

$$\begin{cases} \widehat{u}_t - \widehat{u}_{xx} + L\widehat{u} \geqslant -\widehat{u}(\phi * \overline{u}), \quad (x,t) \in I_T, \\ \widehat{u}(x,0) \geqslant 0, \qquad\qquad\qquad x \in \mathbb{R}, \end{cases}$$

等价于

$$\begin{cases} \widehat{u}_t - \widehat{u}_{xx} \geqslant -(L + \phi * \overline{u})\widehat{u}, \quad (x,t) \in I_T, \\ \widehat{u}(x,0) \geqslant 0, \qquad\qquad\qquad x \in \mathbb{R}. \end{cases}$$

由比较原理得到 $\widehat{u} \geqslant 0$, 也就是在 $I_T \cup B_T$ 中有 $\underline{u}^{(1)} \geqslant \underline{u}$ 成立. 类似地, 令 $\widetilde{u} = \overline{u} - \overline{u}^{(1)}$. 由 (8.4) 和 (8.16) 得到

$$\begin{cases} \widetilde{u}_t - \widetilde{u}_{xx} \geqslant -(L + \phi * \underline{u})\widetilde{u}, & (x,t) \in I_T, \\ \widetilde{u}(x,0) \geqslant 0, & x \in \mathbb{R}. \end{cases}$$

进一步, 由比较原理得到在 $I_T \cup B_T$ 中有 $\widetilde{u} \geqslant 0$ 和 $\overline{u} \geqslant \overline{u}^{(1)}$. 类似地, 我们也可以得到在 $I_T \cup B_T$ 中有 $\underline{v} \leqslant \underline{v}^{(1)}$ 和 $\overline{v}^{(1)} \leqslant \overline{v}$. 最后证明 $\overline{u}^{(1)} \geqslant \underline{u}^{(1)}$. 令 $\overline{\overline{u}} = \overline{u}^{(1)} - \underline{u}^{(1)}$, 由 (8.16) 和 (8.17) 得到 $\overline{\overline{u}}$ 满足

$$\overline{\overline{u}}_t - \overline{\overline{u}}_{xx} + L\overline{\overline{u}} = \overline{u}(1 - a_1\underline{v}) - \underline{u}(1 - a_1\overline{v}) + \underline{u}^{(1)}(\phi * \overline{u}) - \overline{u}^{(1)}(\phi * \underline{u}) + L(\overline{u} - \underline{u})$$

$$= a_1\underline{u}(\overline{v} - \underline{v}) + (L + 1 - a_1\underline{v})(\overline{u} - \underline{u}) + \underline{u}^{(1)}(\phi * (\overline{u} - \underline{u})) - \overline{\overline{u}}(\phi * \underline{u}),$$

这意味着

$$\begin{cases} \overline{\overline{u}}_t - \overline{\overline{u}}_{xx} \geqslant -(L + \phi * \underline{u})\overline{\overline{u}}, & (x,t) \in I_T, \\ \overline{\overline{u}}(x,0) \geqslant 0, & x \in \mathbb{R}. \end{cases}$$

进一步通过比较原理得到 $\overline{\overline{u}} \geqslant 0$, 也就是在 $I_T \cup B_T$ 中有 $\overline{u}^{(1)} \geqslant \underline{u}^{(1)}$. 因此, 在 $I_T \cup B_T$ 中有 $\underline{u} \leqslant \underline{u}^{(1)} \leqslant \overline{u}^{(1)} \leqslant \overline{u}$. 类似地, 可以证明在空间 $I_T \cup B_T$ 中 $\underline{v} \leqslant \underline{v}^{(1)} \leqslant \overline{v}^{(1)} \leqslant \overline{v}$.

接下来, 证明 $(\underline{u}^{(1)}, \underline{v}^{(1)})$ 和 $(\overline{u}^{(1)}, \overline{v}^{(1)})$ 分别是问题 (8.1) 的一对上下解. 事实上, 因为 $\overline{u}^{(1)}$ 满足

$$\overline{u}_t^{(1)} - \overline{u}_{xx}^{(1)} = \overline{u}(1 - a_1\underline{v}) - \overline{u}^{(1)}(\phi * \underline{u}) - L(\overline{u}^{(1)} - \overline{u})$$

$$\geqslant \overline{u}(1 - a_1\underline{v}) - \overline{u}^{(1)}(\phi * \underline{u}^{(1)}) - L(\overline{u}^{(1)} - \overline{u})$$

$$= \overline{u}^{(1)}(1 - \phi * \underline{u}^{(1)} - a_1\underline{v}^{(1)}) + a_1\overline{u}^{(1)}(\underline{v}^{(1)} - \underline{v}) + (L + 1 - a_1\underline{v})(\overline{u} - \overline{u}^{(1)})$$

$$\geqslant \overline{u}^{(1)}(1 - \phi * \underline{u}^{(1)} - a_1\underline{v}^{(1)}), \tag{8.19}$$

$\overline{v}^{(1)}$ 满足

$$\overline{v}_t^{(1)} - d\overline{v}_{xx}^{(1)} = r\overline{v}(1 - a_2\underline{u}) - r\overline{v}^{(1)}(\phi * \underline{v}) + L(\overline{v} - \overline{v}^{(1)})$$

$$\geqslant r\overline{v}(1 - a_2\underline{u}) - r\overline{v}^{(1)}(\phi * \underline{v}^{(1)}) + L(\overline{v} - \overline{v}^{(1)})$$

$$= r\overline{v}^{(1)}(1 - \phi * \underline{v}^{(1)} - a_2\underline{u}^{(1)}) + ra_2\overline{v}^{(1)}(\underline{u}^{(1)} - \underline{u})$$

$$+ (L + r - ra_2\underline{u})(\overline{v} - \overline{v}^{(1)})$$

$$\geqslant r\overline{v}^{(1)}(1 - \phi * \underline{v}^{(1)} - a_2\underline{u}^{(1)}), \tag{8.20}$$

另外, $\underline{u}^{(1)}$ 满足

$$\underline{u}_t^{(1)} - \underline{u}_{xx}^{(1)} = \underline{u}(1 - a_1\overline{v}) - \underline{u}^{(1)}(\phi * \overline{u}) + L(\underline{u} - \underline{u}^{(1)})$$

$$\leqslant \underline{u}(1 - a_1\overline{v}) - \underline{u}^{(1)}(\phi * \overline{u}^{(1)}) + L(\underline{u} - \underline{u}^{(1)})$$

$$= \underline{u}^{(1)}(1 - \phi * \overline{u}^{(1)} - a_1\overline{v}^{(1)}) + a_1\underline{u}^{(1)}(\overline{v}^{(1)} - \overline{v}) + (L + 1 - a_1\overline{v})(\underline{u} - \underline{u}^{(1)})$$

$$\leqslant \underline{u}^{(1)}(1 - \phi * \overline{u}^{(1)} - a_1\overline{v}^{(1)}), \tag{8.21}$$

$\underline{v}^{(1)}$ 满足

$$\underline{v}_t^{(1)} - d\underline{v}_{xx}^{(1)} = r\underline{v}(1 - a_2\overline{u}) - r\underline{v}^{(1)}(\phi * \overline{v}) + L(\underline{v} - \underline{v}^{(1)})$$

$$\leqslant r\underline{v}(1 - a_2\overline{u}) - r\underline{v}^{(1)}(\phi * \overline{v}^{(1)}) + L(\underline{v} - \underline{v}^{(1)})$$

$$= r\underline{v}^{(1)}(1 - \phi * \overline{v}^{(1)} - a_2\overline{u}^{(1)}) + ra_2\underline{v}^{(1)}(\overline{u}^{(1)} - \overline{u})$$

$$+ (L + r - ra_2\overline{u})(\underline{v} - \underline{v}^{(1)})$$

$$\leqslant r\underline{v}^{(1)}(1 - \phi * \overline{v}^{(1)} - a_2\overline{u}^{(1)}). \tag{8.22}$$

则由 (8.19)—(8.22) 可知 $(\overline{u}^{(1)}, \overline{v}^{(1)})$ 和 $(\underline{u}^{(1)}, \underline{v}^{(1)})$ 分别是问题 (8.1) 的一对上下解.

假设 $(\underline{u}^{(k)}, \underline{v}^{(k)})$ 和 $(\overline{u}^{(k)}, \overline{v}^{(k)})$ 是问题 (8.1) 的一对上下解. 重复上述过程可得在 $I_T \cup B_T$ 中

$$\underline{u}^{(k)} \leqslant \underline{u}^{(k+1)} \leqslant \overline{u}^{(k+1)} \leqslant \overline{u}^{(k)}$$

和

$$\underline{v}^{(k)} \leqslant \underline{v}^{(k+1)} \leqslant \overline{v}^{(k+1)} \leqslant \overline{v}^{(k)}.$$

另外, 由于 $(\underline{u}^{(k+1)}, \underline{v}^{(k+1)})$ 和 $(\overline{u}^{(k+1)}, \overline{v}^{(k+1)})$ 是问题 (8.1) 的一对上下解, 结合 (8.18) 可知, 对任意的 $k = 0, 1, 2, \cdots$, $(x, t) \in I_T \cup B_T$ 有

$$\underline{u} \leqslant \underline{u}^{(1)} \leqslant \underline{u}^{(2)} \leqslant \cdots \leqslant \underline{u}^{(k)} \leqslant \overline{u}^{(k)} \leqslant \cdots \leqslant \overline{u}^{(2)} \leqslant \overline{u}^{(1)} \leqslant \overline{u}$$

和

$$\underline{v} \leqslant \underline{v}^{(1)} \leqslant \underline{v}^{(2)} \leqslant \cdots \leqslant \underline{v}^{(k)} \leqslant \overline{v}^{(k)} \leqslant \cdots \leqslant \overline{v}^{(2)} \leqslant \overline{v}^{(1)} \leqslant \overline{v}.$$

进一步, 存在 (u, v) 和 $(\mathfrak{u}, \mathfrak{v})$ 满足

$$\lim_{k\to\infty} \underline{u}^{(k)} = u, \quad \lim_{k\to\infty} \underline{v}^{(k)} = v, \quad \lim_{k\to\infty} \overline{u}^{(k)} = \mathfrak{u} \quad \text{和} \quad \lim_{k\to\infty} \overline{v}^{(k)} = \mathfrak{v}.$$

另一方面, (u, v) 和 $(\mathfrak{u}, \mathfrak{v})$ 可以看作是问题 (8.1) 的一对上下解, 因此 $u = \mathfrak{u}, v = \mathfrak{v}$, 从而得到问题 (8.1) 的解 (u, v) 是有界的. □

下面, 进一步证明对任意的初值条件, 问题 (8.1) 都存在解.

定理 8.3 对任意的非负初值 $u_0(x)$ 和 $v_0(x)$, 问题 (8.1) 的解都是存在的.

证明 要证明上述结果成立, 由定理 8.2 知只需构造合适的上下解 $(\overline{u}, \overline{v})$, 使其满足 $\overline{u}(x, 0) \geqslant u_0(x) \geqslant \underline{u}(x, 0)$ 和 $\overline{v}(x, 0) \geqslant v_0(x) \geqslant \underline{v}(x, 0)$ 即可. 显然, $(\underline{u}, \underline{v}) = (0, 0)$ 是系统 (8.1) 的一个下解. 接下来, 构造上解. 因为 $u_0(x)$ 和 $v_0(x)$ 是非负有界的, 那么存在 $M > 0$ 使得

$$|u_0(x)| \leqslant M \quad 和 \quad |v_0(x)| \leqslant M, \quad x \in \mathbb{R}.$$

定义

$$\overline{u} = Me^t, \quad \overline{v} = Me^{rt}.$$

那么

$$\begin{cases} \overline{u}_t \geqslant \overline{u}_{xx} + \overline{u}\left(1 - \int_{\mathbb{R}} \phi(x - y)\underline{u}(y)dy - a_1\underline{v}\right), \\ \overline{v}_t \geqslant d\overline{v}_{xx} + r\overline{v}\left(1 - \int_{\mathbb{R}} \phi(x - y)\underline{v}(y)dy - a_2\underline{u}\right), \\ \overline{u}(x, 0) \geqslant u_0(x), \quad \overline{v}(x, 0) \geqslant 0. \end{cases}$$

对任意非负有界初值 $u_0(x)$ 和 $v_0(x)$, 可得 $(0, 0)$ 和 $(\overline{u}, \overline{v})$ 满足 (8.4) 和 (8.5). □

最后, 给出解的唯一性.

定理 8.4 对任意 $(x, t) \in I_T \cup B_T$, 问题 (8.1) 都存在唯一有界解.

证明 由定理 8.3 知, 问题 (8.1) 存在解, 从而要证明最终的结论, 只需证明 (8.1) 至多存在一个有界解.

假设 (u_1, v_1) 和 (u_2, v_2) 是问题 (8.1) 在 $I_T \times I_T$ 中的两个有界解. 则 u_i $(i = 1, 2)$ 满足

$$u_i(x, t) = \int_{\mathbb{R}} \Phi(x - y, t)u_0(y)dy + \int_0^t \int_{\mathbb{R}} \Phi(x - y, t - s)$$
$$\times \left[u_i(y, s)\left(1 - \int_{\mathbb{R}} \phi(y - z)u_i(z, s)dz - a_1v_i(y, s)\right)\right]dyds,$$

其中 $\Phi(x, t)$ 是热方程的基本解. 另外, v_i $(i = 1, 2)$ 满足

$$v_i(x, t) = \int_{\mathbb{R}} \Psi(x - y, t)v_0(y)dy + \int_0^t \int_{\mathbb{R}} \Psi(x - y, t - s)$$

$$\times \left[rv_i(y,s)\left(1 - \int_{\mathbb{R}} \phi(y-z)v_i(z,s)dz - a_2 u_i(y,s)\right)\right]dyds,$$

其中 $\Psi(x,y)$ 是热方程的基本解.

令 $\widetilde{u} = u_1 - u_2, \widetilde{v} = v_1 - v_2$, 则

$$\widetilde{u}(x,t) = \int_0^t \int_{\mathbb{R}} \Phi(x-y,t-s)\Big[\left(1 + \phi*u_1 + a_1 v_1\right)\widetilde{u} + u_2(\phi*\widetilde{u}) + a_1 u_2\widetilde{v}\Big]dyds \quad (8.23)$$

和

$$\widetilde{v}(x,t) = \int_0^t \int_{\mathbb{R}} \Psi(x-y,t-s)\Big[r\left(1 + \phi*v_1 + a_2 u_2\right)\widetilde{v} + rv_2(\phi*\widetilde{v}) + ra_2\widetilde{u}v_1\Big]dyds.$$

$$(8.24)$$

由定理 8.2 知, u_1, v_1, u_2, v_2 在 $I_T \cup B_T$ 中都是非负有界的. 因此, 存在一个 $K > 0$ 使得对任意的 $(x,t) \in I_T \cup B_T$ 都有

$$0 \leqslant u_1,\ u_2,\ v_1,\ v_2 \leqslant K.$$

则由 (8.23) 和 (8.24) 可得, 对任意的 $t \in (0,T)$ 都有

$$\|\widetilde{u}(\cdot,t)\|_{L^\infty} \leqslant \int_0^t (1 + K + a_1 K)\|\widetilde{u}(\cdot,s)\|_{L^\infty(\mathbb{R})}ds + K\int_0^t \|\widetilde{u}(\cdot,s)\|_{L^\infty(\mathbb{R})}ds$$

$$+ a_1 K\int_0^t \|\widetilde{u}(\cdot,s)\|_{L^\infty(\mathbb{R})}ds$$

和

$$\|\widetilde{v}(\cdot,t)\|_{L^\infty} \leqslant \int_0^t r(1 + K + a_2 K)\|\widetilde{v}(\cdot,s)\|_{L^\infty(\mathbb{R})}ds + rK\int_0^t \|\widetilde{v}(\cdot,s)\|_{L^\infty(\mathbb{R})}ds$$

$$+ ra_2 K\int_0^t \|\widetilde{v}(\cdot,s)\|_{L^\infty(\mathbb{R})}ds.$$

因此, 对任意的 $t \in (0,T)$, 有

$$\|\widetilde{u}(\cdot,t)\|_{L^\infty} + \|\widetilde{v}(\cdot,t)\|_{L^\infty}$$

$$\leqslant [1 + (a_1 + 2 + ra_2)K]\int_0^t \|\widetilde{u}(\cdot,s)\|_{L^\infty}ds$$

$$+ [r + (ra_2 + 2r + a_1)K]\int_0^t \|\widetilde{v}(\cdot,s)\|_{L^\infty}ds$$

$$\leqslant 1 + r + (2a_1 + 2r + 2 + 2ra_2) \int_0^t (\|\widetilde{u}(\cdot, s)\|_{L^\infty} + \|\widetilde{v}(\cdot, s)\|_{L^\infty}) ds.$$

由 Gronwall 不等式[159, 162] 得到, 对任意的 $t \in (0, T)$ 有

$$\|\widetilde{u}\|_{L^\infty} + \|\widetilde{v}\|_{L^\infty} = 0$$

成立. 结合 $\widetilde{u}$ 和 $\widetilde{v}$ 是连续的, 得到 $\widetilde{u} \equiv \widetilde{v} \equiv 0$, 也就是在 I_T 上有 $u_1 \equiv u_2$ 和 $v_1 \equiv v_2$. □

8.4 解的其他性质

在 8.3 节中, 给出了问题 (8.1) 的解的存在性和唯一性的证明. 接下来, 在这节中进一步研究解的其他性质, 包括有界性、渐近行为和分支等. 下面首先证明 (8.1) 的解是一致有界的.

定理8.5 对任意的非负初值 $u_0, v_0 \in L^\infty(\mathbb{R})$, 问题 (8.1) 的非负解 (u, v) 都是一致有界的. 也就是说, 存在 $M_1 > 0, M_2 > 0$, 使得对任意的 $(t, x) \in (0, +\infty) \times \mathbb{R}$ 都有

$$0 \leqslant u(x, t) \leqslant M_1 \quad \text{和} \quad 0 \leqslant v(x, t) \leqslant M_2.$$

证明 这里, 将参考单个方程式的结果 (参见 [84, 87]). 由比较原理得到 (8.1) 的解 (u, v) 小于以下柯西问题的解

$$\begin{cases} u_t - u_{xx} = u(1 - \phi * u), & t > 0, \ x \in \mathbb{R}, \\ v_t - d v_{xx} = rv(1 - \phi * v), & t > 0, \ x \in \mathbb{R}, \\ u(x, 0) = u_0(x), \quad v(x, 0) = v_0(x), & x \in \mathbb{R}. \end{cases} \tag{8.25}$$

接下来, 证明解 u, v 的一致有界性. 因为 u 满足

$$\begin{cases} u_t - u_{xx} = u(1 - \phi * u), & t > 0, \ x \in \mathbb{R}, \\ u(x, 0) = u_0(x), & x \in \mathbb{R}, \end{cases} \tag{8.26}$$

并且核函数 ϕ 满足 (8.2), 那么通过 [84, 定理 1.3], 可得 (8.26) 的解 u 是一致有界的, 也就是存在 $M_1 > 0$, 使得对任意的 $(x, t) \in \mathbb{R} \times (0, \infty)$ 有

$$u(x, t) \leqslant M_1. \tag{8.27}$$

类似地, 可得 v 的一致有界性, 也就是存在 $M_2 > 0$ 使得对任意的 $(x, t) \in \mathbb{R} \times (0, \infty)$ 有

$$v(x, t) \leqslant M_2. \tag{8.28}$$

由 (8.27) 和 (8.28), 可得问题 (8.25) 的解 (u,v) 是一致有界的, 这意味着问题 (8.1) 的解 (u,v) 是一致有界的.　　　　　　　　　　　　　　　　　　□

由定理 8.4 和定理 8.5, 可以得到问题 (8.1) 有唯一的全局解, 这意味着系统 (8.1) 的解在有限时间内不可能爆破[162]. 接下来, 通过使用截断函数, 研究 (8.1) 解的渐近行为.

定理 8.6　假设 $a_1 M_1 < 1, a_2 M_2 < 1$, 令 (u,v) 是具有非负初值条件 $u_0, v_0 \in L^\infty(\mathbb{R})$ 的柯西问题 (8.1) 的解, 使得 $u_0 \not\equiv 0, v_0 \not\equiv 0$, 那么

$$\liminf_{t \to -\infty} \left(\min_{|x| < 2\sqrt{1-a_1 M_1}t} u(x,t) \right) > 0 \quad \text{和} \quad \liminf_{t \to -\infty} \left(\min_{|x| < 2\sqrt{dr(1-a_2 M_2)}t} v(x,t) \right) > 0.$$
(8.29)

进一步, 如果 u_0, v_0 具有紧支集, 那么

$$\lim_{t \to +\infty} \left(\max_{|x| \geqslant 2t} u(x,t) \right) = 0 \quad \text{和} \quad \lim_{t \to +\infty} \left(\max_{|x| \geqslant 2\sqrt{dr}t} v(x,t) \right) = 0.$$
(8.30)

证明　首先, 证明 (8.30). 显然, 问题 (8.4) 的解 $(\tilde{u}, \tilde{v})$ 是问题 (8.1) 的一个上解. 由文献 [84, 定理 1.5], 可得 $(\tilde{u}, \tilde{v})$ 满足

$$\lim_{t \to +\infty} \left(\max_{|x| \geqslant 2t} \tilde{u}(x,t) \right) = 0 \quad \text{和} \quad \lim_{t \to +\infty} \left(\max_{|x| \geqslant 2\sqrt{dr}t} \tilde{v}(x,t) \right) = 0.$$

因为问题 (8.1) 的解 (u,v) 是正的, 那么问题 (8.1) 的解 (u,v) 满足

$$\lim_{t \to +\infty} \left(\max_{|x| \geqslant 2t} u(x,t) \right) = 0 \quad \text{和} \quad \lim_{t \to +\infty} \left(\max_{|x| \geqslant 2\sqrt{dr}t} v(x,t) \right) = 0,$$

这就证明了 (8.30).

接下来, 证明 (8.29). 我们分别考虑 u, v. 反证, 因为 u 是非负的, 那么存在 $\tilde{c}_1 \geqslant 0$、序列 $(t_n)_{n \in \mathbb{N}}$ 和 $\mathbb{R}$ 中的序列 $(x_n)_{n \in \mathbb{N}}$ 使得

$$0 \leqslant \tilde{c}_1 < 2\sqrt{1-a_1 M_1},$$

和

$$\begin{cases} |x_n| \leqslant \tilde{c}_1 t_n, & n \in \mathbb{N}, \\ t_n \to +\infty \text{ 和 } u(t_n, x_n) \to 0 \ (n \to +\infty). \end{cases}$$

令

$$c_n = \frac{x_n}{t_n} \in [-\tilde{c}_1, \tilde{c}_1].$$
(8.31)

在提取子序列之前, 假设当 $n \to +\infty$ 时 $c_n \to c_\infty \in [-\widetilde{c}_1, \widetilde{c}_1]$.

对任意的 $n \in \mathbb{N}$ 和任意的 $(t, x) \in (-t_n, \infty) \times \mathbb{R}$, 定义平移函数

$$u_n(t, x) = u(t + t_n, x + x_n) \quad \text{和} \quad v_n(t, x) = v(t + t_n, x + x_n).$$

从 8.3 节中, 可得 $(\|u_n\|_{L^\infty(-t_n, +\infty)})_{n \in \mathbb{N}}$ 和 $(\|v_n\|_{L^\infty(-t_n, +\infty)})_{n \in \mathbb{N}}$ 是有界的. 因此, 标准抛物估计表明函数 u_n, v_n 在空间 $C_{\mathrm{loc}}^{1,2}(\mathbb{R} \times \mathbb{R})$ 中收敛, 在提取子序列之前, 由于 u_∞, v_∞ 是如下问题

$$(u_\infty)_t = (u_\infty)_{xx} + u_\infty(1 - \phi * u_\infty - a_1 v_\infty), \quad (x, t) \in \mathbb{R} \times \mathbb{R},$$

的经典有界解, 所以在 $\mathbb{R} \times \mathbb{R}$ 中 $u_\infty \geqslant 0$ 并且 $u_\infty(0, 0) = 0$. 把 $(1 - \phi * u_\infty - a_1 v_\infty)$ 看作空间 $L^\infty(\mathbb{R} \times \mathbb{R})$ 的系数, 由强抛物最大值原理和柯西问题解的唯一性得到, 对所有的 $(t, x) \in \mathbb{R} \times \mathbb{R}$ 有 $u_\infty(t, x) = 0$ (极限 u_∞ 是唯一的, 然后可以推断出整个序列 $(u_n)_{n \in \mathbb{N}}$ 在空间 $C_{\mathrm{loc}}^{1,2}(\mathbb{R} \times \mathbb{R})$) 收敛到 0. 因此, 在空间 $(-t_n, +\infty) \times \mathbb{R}$ 中定义非负函数 $\widetilde{u}_n, \widetilde{v}_n$,

$$\widetilde{u}_n(t, x) = u_n(t, x + c_n t) = u(t + t_n, x + c_n(t + t_n))$$

和

$$\widetilde{v}_n(t, x) = v_n(t, x + c_n t) = v(t + t_n, x + c_n(t + t_n)).$$

由于 (8.31) 中波速 c_n 的有界性, 那么 $\widetilde{u}_n(t, x)$ 在空间 $\mathbb{R} \times \mathbb{R}$ 中局部一致收敛到 0. 因为 $(\|\widetilde{u}_n\|_{L^\infty(-t_n, \infty) \times \mathbb{R}})_{n \in \mathbb{N}}$ 是有界的, 所以非负函数 $\phi * \widetilde{u}_n$ 在空间 $\mathbb{R} \times \mathbb{R}$ 中也局部一致收敛到 0.

现在固定一些独立于 n 的参数. 首先, 令 $\delta > 0$ 使得

$$1 - \delta - a_1 M_1 \geqslant \frac{(\widetilde{c}_1)^2}{4} + \delta, \tag{8.32}$$

并且令 $R > 0$ 使得

$$\frac{\pi^2}{4R^2} \leqslant \delta. \tag{8.33}$$

由抛物的正则性可知 $u(1, \cdot)$ 是连续的, 并且由强抛物最大值原理可知在 $\mathbb{R}$ 中为正, 因此有 $\eta > 0$ 使得对任意的 $|x| \leqslant R + c$ 有

$$u(1, x) \geqslant \eta > 0.$$

不失一般性, 假设对每一个 $n \in \mathbb{N}$ 都有 $t_n > 1$. 在空间 $\mathbb{R} \times \mathbb{R}$ 中当 $n \to +\infty$ 时, $\phi * \widetilde{u}_n$ 局部一致地收敛到 0, 对足够大的 n $(n \geqslant N)$, 定义

$$t_n^* = \inf\{t \in [-t_n + 1, 0]; \ \phi * \widetilde{u}_n \leqslant \delta, \ (t, x) \in [t, 0] \times [-R, R]\}, \quad n \geqslant N,$$

其中 δ 和 R 如在 (8.32) 和 (8.33) 一样, 并且假设 $t_n^* < 0$. 进一步, 对每个 $n \geqslant N$, 由于 $\phi * \widetilde{u}_n$ 在空间 $(-t_n, \infty) \times \mathbb{R}$ 中是连续的, 结合 t_n^* 的定义知, 下确界就是最小值, 并且

$$0 \leqslant \phi * \widetilde{u}_n \leqslant \delta, \quad (t, x) \in [t_n^*, 0] \times [-R, R]. \tag{8.34}$$

另一方面, 对任意的 $n \in \mathbb{N}$ 有

$$\widetilde{u}_n(-t_n + 1, x) = u(1, x + c_n) \geqslant \eta, \quad |x| \leqslant R.$$

那么, 由 $\phi * \widetilde{u}_n$ 在空间 $(-t_n, +\infty) \times \mathbb{R}$ 的连续性和 t_n^* 的最小性, 对每一个 $n \geqslant N$, 有以下二择一:

$$\begin{cases} \text{或者 } t_n^* > -t_n + 1 \ \text{ 和 } \ \max_{[-R,R]} (\phi * v_n)(t_n^*, \cdot) = \delta, \\ \text{或者 } t_n^* = -t_n + 1 \ \text{ 和 } \ \min_{[-R,R]} v_n(t_n^*, \cdot) \geqslant \eta. \end{cases} \tag{8.35}$$

接下来, 证明存在 $\rho > 0$ 使得

$$\min_{[-R,R]} v_n(t_n^*, \cdot) \geqslant \rho > 0, \quad n \geqslant N. \tag{8.36}$$

注意, 如果 (8.35) 的第二个方程始终成立, 则这个结果是显而易见的. 注意到对每一个固定的 $n \geqslant N$ 有

$$\min_{[-R,R]} \widetilde{u}_n(t_n^*, \cdot) > 0.$$

如果 (8.36) 不成立, 那么, 在提取子序列之前, 在空间 $[-R, R]$ 中存在一个点列 $(y_n)_{n \geqslant N}$, 当 $n \to +\infty$ 时使得对任意的 $n \geqslant N$ 和 $(t, x) \in (-t_n - t_n^*, +\infty) \times \mathbb{R}$ 有

$$\widetilde{u}_n(t_n^*, y_n) \to 0 \quad \text{和} \quad y_n \to y_\infty \in [-R, R].$$

定义函数

$$w_n(t, x) = \widetilde{u}_n(t + t_n^*, x).$$

因为函数 $\widetilde{u}_n$ 满足

$$(\widetilde{u}_n)_t = (\widetilde{u}_n)_{xx} + c_n(\widetilde{u}_n)_x + \widetilde{u}_n(1 - \phi * \widetilde{u}_n - a_1 \widetilde{v}_n), \quad (t, x) \in (-t_n, \infty) \times \mathbb{R}, \tag{8.37}$$

则函数 w_n 在空间 $(-t_n - t_n^*, +\infty) \times \mathbb{R}$ 中也满足. 对所有的 $n \geqslant N$, 若 $n \to +\infty$, 则 $c_n \to c_\infty$. 那么序列 $(\|w_n\|_{L^\infty((-t_n - t_n^*, +\infty) \times \mathbb{R})})_{n \geqslant N}$ 是有界的. 利用标准抛物估计, 得到 w_n 在空间 $C_{\text{loc}}^{1,2}((-1, +\infty) \times \mathbb{R})$ 中收敛. 在提取子序列之前, 设 w_∞ 是下面问题的有界解

$$(w_\infty)_t = (w_\infty)_{xx} + c_\infty(w_\infty)_x + w_\infty(1 - \phi * w_\infty - a_1 v_\infty), \quad (t,x) \in (-1,\infty) \times \mathbb{R},$$

使得

$$w_\infty(t,x) \geqslant 0, \quad (t,x) \in (-1,+\infty) \times \mathbb{R} \quad \text{和} \quad w_\infty(0,y_\infty) = 0.$$

由强抛物最大值原理和柯西问题解的唯一性, 得到对任意的 $(t,x) \in (-1,+\infty) \times \mathbb{R}$ 有

$$w_\infty(t,x) = 0.$$

换句话说, 当 $n \to +\infty$ 时, w_n 在空间 $(-1,+\infty) \times \mathbb{R}$ 中局部一致地收敛到 0, 由于序列 $(\|w_n\|_{L^\infty((-1,+\infty) \times \mathbb{R})})_{n \geqslant N}$ 的有界性, 所以在空间 $(-1,+\infty) \times \mathbb{R}$ 中有其局部一致的结果

$$\phi * w_n \to 0 \quad (n \to +\infty).$$

那么, 当 $n \to +\infty$ 时, 在空间 $\mathbb{R}$ 中有局部一致的结果

$$\tilde{u}_n(t_n^*, \cdot) \to 0 \quad \text{和} \quad (\phi * \tilde{u}_n)(t_n^*, \cdot) \to 0.$$

这与 (8.35) 是矛盾的, 因为 δ 和 η 都是正数. 因此, 证明了 (8.36).

现在, 由 (8.34), (8.36) 和 (8.37) 可以得到: 对每一个 $n \geqslant N$, 有 $-t_n + 1 \leqslant t_n^* < 0$, 并且在 $[t_n^*, 0] \times [-R, R]$ 中, 非负函数 $\tilde{u}_n$ 满足

$$\begin{cases} (\tilde{u}_n)_t = (\tilde{u}_n)_{xx} + c_n(\tilde{u}_n)_x + \tilde{u}_n(1 - \phi * \tilde{u}_n - a_1 \tilde{v}_n) \\ \quad \geqslant (\tilde{u}_n)_{xx} + c_n(\tilde{u}_n)_x + (1 - \delta - a_1 M_1)\tilde{u}_n, \quad (t,x) \in [t_n^*, 0] \times [-R, R], \\ (\tilde{u}_n)(t, \pm R) \geqslant 0, \quad t \in [t_n^*, 0], \\ \tilde{u}_n(t_n^*, x) \geqslant \rho, \quad x \in [-R, R]. \end{cases}$$

$$(8.38)$$

另一方面, 对每一个 $n \geqslant N$, 函数在 $[-R, R]$ 中定义

$$\psi_n(x) = \rho e^{-c_n x/2 - cR/2} \cos\frac{\pi x}{2R}.$$

并且由于 $\psi_n(\pm R) = 0$ 和

$$\psi_n'' + c_n\psi_n' + (1 - \delta - a_1 M_1)\psi_n = \left(1 - \delta - a_1 M_1 - \frac{c_n^2}{4} - \frac{\pi^2}{4R^2}\right)\psi_n$$

$$\geqslant 0, \quad x \in [-R, R],$$

得到在 $[-R, R]$ 中有 $0 \leqslant \psi_n \leqslant \rho$. 注意, 和时间无关的 ψ_n 是问题 (8.38) 的一个下解, 由强抛物最大值原理可得对所有的 $n \geqslant N$ 有 $\tilde{u}_n$ 满足

$$\tilde{u}_n(t,x) \geqslant \psi_n(x), \quad (t,x) \in [t_n^*, 0] \times [-R, R].$$

特别地, 对所有的 $n \geqslant N$ 有

$$u(t_n, x_n) = \widetilde{u}_n(0,0) \geqslant \psi_n(0) = \rho e^{-cR/2}.$$

由于 (8.36) 中 $\rho > 0$, 则矛盾. □

接下来, 通过利用分支讨论和数值模拟来研究系统 (8.1) 在正平衡点的分支. 在这里, 重点讨论由非局部引起方程 (8.1) 的分支.

首先, 给出经典的 Lotka-Volterra 竞争扩散系统:

$$\begin{cases} u_t - u_{xx} = u(1 - u - a_1 v), & t > 0, \ x \in \mathbb{R}, \\ v_t - dv_{xx} = rv(1 - v - a_2 u), & t > 0, \ x \in \mathbb{R}. \end{cases} \tag{8.39}$$

当 $a_1 < 1$, $a_2 < 1$ 时, 在正平衡点周围没有分支. 在 $(u,v) = \left(\dfrac{1-a_1}{1-a_1a_2}, \dfrac{1-a_2}{1-a_1a_2} \right)$ 附近对 (8.39) 线性化, 得到

$$\begin{cases} u_t - u_{xx} = -\dfrac{1-a_1}{1-a_1a_2}u - a_1\dfrac{1-a_1}{1-a_1a_2}v, \\ v_t - dv_{xx} = -ra_2\dfrac{1-a_2}{1-a_1a_2}u - r\dfrac{1-a_2}{1-a_1a_2}v. \end{cases} \tag{8.40}$$

选取测试函数为

$$\begin{pmatrix} u \\ v \end{pmatrix} = \sum_{l=1}^{\infty} \begin{pmatrix} C_l^1 \\ C_l^2 \end{pmatrix} e^{\widetilde{\lambda}t + ilx}, \tag{8.41}$$

其中 $\widetilde{\lambda}$ 是在时间 t 的扰动增长率, i 是虚数单位, l 是波数. 将 (8.41) 代入 (8.40) 得到

$$\begin{vmatrix} -k^2 - \widetilde{\lambda} - \dfrac{1-a_1}{1-a_1a_2} & -a_1\dfrac{1-a_1}{1-a_1a_2} \\ -ra_2\dfrac{1-a_2}{1-a_1a_2} & -\widetilde{\lambda} - dk^2 - r\dfrac{1-a_2}{1-a_1a_2} \end{vmatrix} = 0,$$

也就是

$$\widetilde{\lambda}^2 + \left((d+1)k^2 + r\dfrac{1-a_2}{1-a_1a_2} + \dfrac{1-a_1}{1-a_1a_2} \right)\widetilde{\lambda}$$

$$+ k^2\left(dk^2 + r\dfrac{1-a_2}{1-a_1a_2} + dk^2\dfrac{1-a_1}{1-a_1a_2} + r\dfrac{(1-a_1)(1-a_2)}{1-a_1a_2} \right) = 0. \tag{8.42}$$

显然, 特征方程 (8.42) 有两个特征值, 因此平衡点 $\left(\dfrac{1-a_1}{1-a_1a_2}, \dfrac{1-a_2}{1-a_1a_2}\right)$ 是稳定的, 这表明经典的 Lotka-Volterra 竞争扩散系统 (8.39) 在平衡点 $\left(\dfrac{1-a_1}{1-a_1a_2}, \dfrac{1-a_2}{1-a_1a_2}\right)$ 附近没有分支.

现在考虑非局部效应对系统 (8.1) 的影响. 选取特殊的核函数 $\phi(x) = \dfrac{A}{\sigma}e^{-\frac{a}{\sigma}|x|} - \dfrac{1}{\sigma}e^{-\frac{|x|}{\sigma}}$, 其中 $A = \dfrac{3a}{2} > 0$, $a \in \left(\dfrac{2}{3}, \sqrt{\dfrac{2}{3}}\right)$. 令 $\phi_\sigma^+(x) = \dfrac{A}{\sigma}e^{-\frac{a}{\sigma}|x|}$ 和 $\phi_\sigma^-(x) = -\dfrac{1}{\sigma}e^{-\frac{|x|}{\sigma}}$. 定义

$$\widetilde{u}(t,x) = \left(\phi_\sigma^+ * u\right)(t,x), \quad \widehat{u}(t,x) = \left(\phi_\sigma^- * u\right)(t,x)$$

和

$$\widetilde{v}(t,x) = \left(\phi_\sigma^+ * v\right)(t,x), \quad \widehat{v}(t,x) = \left(\phi_\sigma^- * v\right)(t,x),$$

那么有

$$\widetilde{u}_{xx} = -\frac{a^2}{\sigma^2}\left(3u - \widetilde{u}\right), \quad \widehat{u}_{xx} = -\frac{1}{\sigma^2}(-2u - \widehat{u})$$

和

$$\widetilde{v}_{xx} = -\frac{a^2}{\sigma^2}\left(3v - \widetilde{v}\right), \quad \widehat{v}_{xx} = -\frac{1}{\sigma^2}(-2v - \widehat{v}).$$

因此, 系统 (8.1) 可以改写为

$$\begin{cases} u_t - u_{xx} = u(1 - \widetilde{u} - \widehat{u} - a_1 v), \\[2mm] v_t - dv_{xx} = rv(1 - \widetilde{v} - \widehat{v} - a_2 u), \\[2mm] 0 = \widetilde{u}_{xx} + \dfrac{a^2}{\sigma^2}(3u - \widetilde{u}), \\[2mm] 0 = \widehat{u}_{xx} + \dfrac{1}{\sigma^2}(-2u - \widehat{u}), \\[2mm] 0 = \widetilde{v}_{xx} + \dfrac{a^2}{\sigma^2}(3v - \widetilde{v}), \\[2mm] 0 = \widehat{v}_{xx} + \dfrac{1}{\sigma^2}(-2v - \widehat{v}). \end{cases} \tag{8.43}$$

显然, 系统 (8.43) 有正平衡解

$$(u^*, \ v^*, \ \widetilde{u}^*, \ \widehat{u}^*, \ \widetilde{v}^*, \ \widehat{v}^*)$$

$$= \left(\frac{1-a_1}{1-a_1a_2}, \ \frac{1-a_2}{1-a_1a_2}, \ \frac{3(1-a_1)}{1-a_1a_2}, \ -\frac{2(1-a_1)}{1-a_1a_2}, \ \frac{3(1-a_2)}{1-a_1a_2}, \ -\frac{2(1-a_2)}{1-a_1a_2} \right).$$

讨论在这点周围的 Turing 分支. 在平衡点 $(u^*, \ v^*, \ \widetilde{u}^*, \ \widehat{u}^*, \ \widetilde{v}^*, \ \widehat{v}^*)$ 附近对 (8.43) 线性化, 那么我们有

$$\begin{cases} u_t - u_{xx} = -\dfrac{a_1(1-a_1)}{1-a_1a_2}v - \dfrac{1-a_1}{1-a_1a_2}\widetilde{u} - \dfrac{1-a_1}{1-a_1a_2}\widehat{u}, \\[2mm] v_t - dv_{xx} = -ra_2\dfrac{1-a_2}{1-a_1a_2}u - r\dfrac{1-a_2}{1-a_1a_2}\widetilde{v} - r\dfrac{1-a_2}{1-a_1a_2}\widehat{v}, \\[2mm] 0 = \widetilde{u}_{xx} + \dfrac{1}{\sigma^2}(3a^2u - a^2\widetilde{u}), \\[2mm] 0 = \widehat{u}_{xx} + \dfrac{1}{\sigma^2}(-2u - \widehat{u}), \\[2mm] 0 = \widetilde{v}_{xx} + \dfrac{1}{\sigma^2}(3a^2u - a^2\widetilde{v}), \\[2mm] 0 = \widehat{v}_{xx} + \dfrac{1}{\sigma^2}(-2u - \widehat{v}). \end{cases} \tag{8.44}$$

选取以下形式的测试函数

$$\begin{pmatrix} u \\ v \\ \widetilde{u} \\ \widehat{u} \\ \widetilde{v} \\ \widehat{v} \end{pmatrix} = \sum_{k=1}^{\infty} \begin{pmatrix} C_k^1 \\ C_k^2 \\ C_k^3 \\ C_k^4 \\ C_k^5 \\ C_k^6 \end{pmatrix} e^{\lambda t + ikx}, \tag{8.45}$$

其中 λ 是在时间 t 的扰动增长率, i 是虚数单位, k 是波数. 将 (8.45) 代入 (8.44), 那么

$$\begin{vmatrix} -k^2 - \lambda & \dfrac{a_1(a_1-1)}{1-a_1a_2} & \dfrac{a_1-1}{1-a_1a_2} & \dfrac{a_1-1}{1-a_1a_2} & 0 & 0 \\[3mm] \dfrac{ra_2(a_2-1)}{1-a_1a_2} & -\lambda - dk^2 & 0 & 0 & \dfrac{r(a_2-1)}{1-a_1a_2} & \dfrac{r(a_2-1)}{1-a_1a_2} \\[3mm] \dfrac{3a^2}{\sigma^2} & 0 & -\dfrac{a^2}{\sigma^2} - k^2 & 0 & 0 & 0 \\[3mm] -\dfrac{2}{\sigma^2} & 0 & 0 & -\dfrac{1}{\sigma^2} - k^2 & 0 & 0 \\[3mm] 0 & \dfrac{3a^2}{\sigma^2} & 0 & 0 & -\dfrac{a^2}{\sigma^2} - k^2 & 0 \\[3mm] 0 & -\dfrac{2}{\sigma^2} & 0 & 0 & 0 & -\dfrac{1}{\sigma^2} - k^2 \end{vmatrix} = 0,$$

等价于

$$B\lambda^2 + D\lambda + E = 0, \tag{8.46}$$

其中

$$B = \left(\frac{1}{\sigma^2} + k^2\right)^2 \left(\frac{a^2}{\sigma^2} + k^2\right)^2,$$

$$D = (d+1)k^2\left(\frac{1}{\sigma^2} + k^2\right)^2\left(\frac{a^2}{\sigma^2} + k^2\right)^2 + \frac{3a^2}{\sigma^2} \cdot \frac{1-a_1}{1-a_1 a_2}\left(\frac{a^2}{\sigma^2} + k^2\right)\left(\frac{1}{\sigma^2} + k^2\right)^2$$

$$- \frac{2}{\sigma^2} \cdot \frac{1-a_1}{1-a_1 a_2}\left(\frac{1}{\sigma^2} + k^2\right)\left(\frac{a^2}{\sigma^2} + k^2\right)^2 + \frac{3a^2 r}{\sigma^2} \cdot \frac{1-a_2}{1-a_1 a_2}\left(\frac{a^2}{\sigma^2} + k^2\right)$$

$$\times \left(\frac{1}{\sigma^2} + k^2\right)^2 - \frac{2r}{\sigma^2} \cdot \frac{1-a_2}{1-a_1 a_2}\left(\frac{1}{\sigma^2} + k^2\right)\left(\frac{a^2}{\sigma^2} + k^2\right)^2,$$

$$E = \left(\frac{1}{\sigma^2} + k^2\right)^2\left(\frac{a^2}{\sigma^2} + k^2\right)^2\left(dk^4 - ra_1 a_2 \frac{(1-a_1)(1-a_2)}{(1-a_1 a_2)^2}\right)$$

$$+ dk^2\left[\frac{3a^2}{\sigma^2} \cdot \frac{1-a_1}{1-a_1 a_2} \times \left(\frac{a^2}{\sigma^2} + k^2\right)\left(\frac{1}{\sigma^2} + k^2\right)^2\right.$$

$$\left. - \frac{2}{\sigma^2} \cdot \frac{1-a_1}{1-a_1 a_2}\left(\frac{1}{\sigma^2} + k^2\right)\left(\frac{a^2}{\sigma^2} + k^2\right)^2\right] + \left[\frac{2r}{\sigma^2} \times \frac{1-a_2}{1-a_1 a_2}\left(\frac{a^2}{\sigma^2} + k^2\right)\right.$$

$$\left. - \frac{3a^2 r}{\sigma^2} \cdot \frac{1-a_2}{1-a_1 a_2}\left(\frac{1}{\sigma^2} + k^2\right)\right] \times \left[\frac{2}{\sigma^2} \cdot \frac{1-a_1}{1-a_1 a_2}\left(\frac{a^2}{\sigma^2} + k^2\right)\right.$$

$$\left. - \frac{3a^2}{\sigma^2} \cdot \frac{1-a_1}{1-a_1 a_2}\left(\frac{1}{\sigma^2} + k^2\right) - k^2\left(\frac{1}{\sigma^2} + k^2\right)\left(\frac{a^2}{\sigma^2} + k^2\right)\right].$$

那么, 有以下结果.

定理 8.7 如果 σ 足够小, 那么系统 (8.43) 的平衡点 $(u^*, v^*, \widetilde{u}^*, \widehat{u}^*, \widetilde{v}^*, \widehat{v}^*)$ 是稳定的.

证明 为证明结论是正确的, 只要证明特征方程 (8.46) 具有两个负根, 也就是证明

$$D > 0, \quad E > 0.$$

因为 σ 足够小, 那么只需要证明 $\frac{1}{\sigma^8}$ 的系数在 D 中是正的. 由 (8.46) 可知 $\frac{1}{\sigma^8}$ 在

D 中的系数是

$$
\begin{aligned}
& k^2 \times a^4 \times (d+1) + 3a^2 \times a^2 \times \frac{1-a_1}{1-a_1a_2} - 2a^4 \times \frac{1-a_1}{1-a_1a_2} \\
& + 3ra^2 \times a^2 \times \frac{1-a_2}{1-a_1a_2} - 2ra^4 \times \frac{1-a_2}{1-a_1a_2} \\
& = k^2a^4(d+1) + a^4\frac{1-a_1}{1-a_1a_2} + ra^4\frac{1-a_2}{1-a_1a_2}.
\end{aligned}
$$

显然, 它是正的, 所以当 σ 足够小时 $D > 0$. 下面考虑 E 中的系数 $\frac{1}{\sigma^8}$. 类似地, $\frac{1}{\sigma^8}$ 在 E 中的系数

$$
\begin{aligned}
& a^4\left(dk^4 - ra_1a_2\frac{(1-a_1)(1-a_2)}{(1-a_1a_2)^2}\right) + dk^2\left(3a^4\frac{1-a_1}{1-a_1a_2} - 2a^4\frac{1-a_1}{1-a_1a_2}\right) \\
& + \left(2ra^2\frac{1-a_2}{1-a_1a_2} - 3ra^2\frac{1-a_2}{1-a_1a_2}\right)\left(2a^2\frac{1-a_1}{1-a_1a_2} - 3a^2\frac{1-a_1}{1-a_1a_2} - k^2a^2\right) \\
& = da^4k^4 + dk^2a^4\frac{1-a_1}{1-a_1a_2} + ra^4k^2 + ra^4\frac{(1-a_1)(1-a_2)}{1-a_1a_2}
\end{aligned}
$$

是正的. 因此当 σ 足够小时 $E > 0$.　　　　　　　　　　　　　　$\square$

　　另外, 很容易看出当 $\sigma \to +\infty$ 时, 存在满足 $E < 0$ 的 $k > 0$. 根据 Veda 定理, 我们知道特征方程 (8.46) 必须具有正特征值. 因此, 系统 (8.43) 的平衡点 $(u^*, v^*, \widetilde{u}^*, \widehat{u}^*, \widetilde{v}^*, \widehat{v}^*)$ 不稳定. 一个自然的问题: 由 Turing 分支引起的系统 (8.43) 的平衡点何时变得不稳定?

　　现在给出一些充分条件, 以保证 (8.43) 中存在 Turing 分支.

　　定理 8.8　存在 k_T 和 $\sigma_T > 0$, 当 $k = k_T$ 和 $\sigma = \sigma_T$ 时使得 (8.43) 在唯一的平衡点附近出现 Turing 分支.

　　证明　因为当 $k = 0$ 时

$$
\begin{aligned}
D &= \frac{3a^2}{\sigma^2}\cdot\frac{1-a_1}{1-a_1a_2}\cdot\frac{1}{\sigma^4}\cdot\frac{a^2}{\sigma^2} - \frac{2}{\sigma^2}\cdot\frac{1-a_1}{1-a_1a_2}\cdot\frac{1}{\sigma^2}\cdot\frac{a^4}{\sigma^4} \\
& + \frac{3a^2r}{\sigma^2}\cdot\frac{1-a_2}{1-a_1a_2}\cdot\frac{1}{\sigma^4}\cdot\frac{a^2}{\sigma^2} - \frac{2r}{\sigma^2}\cdot\frac{1-a_2}{1-a_1a_2}\frac{a^4}{\sigma^4}\cdot\frac{1}{\sigma^2} \\
&= \frac{a^4}{\sigma^8}\cdot\frac{1-a_1}{1-a_1a_2} + \frac{ra^4}{\sigma^8}\cdot\frac{1-a_2}{1-a_1a_2} > 0, \qquad\qquad (8.47)
\end{aligned}
$$

所以系统 (8.43) 不存在 Hopf 分支. 注意在 $k = k_T \neq 0$ 时, $\mathrm{Im}(\lambda_k) = 0$, $\mathrm{Re}(\lambda_k) = 0$, 那么 (8.43) 会出现 Turing 分支. 因为当 $k = 0$ 时

$$E = -\frac{a^4}{\sigma^8}ra_1a_2 \cdot \frac{(1-a_1)(1-a_2)}{(1-a_1a_2)^2} + \left(\frac{2r}{\sigma^2} \cdot \frac{1-a_2}{1-a_1a_2} \cdot \frac{a^2}{\sigma^2} - \frac{3a^2r}{\sigma^2} \cdot \frac{1-a_2}{1-a_1a_2} \cdot \frac{1}{\sigma^2}\right)$$

$$\times \left(\frac{2}{\sigma^2} \cdot \frac{1-a_1}{1-a_1a_2} \cdot \frac{a^2}{\sigma^2} - \frac{3a^2}{\sigma^2} \cdot \frac{1-a_1}{1-a_1a_2} \cdot \frac{1}{\sigma^2}\right)$$

$$= \frac{ra^4(1-a_1a_2)}{\sigma^8} \cdot \frac{(1-a_1)(1-a_2)}{(1-a_1a_2)^2} > 0, \tag{8.48}$$

而当 $\sigma \to +\infty$ 时, 存在 $k > 0$ 使得 $E < 0$, 那么很容易得到存在 $k_T > 0$ 和 $\sigma_T > 0$ 使得

$$\begin{cases} E'(k_T) = 0, \\ E(k_T, \sigma_T) = 0. \end{cases}$$

联立 (8.47) 和 (8.48), 系统 (8.1) 将会在 $k = k_T$ 和 $\sigma = \sigma_T$ 出现 Turing 分支. $\quad\square$

由定理 8.7 可得若 σ 足够小, 则系统 (8.43) 的平衡点 $(u^*, v^*, \widetilde{u}^*, \widehat{u}^*, \widetilde{v}^*, \widehat{v}^*)$ 是稳定的. 进一步, 定理 8.8 表明存在 $k = k_T$ 和 $\sigma = \sigma_T$ 使得系统 (8.43) 出现 Turing 分支. 令 $d = 0.1, r = 2, a = 0.7, a_1 = 0.4, a_2 = 0.5$, 可证得当 σ 充分小时, 平衡点是稳定的, 并且通过数值模拟发现当 $\sigma = 1.5, k = 1.142$ 时, 系统 (8.43) 的确在平衡点 $(u^*, v^*, \widetilde{u}^*, \widehat{u}^*, \widetilde{v}^*, \widehat{v}^*)$ 附近出现 Turing 分支.

令

$$u(x,0) = \begin{cases} \dfrac{1-a_1}{1-a_1a_2}, & x \leqslant L_0, \\ 0, & x > L_0 \end{cases} \tag{8.49}$$

和

$$v(x,0) = \begin{cases} \dfrac{1-a_2}{1-a_1a_2}, & x \leqslant L_0, \\ 0, & x > L_0. \end{cases} \tag{8.50}$$

通过 $\widetilde{u}(t,x)$ 和 $\widehat{u}(t,x)$ 的定义, 得到

$$\widetilde{u}(x,0) = \int_{\mathbb{R}} \frac{A}{\sigma}e^{-\frac{a}{\sigma}|x-y|}u(y,0)dy$$

$$= \begin{cases} \dfrac{3(1-a_1)}{1-a_1a_2}\left(1 - \dfrac{1}{2}e^{\frac{a(x-L_0)}{\sigma}}\right), & x \leqslant L_0, \\ \dfrac{3}{2} \cdot \dfrac{1-a_1}{1-a_1a_2}e^{-\frac{a(x-L_0)}{\sigma}}, & x > L_0 \end{cases} \tag{8.51}$$

和

$$\widehat{v}(x,0) = \int_{\mathbb{R}} -\frac{1}{\sigma}e^{-\frac{1}{\sigma}|x-y|}v(y,0)dy$$

$$= \begin{cases} -\dfrac{2(1-a_2)}{1-a_1a_2}\left(1-\dfrac{1}{2}e^{\frac{x-L_0}{\sigma}}\right), & x \leqslant L_0, \\ -\dfrac{1-a_2}{1-a_1a_2}e^{-\frac{x-L_0}{\sigma}}, & x > L_0. \end{cases} \qquad (8.52)$$

使用初始值条件 (8.49)—(8.52) 和 Neumann 边界条件, 我们通过 MATLAB 中的 pdepe 函数对系统 (8.43) 进行数值模拟 (参见图 8.2). 从图 8.2 中, 可以看到平衡点 $(u^*,\ v^*,\ \widetilde{u}^*,\ \widehat{u}^*,\ \widetilde{v}^*,\ \widehat{v}^*)$ 在当 σ 足够小时 (这里 $\sigma = 0.3$), 并且当 $\sigma = 1.5, k = 1.142$ 时系统 (8.43) 确实存在 Turing 分支 (甚至是周期性的稳态). 此外, 系统 (8.1) 在正平衡附近具有相似的结果. 另外, 这里主要考虑 σ 对系统 (8.1) 的分支的影响. 同样, 也可以考虑 a_1 (或 a_2) 对系统 (8.1) 的分支的影响, 请参见图 8.3 和图 8.4.

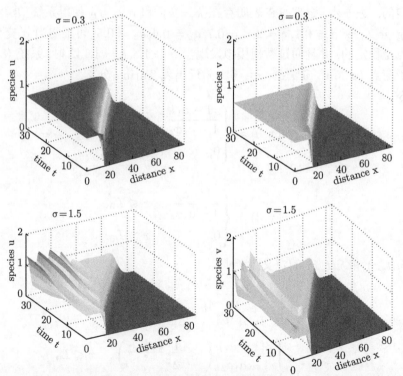

图 8.2　表示非局部 Lotka-Volterra 竞争扩散系统 (8.1) 中函数 $u(x,t)$ 的时空演化图 (左边) 和 $v(x,t)$ 的时空演化图 (右边). 其中计算区域为 $x \in [0, 85], t \in [0, 30]$. 并且相应的参数为 $L_0 = 15, \sigma = 0.3$ 或 1.5 (彩图请扫封底二维码)

在图 8.3 和图 8.4 中, 系统 (8.1) 的解随着 a_1 的增加会出现一个 "波峰", 则平衡解 $(u^*, v^*) = \left(\dfrac{1-a_1}{1-a_1a_2}, \dfrac{1-a_2}{1-a_1a_2} \right)$ 的稳定性将发生变化, 在 $u = u^*$ 和 $v = v^*$ 附近会出现周期性的稳态. 因此, 获得了一个非常有趣的结果: 种间竞争可以促进 (8.1) 中分支的形成.

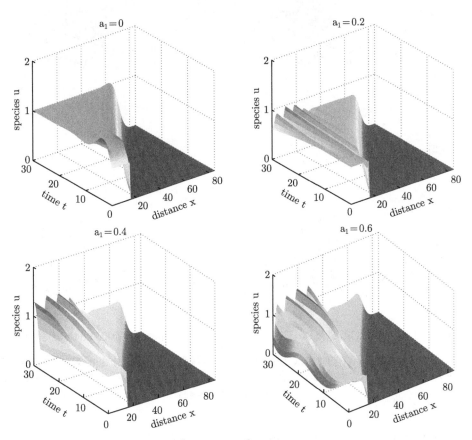

图 8.3 表示当核函数取 $\phi_\sigma(x) = \dfrac{3a}{2\sigma} e^{-\frac{a}{\sigma}|x|} - \dfrac{1}{\sigma} e^{-\frac{|x|}{\sigma}}$ 时, 非局部 Lotka-Volterra 竞争扩散系统 (8.1) 中函数 $u(x, t)$ 的时空演化图. 其中计算区域为 $x \in [0, 85], t \in [0, 30]$. 并且相应的参数为 $L_0 = 15$, $a = 0.7$, $\sigma = 1.5$, $d = 0.1$, $r = 2$. 另外, a_1 的取值依次为 0, 0.2, 0.4, 0.6 (彩图请扫封底二维码)

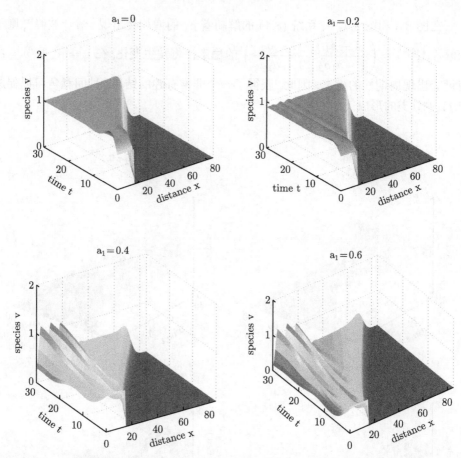

图 8.4　表示当核函数取 $\phi_\sigma(x) = \dfrac{3a}{2\sigma}e^{-\frac{a}{\sigma}|x|} - \dfrac{1}{\sigma}e^{-\frac{|x|}{\sigma}}$ 时, 非局部 Lotka-Volterra 竞争扩散
系统 (8.1) 中函数 $v(x,t)$ 的时空演化图. 其中计算区域为 $x \in [0,85], t \in [0,30]$. 并且相应的
参数为 $L_0 = 15$, $a = 0.7$, $\sigma = 1.5$, $d = 0.1$, $r = 2$. 另外, a_1 的取值依次为 0, 0.2, 0.4, 0.6
(彩图请扫封底二维码)

此外, 值得注意的是, 如果将 (8.49) 和 (8.50) 中的初值取为

$$u(x,0) = \begin{cases} \dfrac{1-a_1}{1-a_1 a_2}(1 - \tau \sin(bx)), & x \leqslant L_0, \\[3mm] \dfrac{1-a_1}{1-a_1 a_2}, & x > L_0 \end{cases}$$

和

$$v(x,0) = \begin{cases} \dfrac{1-a_2}{1-a_1a_2}(1-\tau\sin(bx)), & x \leqslant L_0, \\[3mm] \dfrac{1-a_2}{1-a_1a_2}, & x > L_0, \end{cases}$$

其中 τ 和 b 是常数. 可以获得另一个周期解, 它将平衡点连接到周期稳态, 参见图 8.5.

图 8.2—图 8.5 表示 (8.1) 解的渐近行为与经典系统非常不同. 今后, 我们将进一步探索这方面的结果, 并给出理论证明.

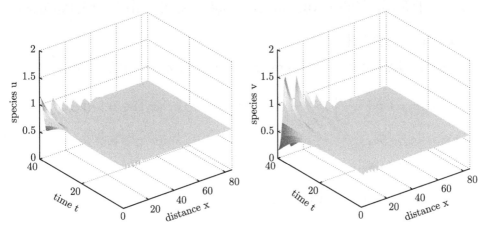

图 8.5 表示非局部 Lotka-Volterra 竞争扩散系统 (8.1) 中的函数 $u(x,t)$ 的时空演化图 (左边) 和函数 $v(x,t)$ 的时空演化图 (右边). 其中计算区域为 $x \in [0,85]$, $t \in [0,40]$. 并且相应的参数为 $L_0 = 15, \sigma = 4/3, b = 5, \tau = 0.1$ (彩图请扫封底二维码)

第 9 章 非局部 Belousov-Zhabotinski 反应扩散系统的全局动力学

在本章中, 我们给出非局部 Belousov-Zhabotinski 反应扩散系统解的适定性、行波解的存在性及渐近行为.

9.1 非局部 Belousov-Zhabotinski 反应扩散系统的适定性

9.1.1 背景及发展现状

这节我们将考虑如下 Belousov-Zhabotinski (B-Z) 反应扩散系统:

$$
\begin{cases}
u_t = u_{xx} + u\left(1 - \int_{\mathbb{R}} \phi(x-y)u(y,t)dy - rv\right), & (x,t) \in \mathbb{R} \times (0,\infty), \\
v_t = v_{xx} - buv, & (x,t) \in \mathbb{R} \times (0,\infty), \\
u(x,0) = u_0(x), \quad v(x,0) = v_0(x), & x \in \mathbb{R},
\end{cases}
\tag{9.1}
$$

其中 ϕ, u_0 和 v_0 都是连续的且满足

$$
\begin{cases}
\phi(x) \geqslant 0, \quad \phi \in L^1(\mathbb{R}), \quad \int_{\mathbb{R}} \phi(x)dx = 1, \\
u_0(x) \geqslant 0, \quad v_0(x) \geqslant 0, \quad u_0, v_0 \in L^\infty(\mathbb{R}),
\end{cases}
$$

其中 u 和 v 分别表示溴酸和溴离子的浓度. 积分项 $u(x,t)\left(\int_{\mathbb{R}} \phi(x-y)u(y,t)dy\right)$ 表示反应物 (溴酸) 在一点处与整体的反应. 系数 b, r 都是正的.

B-Z 反应扩散系统广泛应用于解决生物和化学问题, 吸引了许多数学工作者, 并取得了大量的成果. 作为非平衡热力学的经典例子, 此反应是 Belousov[15] 在使用铈作为催化剂的化学实验中首次发现的, 并且发现柠檬酸被溴离子氧化时, 溶液的颜色呈现淡黄色和无色的交替现象. 主要反应过程如以下方程式所示:

A $BrO_3^- + 2Br^- + 3CH_2(COOH)_2 \rightarrow 3BrCH_2(COOH)_2 + 3H_2O$

B $4Ce^{3+} + BrO_3^- + 5H^+ \rightarrow HOBr + 2H_2O + 4Ce^{4+}$

C $4Ce^+ + CH_2(COOH)_2 + HOBr + H_2O \rightarrow 2Br^- + 4Ce^{3+} + 3CO_2 + 6H^+$

其中, 过程 "A" 降低了 Br^- 的浓度, 过程 "C" 提高了 Br^- 的浓度. 在自催化过程 "B" 中, 宏观现象下可以看出 Ce^{4+} 和 Ce^{3+} 的变化. 在文章 [52, 215] 中有关于 B-Z 反应的更多解释. 后来, Murray[131, 132] 人为引入一个参数 r, 并无量纲化了早期建立的 B-Z 反应方程, 从而得到了著名的 B-Z 反应扩散系统:

$$\begin{cases} u_t(x,t) = \Delta u(x,t) + u(x,t)(1 - u(x,t) - rv(x,t)), \\ v_t(x,t) = \Delta v(x,t) - bu(x,t)v(x,t). \end{cases} \quad (9.2)$$

近年来, B-Z 反应扩散系统 (9.2) 解的性质已有广泛的研究, 主要集中在研究系统 (9.2) 的行波解的存在性[113, 168, 191]、最小波速[149, 169, 206]、渐近行为[135, 170, 211] 和斑图[143, 179] 等. 其中, Troy[168] 用打靶法证明了系统 (9.2) 行波解的存在性. 后来, Kapel[206] 考虑了系统 (9.2) 的行波解的存在性, 并且得到可允许波速的精度估计. Trofimchuk 等[170] 研究了系统 (9.2) 波前解的存在性和渐近行为. 此外, Wu 和 Zou[191] 研究了时滞问题:

$$\begin{cases} u_t(x,t) = \Delta u(x,t) + u(x,t)(1 - u(x,t) - rv(x,t-h)), \\ v_t(x,t) = \Delta v(x,t) - bu(x,t)v(x,t). \end{cases} \quad (9.3)$$

他们通过单调迭代法证明了问题 (9.3) 解的存在性. Trofimchuk 等[169] 证明了最小传播速度的存在性. 关于斑图的研究, Owolabi 和 Hammouch[143] 使用 Atangana-Baleanu 分数阶导数代替标准的整数阶时间导数, 研究解的存在性和稳定性. 另外, 对于高维问题, 主要研究曲面行波解和 V 形的锐波, 具体可参见 [138, 139].

没有任何限制条件的情况下, 非局部效应的引入对反应扩散系统 (如 Lotka-Volterra 竞争系统) 的动力学行为有很大影响. 一个非常自然的问题: 非局部效应对 B-Z 反应扩散系统的影响是什么? 受文章 [32, 92] 的启发, 本节尝试解决或部分解决系统 (9.1) 解的全局动力学行为, 包括解的存在性、唯一性和一致有界性. 类似于文章 [32, 41, 89, 91, 92], 由于引入了非局部效应, 所以比较原理不再适用. 另外, B-Z 系统本身的困难是缺少控制项, 这使得经典方法无法使用. 为了克服这些困难, 重新定义合适的上、下解, 进一步构造了四个单调迭代序列. 利用比较原理和基本解得到解的存在性和唯一性. 通过构造辅助函数证明系统 (9.1) 解的有界性. 并通过数值模拟展现引入非局部效应的系统的解与经典系统的解的形态变化.

本章的结构如下. 在 9.2 节中, 给出相应的准备工作; 在 9.3 节中, 给出解的存在性、唯一性以及有界性的证明; 在 9.4 节中, 给出解的稳定性分析和数值模拟.

9.1.2 比较原理

在这节中, 给出一些准备工作. 首先给出系统 (9.1) 的上下解的定义, 从而建立比较原理. 为了方便, 令 $I_T = \mathbb{R} \times (0, T)$ 和 $I_T \cup B_T = \mathbb{R} \times [0, T)$. 下面, 给出如下 (9.1) 上下解的定义.

定义 9.1　如果 $(\overline{u}(x, t), \overline{v}(x, t))$ 和 $(\underline{u}(x, t), \underline{v}(x, t))$ 满足

(i) $\overline{u}$, $\overline{v}$, $\underline{u}$, $\underline{v} \in C^{2,1}(I_T) \cap C_B(I_T \cup B_T)$ 且 $\overline{u}(\cdot, t)$, $\overline{v}(\cdot, t)$, $\underline{u}(\cdot, t)$, $\underline{v}(\cdot, t) \in L^1(-\infty, \infty)$, 其中 C_B 是一个有界连续空间;

(ii) 对任意 $x \in \mathbb{R}$ 有 $\overline{u}(x, 0) \geqslant u_0(x) \geqslant \underline{u}(x, 0)$ 和 $\overline{v}(x, 0) \geqslant v_0(x) \geqslant \underline{v}(x, 0)$;

(iii) 对任意 $(x, t) \in I_T$, 有

$$\begin{cases} \overline{u}_t \geqslant \overline{u}_{xx} + \overline{u}\left(1 - \int_{\mathbb{R}} \phi(x - y)\underline{u}(y)dy - r\underline{v}\right), \\ \overline{v}_t \geqslant \overline{v}_{xx} - b\underline{u}\overline{v} \end{cases} \tag{9.4}$$

和

$$\begin{cases} \underline{u}_t \leqslant \underline{u}_{xx} + \underline{u}\left(1 - \int_{\mathbb{R}} \phi(x - y)\overline{u}(y)dy - r\overline{v}\right), \\ \underline{v}_t \leqslant \underline{v}_{xx} - bu\underline{v} \end{cases} \tag{9.5}$$

成立, 则 $(\overline{u}(x, t), \overline{v}(x, t))$ 和 $(\underline{u}(x, t), \underline{v}(x, t))$ 分别称为系统 (9.1) 在 I_T 上的上解和下解.

在此基础上, 建立如下比较原理.

定理 9.1　假设函数 $\overline{u}(x, t)$, $\underline{u}(x, t)$, $\overline{v}(x, t)$, $\underline{v}(x, t)$ 非负有界, $(\overline{u}(x, t), \overline{v}(x, t))$ 和 $(\underline{u}(x, t), \underline{v}(x, t))$ 分别是系统 (9.1) 的上下解. 则对任意 $(x, t) \in I_T \cup B_T$ 都有

$$\overline{u}(x, t) \geqslant \underline{u}(x, t) \quad \text{和} \quad \overline{v}(x, t) \geqslant \underline{v}(x, t).$$

证明　为了方便, 用 $(\phi * u)(x)$ 来表示 $\displaystyle\int_{\mathbb{R}} \phi(x - y)u(y)dy$. 令 $u(x, t) = \overline{u}(x, t) - \underline{u}(x, t)$ 且 $v(x, t) = \overline{v}(x, t) - \underline{v}(x, t)$, 则对任意 $(x, t) \in I_T$, 都有

$$\begin{aligned} u_t - u_{xx} &\geqslant \overline{u}(1 - \phi * \underline{u} - r\underline{v}) - \underline{u}(1 - \phi * \overline{u} - r\overline{v}) \\ &= u - \overline{u}(\phi * \underline{u}) + \underline{u}(\phi * \overline{u}) - r\overline{u}\underline{v} + r\underline{u}\overline{v} \\ &= u - u(\phi * \overline{u}) + \overline{u}(\phi * u) + r\overline{u}v - ru\overline{v} \\ &= (1 - (\phi * \overline{u}) - r\overline{v})u + \overline{u}(\phi * u) + r\overline{u}v. \end{aligned}$$

定义

$$d(x,t) := -(1 - (\phi * \overline{u}) - r\overline{v}),$$

从而

$$\begin{cases} u_t - u_{xx} + d(x,t)u \geqslant \overline{u}(\phi * u) + r\overline{u}v, & (x,t) \in I_T, \\ u(x,0) \geqslant 0, & x \in \mathbb{R}. \end{cases} \tag{9.6}$$

类似地, 对任意 $(x,t) \in I_T$, $v(x,t)$ 满足

$$v_t - v_{xx} \geqslant -b\underline{u}\,\overline{v} + b\overline{u}\,\underline{v} = bu\overline{v} - b\overline{u}v,$$

从而

$$\begin{cases} v_t - v_{xx} \geqslant bu\overline{v} - b\overline{u}v, & (x,t) \in I_T, \\ v(x,0) \geqslant 0, & x \in \mathbb{R}. \end{cases} \tag{9.7}$$

取充分大的 $\sigma > 0$, 使得对任意 $(x,t) \in I_T$, 都有

$$d_1(x,t) := \sigma - (1 - (\phi * u) - r\overline{v}) \geqslant 0$$

和

$$d_2(x,t) := \sigma + b\overline{u} - r\overline{u} = \sigma + (b-r)\overline{u} \geqslant 0.$$

令 $\widetilde{u} = e^{-\sigma t}u$ 且 $\widetilde{v} = e^{-\sigma t}v$, 则 (9.6) 和 (9.7) 可分别改写为

$$\begin{cases} \widetilde{u}_t - \widetilde{u}_{xx} + (d_1(x,t) + b\overline{v})\,\widetilde{u} \geqslant \overline{u}(\phi * \widetilde{u}) + r\overline{u}\widetilde{v}, & (x,t) \in I_T, \\ \widetilde{u}(x,0) \geqslant 0, & x \in \mathbb{R} \end{cases} \tag{9.8}$$

和

$$\begin{cases} \widetilde{v}_t - \widetilde{v}_{xx} + (d_2(x,t) + r\overline{u})\,\widetilde{v} \geqslant b\widetilde{u}\overline{v}, & (x,t) \in I_T, \\ \widetilde{v}(x,0) \geqslant 0, & x \in \mathbb{R}. \end{cases} \tag{9.9}$$

令 $\widetilde{w} = \widetilde{u} + \widetilde{v}$, 则

$$\begin{cases} \widetilde{w}_t - \widetilde{w}_{xx} + d_1\widetilde{u} + d_2\widetilde{v} \geqslant \overline{u}(\phi * \widetilde{u}), & (x,t) \in I_T, \\ \widetilde{w}(x,0) \geqslant 0, & x \in \mathbb{R}, \end{cases}$$

它等价于

$$\begin{cases} \widetilde{w}_t - \widetilde{w}_{xx} + (d_1 + d_2)\,\widetilde{w} \geqslant \overline{u}(\phi * \widetilde{u}) + d_1\widetilde{v} + d_2\widetilde{u}, & (x,t) \in I_T, \\ \widetilde{w}(x,0) \geqslant 0, & x \in \mathbb{R}. \end{cases}$$

又因为 $\bar{u}$, $\underline{u}$, $\bar{v}$, $\underline{v}$ 都是 $I_T \cup B_T$ 上的非负有界函数, 从而存在 $M > 0$, 使得对任意 $(x, t) \in I_T \cup B_T$ 有

$$0 \leqslant \bar{u},\ \underline{u},\ \bar{v},\ \underline{v} \leqslant M$$

成立. 另外, $d_1(x, t)$ 和 $d_2(x, t)$ 都是 $I_T \cup B_T$ 上的非负有界函数. 下面, 证明在 I_{T_0} 上有

$$\widetilde{w} \geqslant 0,$$

其中

$$T_0 = \min \left\{ T, \frac{s_1 s_2}{2M s_2 + s_2 \tilde{d}_2 + s_1 \tilde{d}_1} \right\},$$

$$\tilde{d}_1 = \max_{(x,t) \in I_T} d_1(x, t), \quad \tilde{d}_2 = \max_{(x,t) \in I_T} d_2(x, t),$$

且 s_1, s_2 是正常数, s_1, s_2 还满足后面的 (9.10). 反证, 假设结论不成立, 则在 I_{T_0} 的某些点处有 $\widetilde{w} < 0$, 又因为 $\widetilde{u}$ 和 $\widetilde{v}$ 都是有界的, 从而

$$\widetilde{w}_{\inf} = \inf_{(x,t) \in I_{T_0}} \widetilde{w}(x, t) < 0.$$

另外

$$\inf_{(x,t) \in I_{T_0}} \widetilde{w}(x, t) \geqslant \inf_{(x,t) \in I_{T_0}} \widetilde{u}(x, t) + \inf_{(x,t) \in I_{T_0}} \widetilde{v}(x, t)$$

$$\geqslant \inf_{(x,t) \in I_T} \widetilde{u}(x, t) + \inf_{(x,t) \in I_T} \widetilde{v}(x, t)$$

$$= \widetilde{u}_{\inf} + \widetilde{v}_{\inf},$$

其中 $\widetilde{u}_{\inf} := \inf_{(x,t) \in I_T} \widetilde{u}(x, t)$ 和 $\widetilde{v}_{\inf} := \inf_{(x,t) \in I_T} \widetilde{v}(x, t)$, 则存在两个正常数 s_1, s_2 和 I_{T_0} 中的一个点 (x^*, t^*) 满足

$$\widetilde{w}(x^*, t^*) \leqslant 0$$

和

$$\widetilde{w}(x^*, t^*) \leqslant s_1 \widetilde{u}_{\inf}, \quad \widetilde{w}(x^*, t^*) \leqslant s_2 \widetilde{v}_{\inf}. \tag{9.10}$$

定义

$$w = \frac{\widetilde{w}}{1 + x^2 + \zeta t},$$

其中 ζ 是一个正常数 (稍后给出它的取值范围), 则有

$$(\zeta - 2)w - 4xw_x + \left(1 + x^2 + \zeta t\right)(w_t - w_{xx}) + (d_1 + d_2)\left(1 + x^2 + \zeta t\right) w$$

$$\geqslant \overline{u}(\phi * \widetilde{u}) + d_2\widetilde{u} + d_1\widetilde{v},$$

从而

$$
\begin{cases}
(1 + x^2 + \zeta t)\,(w_t - w_{xx} + (d_1 + d_2)w) + (\zeta - 2)w - 4xw_x \\
\qquad \geqslant \overline{u}(\phi * \widetilde{u}) + d_2\widetilde{u} + d_1\widetilde{v}, & (x,t) \in I_T, \\
w(x,0) \geqslant 0, & x \in \mathbb{R}.
\end{cases}
\tag{9.11}
$$

由 (9.11) 结合 $\lim_{|x| \to +\infty} w(x,t) = 0$ 可知, w 在 I_{T_0} 中的 $(\widetilde{x}, \widetilde{t})$ 处达到最小值 $w_{\min}$ (< 0), 因此

$$w_{\min} = \min_{(x,t) \in I_{T_0}} \frac{\widetilde{w}(x,t)}{1 + x^2 + \zeta t} \leqslant \frac{\widetilde{w}(x^*, t^*)}{1 + (x^*)^2 + \zeta t^*}.$$

结合 (9.10) 可得

$$w_{\min} \leqslant \frac{s_1 \widetilde{u}_{\inf}}{1 + (x^*)^2 + \zeta t^*} \quad \text{和} \quad w_{\min} \leqslant \frac{s_2 \widetilde{v}_{\inf}}{1 + (x^*)^2 + \zeta t^*},$$

它等价于

$$\widetilde{u}_{\inf} \geqslant \frac{(1 + (x^*)^2 + \zeta t^*)\, w_{\min}}{s_1} \quad \text{和} \quad \widetilde{v}_{\inf} \geqslant \frac{(1 + (x^*)^2 + \zeta t^*)\, w_{\min}}{s_2}. \tag{9.12}$$

又因为 $w_t \leqslant 0$, $w_{xx} \geqslant 0$ 且在 $(\widetilde{x}, \widetilde{t})$ 处 $w_x = 0$, 结合 (9.11) 可得

$$(d_1 + d_2)\,(1 + \widetilde{x}^2 + \zeta\widetilde{t})\, w_{\min} + (\zeta - 2)w_{\min} \geqslant \overline{u}\widetilde{u}_{\inf} + d_2\widetilde{u}_{\inf} + d_1\widetilde{v}_{\inf}. \tag{9.13}$$

此外, 由 (9.12) 和 (9.13) 知

$$(\zeta - 2)w_{\min} \geqslant \overline{u}\widetilde{u}_{\inf} + d_2\widetilde{u}_{\inf} + d_1\widetilde{v}_{\inf},$$

它等价于

$$(\zeta - 2)w_{\min} \geqslant \overline{u}\frac{(1 + (x^*)^2 + \zeta t^*)\, w_{\min}}{s_1} + d_2\frac{(1 + (x^*)^2 + \zeta t^*)\, w_{\min}}{s_1}$$
$$+ d_1\frac{(1 + (x^*)^2 + \zeta t^*)\, w_{\min}}{s_2}.$$

因此,

$$(\zeta - 2) \leqslant \frac{\overline{u}}{s_1}\left(1 + (x^*)^2 + \zeta t^*\right) + \frac{d_2}{s_1}\left(1 + (x^*)^2 + \zeta t^*\right) + \frac{d_1}{s_2}\left(1 + (x^*)^2 + \zeta t^*\right),$$

进一步,

$$\left(1-\frac{\overline{u}}{s_1}t^*-\frac{d_2}{s_1}t^*-\frac{d_1}{s_2}t^*\right)\zeta \leqslant \frac{\overline{u}}{s_1}\left(1+(x^*)^2\right)+\frac{d_2}{s_1}\left(1+(x^*)^2\right)+2+\frac{d_1}{s_2}\left(1+(x^*)^2\right),$$

它说明

$$\left(1-\left(\frac{M}{s_1}+\frac{\widetilde{d}_2}{s_1}+\frac{\widetilde{d}_1}{s_2}\right)T_0\right)\zeta \leqslant \left(\frac{\overline{u}}{s_1}+\frac{d_2}{s_1}+\frac{d_1}{s_2}\right)\left(1+(x^*)^2\right)+2,$$

其中 $\widetilde{d}_1 = \max_{(x,t)\in I_T} d_1(x,t)$ 且 $\widetilde{d}_2 = \max_{(x,t)\in I_T} d_2(x,t)$. 又因为 x^* 与 ζ 无关, 如果取 ζ 充分大, 则得到矛盾. 所以对任意 $(x,t)\in I_{T_0}\cup B_{T_0}$ 都有

$$\widetilde{w}(x,t)\geqslant 0.$$

而如果 $T>T_0$, 将 $t=T_0$ 作为初始时刻, 类似于上述过程可得, 对任意 $(x,t)\in I_T\cup B_T$ 都有

$$\widetilde{w}(x,t)\geqslant 0.$$

接下来, 应用上述结论, 证明对任意 $(x,t)\in I_T\cup B_T$, 有 $\widetilde{v}(x,t)\geqslant 0$. 由 (9.9) 得

$$\begin{cases}\widetilde{v}_t-\widetilde{v}_{xx}+(\sigma+b\overline{v}+b\overline{u})\widetilde{v}\geqslant b(\widetilde{u}+\widetilde{v})\overline{v}\geqslant 0, & (x,t)\in I_T\cup B_T,\\ \widetilde{v}(x,0)\geqslant 0, & x\in\mathbb{R}.\end{cases}$$

进一步由比较原理可知, 对任意 $(x,\ t)\in I_T\cup B_T$ 有 $\widetilde{v}(x,t)\geqslant 0$.

最后, 证明对任意 $(x,t)\in I_T\cup B_T$ 都有 $\widetilde{u}(x,t)\geqslant 0$. 由 (9.8) 知

$$\widetilde{u}_t-\widetilde{u}_{xx}+(\sigma-1+(\phi*u))\widetilde{u}\geqslant \overline{u}(\phi*\widetilde{u})+r\overline{u}\widetilde{v}\geqslant \overline{u}(\phi*\widetilde{u}),$$

因此

$$\begin{cases}\widetilde{u}_t-\widetilde{u}_{xx}+d_3(x,t)\widetilde{u}\geqslant \overline{u}(\phi*\widetilde{u}),\\ \widetilde{u}(x,0)\geqslant 0,\end{cases}$$

其中 $d_3(x,t)=\sigma-1+\phi*u$. 类似于证明 $\widetilde{w}\geqslant 0$ (或参见文章 [44] 中的定理 2.2), 证得对任意 $(x,t)\in I_T\cup B_T$ 都有 $\widetilde{u}(x,t)\geqslant 0$. 进一步, 可得对任意 $(x,t)\in I_T\cup B_T$ 都有 $u(x,t)\geqslant 0$, $v(x,t)\geqslant 0$. □

9.1.3 解的存在性和唯一性

在这节中, 进一步证明在 $I_T \cup B_T$ 上问题 (9.1) 存在唯一解. 首先, 通过比较原理构造四个单调序列, 以此来得到问题 (9.1) 解的存在性. 最后, 借助于抛物方程的基本解和 Gronwall 不等式, 说明问题 (9.1) 的解是唯一的.

下面, 给出问题 (9.1) 解的存在性证明.

定理 9.2   假设 $\overline{u}$, $\underline{u}$, $\overline{v}$, $\underline{v}$ 都是非负的且 $(\overline{u}, \overline{v})$, $(\underline{u}, \underline{v})$ 是 (9.1) 在 $I_T \times I_T$ 上的一对上下解, 则问题 (9.1) 在 $I_T \times I_T$ 上存在一个解 (u, v) 且 $u(x, t), v(x, t)$ 满足

$$\underline{u}(x,t) \leqslant u(x,t) \leqslant \overline{u}(x,t) \quad \text{和} \quad \underline{v}(x,t) \leqslant v(x,t) \leqslant \overline{v}(x,t), \quad (x,t) \in I_T \cup B_T.$$

证明   因为 $\overline{u}$, $\underline{u}$, $\overline{v}$ 和 $\underline{v}$ 都是非负有界的, 从而存在 $N > 0$, 使得对任意 $(x,t) \in I_T \cup B_T$ 都有

$$0 \leqslant \overline{u}(x,t), \ \underline{u}(x,t), \ \overline{v}(x,t), \ \underline{v}(x,t) \leqslant N.$$

选取充分大的 $L > 0$ 使得

$$L > \max\{Nb, rN - 1\}.$$

令 $\overline{u}^{(0)} = \overline{u}$, $\underline{u}^{(0)} = \underline{u}$ 且 $\overline{v}^{(0)} = \overline{v}$, $\underline{v}^{(0)} = \underline{v}$, 则通过构造如下迭代格式

$$\begin{cases} \overline{u}_t^{(k)} - \overline{u}_{xx}^{(k)} + L\overline{u}^{(k)} = \overline{u}^{(k-1)} - \overline{u}^{(k)}\left(\phi * \underline{u}^{(k-1)}\right) - r\overline{u}^{(k-1)}\underline{v}^{(k-1)} \\ \qquad\qquad\qquad\qquad + L\overline{u}^{(k-1)}, \quad (x,t) \in I_T, \\ \overline{u}^{(k)}(x,0) = u_0(x), \quad x \in \mathbb{R}, \end{cases} \tag{9.14}$$

$$\begin{cases} \underline{u}_t^{(k)} - \underline{u}_{xx}^{(k)} + L\underline{u}^{(k)} = \underline{u}^{(k-1)} - \underline{u}^{(k)}\left(\phi * \overline{u}^{(k-1)}\right) - r\underline{u}^{(k-1)}\overline{v}^{(k-1)} \\ \qquad\qquad\qquad\qquad + L\underline{u}^{(k-1)}, \quad (x,t) \in I_T, \\ \underline{u}^{(k)}(x,0) = u_0(x), \quad x \in \mathbb{R} \end{cases} \tag{9.15}$$

和

$$\begin{cases} \overline{v}_t^{(k)} - \overline{v}_{xx}^{(k)} + L\overline{v}^{(k)} = -b\underline{u}^{(k-1)}\overline{v}^{(k-1)} + L\overline{v}^{(k-1)}, & (x,t) \in I_T, \\ \overline{v}^{(k)}(x,0) = v_0(x), & x \in \mathbb{R}, \end{cases} \tag{9.16}$$

$$\begin{cases} \underline{v}_t^{(k)} - \underline{v}_{xx}^{(k)} + L\underline{v}^{(k)} = -b\overline{u}^{(k-1)}\underline{v}^{(k-1)} + L\underline{v}^{(k-1)}, & (x,t) \in I_T, \\ \underline{v}^{(k)}(x,0) = v_0(x), & x \in \mathbb{R}, \end{cases} \tag{9.17}$$

其中 $k=1,2,\cdots$, 可得到四个序列 $\left\{\overline{u}^{(k)}\right\}_{k=0}^{\infty}$, $\left\{\underline{u}^{(k)}\right\}_{k=0}^{\infty}$ 和 $\left\{\overline{v}^{(k)}\right\}_{k=0}^{\infty}$, $\left\{\underline{v}^{(k)}\right\}_{k=0}^{\infty}$.

接下来, 证明对任意 $(x,t) \in I_T \cup B_T$ 都有

$$\underline{u} \leqslant \underline{u}^{(1)} \leqslant \overline{u}^{(1)} \leqslant \overline{u} \quad \text{和} \quad \underline{v} \leqslant \underline{v}^{(1)} \leqslant \overline{v}^{(1)} \leqslant \overline{v}. \tag{9.18}$$

首先定义 $\widehat{v} = \underline{v}^{(1)} - \underline{v}$, 则由 (9.5) 和 (9.17) 知 $\widehat{v}$ 满足

$$\begin{cases} \widehat{v}_t - \widehat{v}_{xx} + L\widehat{v} \geqslant 0, & (x,t) \in I_T, \\ \widehat{v}(x,0) \geqslant 0, & x \in \mathbb{R}. \end{cases}$$

进一步由比较原理得 $\widehat{v} \geqslant 0$, 也就是对任意 $(x,t) \in I_T \cup B_T$ 都有 $\underline{v}^{(1)} \geqslant \underline{v}$. 类似地, 令 $\widetilde{v} = \overline{v} - \overline{v}^{(1)}$, 则由 (9.4) 和 (9.16) 可知 $\widetilde{v}$ 满足

$$\begin{cases} \widetilde{v}_t - \widetilde{v}_{xx} + L\widetilde{v} \geqslant 0, & (x,t) \in I_T, \\ \widetilde{v}(x,0) \geqslant 0, & x \in \mathbb{R}. \end{cases}$$

进一步由比较原理可知 $\widetilde{v} \geqslant 0$, 也就是对任意 $(x,t) \in I_T \cup B_T$ 有 $\overline{v} \geqslant \overline{v}^{(1)}$. 下面, 我们证明 $\overline{v}^{(1)} \geqslant \underline{v}^{(1)}$. 令 $\overline{\widetilde{v}} = \overline{v}^{(1)} - \underline{v}^{(1)}$, 则由 (9.16) 和 (9.17) 得

$$\begin{cases} \overline{\widetilde{v}}_t - \overline{\widetilde{v}}_{xx} = -b(\underline{u}\,\overline{v} - \overline{u}\,\underline{v}) - L\left(\overline{v}^{(1)} - \overline{v}\right) + L\left(\underline{v}^{(1)} - \underline{v}\right), & (x,t) \in I_T, \\ \overline{\widetilde{v}}(x,0) \geqslant 0, & x \in \mathbb{R}. \end{cases} \tag{9.19}$$

因为

$$-b(\underline{u}\,\overline{v} - \overline{u}\,\underline{v}) - L\left(\overline{v}^{(1)} - \overline{v}\right) + L\left(\underline{v}^{(1)} - \underline{v}\right)$$

$$= -b\underline{u}(\overline{v} - \underline{v}) + b\underline{v}(\overline{u} - \underline{u}) + L(\overline{v} - \underline{v}) - L\left(\overline{v}^{(1)} - \underline{v}^{(1)}\right)$$

$$\geqslant (L - b\underline{u})(\overline{v} - \underline{v}) - L\overline{\widetilde{v}}$$

$$\geqslant -L\overline{\widetilde{v}},$$

进一步, 由比较原理可知 $\overline{\widetilde{v}} \geqslant 0$, 也就是对任意 $(x,t) \in I_T \cup B_T$ 有 $\overline{v}^{(1)} \geqslant \underline{v}^{(1)}$. 从而, 对任意 $(x,t) \in I_T \cup B_T$ 有 $\underline{v} \leqslant \underline{v}^{(1)} \leqslant \overline{v}^{(1)} \leqslant \overline{v}$.

下面, 证明对任意 $(x,t) \in I_T \cup B_T$ 有 $\underline{u} \leqslant \underline{u}^{(1)} \leqslant \overline{u}^{(1)} \leqslant \overline{u}$. 定义 $\widehat{u} = \underline{u}^{(1)} - \underline{u}$, 则由 (9.5) 和 (9.15) 可得

$$\begin{cases} \widehat{u}_t - \widehat{u}_{xx} \geqslant -\underline{u}^{(1)}(\phi * \overline{u}) + \underline{u}(\phi * \overline{u}) + L\left(\underline{u} - \underline{u}^{(1)}\right) \\ \qquad = -((\phi * \overline{u}) + L)\widehat{u}, & (x,t) \in I_T, \\ \widehat{u}(x,0) \geqslant 0, & x \in \mathbb{R}. \end{cases}$$

进一步, 由比较原理可得 $\widehat{u} \geqslant 0$, 也就是对任意 $(x,t) \in I_T \cup B_T$, 有 $\underline{u}^{(1)} \geqslant \underline{u}$. 类似地, 令 $\widetilde{u} = \overline{u} - \overline{u}^{(1)}$, 则由 (9.4) 和 (9.14) 可知

$$\begin{cases} \widetilde{u}_t - \widetilde{u}_{xx} \geqslant -((\phi * \underline{u}) + L)\widetilde{u}, & (x,t) \in I_T, \\ \widetilde{u}(x,0) \geqslant 0, & x \in \mathbb{R}. \end{cases}$$

进一步由比较原理知 $\widetilde{u} \geqslant 0$, 也就是对任意 $(x,t) \in I_T \cup B_T$, 有 $\overline{u} \geqslant \overline{u}^{(1)}$. 最后, 证明 $\overline{u}^{(1)} \geqslant \underline{u}^{(1)}$. 令 $\overline{\overline{u}} = \overline{u}^{(1)} - \underline{u}^{(1)}$, 则由 (9.14) 和 (9.15) 知 $\overline{\overline{u}}$ 满足

$$\begin{aligned} \overline{\overline{u}}_t - \overline{\overline{u}}_{xx} &= (\overline{u} - \underline{u}) - \overline{u}^{(1)}(\phi * \underline{u}) + \underline{u}^{(1)}(\phi * \overline{u}) - r\overline{u}\underline{v} + r\underline{u}\overline{v} \\ &\quad - L\left(\overline{u}^{(1)} - \overline{u}\right) + L\left(\underline{u}^{(1)} - \underline{u}\right) \\ &= (L+1)(\overline{u} - \underline{u}) - \left(\overline{u}^{(1)} - \underline{u}^{(1)}\right)(\phi * \underline{u}) + \underline{u}^{(1)}(\phi * (\overline{u} - \underline{u})) \\ &\quad - L\left(\overline{u}^{(1)} - \underline{u}^{(1)}\right) + r\underline{u}(\overline{v} - \underline{v}) + r\underline{v}(\underline{u} - \overline{u}) \\ &\geqslant -(L + (\phi * \underline{u}))\overline{\overline{u}} + (L + 1 - r\underline{v})(\overline{u} - \underline{u}) \\ &\geqslant -(L + (\phi * \underline{u}))\overline{\overline{u}}, \end{aligned}$$

从而

$$\begin{cases} \overline{\overline{u}}_t - \overline{\overline{u}}_{xx} \geqslant -(L + (\phi * \underline{u}))\overline{\overline{u}}, & (x,t) \in I_T, \\ \overline{\overline{u}}(x,0) \geqslant 0, & x \in \mathbb{R}. \end{cases}$$

进一步由比较原理可知 $\overline{\overline{u}} \geqslant 0$, 也就是对任意 $(x,t) \in I_T \cup B_T$ 有 $\overline{u}^{(1)} \geqslant \underline{u}^{(1)}$. 因此对任意 $(x,t) \in I_T \cup B_T$ 有 $\underline{u} \leqslant \underline{u}^{(1)} \leqslant \overline{u}^{(1)} \leqslant \overline{u}$.

接下来, 证明 $(\overline{u}^{(1)}, \overline{v}^{(1)})$ 和 $(\underline{u}^{(1)}, \underline{v}^{(1)})$ 是问题 (9.1) 的一对上下解. 事实上, 因为 $\overline{u}$ 满足

$$\begin{aligned} \overline{u}_t^{(1)} - \overline{u}_{xx}^{(1)} &= \overline{u} - \overline{u}^{(1)}(\phi * \underline{u}) - r\overline{u}\underline{v} - L\left(\overline{u}^{(1)} - \overline{u}\right) \\ &\geqslant \overline{u} - \overline{u}^{(1)}\left(\phi * \underline{u}^{(1)}\right) - r\overline{u}\underline{v} - L\left(\overline{u}^{(1)} - \overline{u}\right) \\ &= \overline{u}^{(1)} - \overline{u}^{(1)}\left(\phi * \underline{u}^{(1)}\right) - r\overline{u}^{(1)}\underline{v}^{(1)} - \overline{u}^{(1)} + r\overline{u}^{(1)}\underline{v}^{(1)} \\ &\quad + \overline{u} - r\overline{u}\underline{v} - L\left(\overline{u}^{(1)} - \overline{u}\right) \\ &= \overline{u}^{(1)} - \overline{u}^{(1)}\left(\phi * \underline{u}^{(1)}\right) - r\overline{u}^{(1)}\underline{v}^{(1)} + r\overline{u}^{(1)}\left(\underline{v}^{(1)} - \underline{v}\right) \\ &\quad + (1 + L - r\underline{v})\left(\overline{u} - \overline{u}^{(1)}\right) \\ &\geqslant \overline{u}^{(1)} - \overline{u}^{(1)}\left(\phi * \underline{u}^{(1)}\right) - r\overline{u}^{(1)}\underline{v}^{(1)}, \end{aligned} \tag{9.20}$$

$\underline{u}$ 满足

$$
\begin{aligned}
\underline{u}_t^{(1)} - \underline{v}_{xx}^{(1)} &= \underline{u} - \underline{u}^{(1)}(\phi * \overline{u}) - r\underline{u}\overline{v} - L\left(\underline{u}^{(1)} - \underline{u}\right) \\
&\leqslant \underline{u} - \underline{u}^{(1)}\left(\phi * \overline{u}^{(1)}\right) - r\underline{u}\overline{v} - L\left(\underline{u}^{(1)} - \underline{u}\right) \\
&= \underline{u}^{(1)} - \underline{u}^{(1)}\left(\phi * \overline{u}^{(1)}\right) - r\underline{u}^{(1)}\overline{v}^{(1)} - \underline{u}^{(1)} + r\underline{u}^{(1)}\overline{v}^{(1)} \\
&\quad + \underline{u} - r\underline{u}\overline{v} - L\left(\underline{u}^{(1)} - \underline{u}\right) \\
&= \underline{u}^{(1)} - \underline{u}^{(1)}\left(\phi * \overline{u}^{(1)}\right) - r\underline{u}^{(1)}\overline{v}^{(1)} - r\underline{u}^{(1)}\left(\overline{v} - \overline{v}^{(1)}\right) \\
&\quad - (1 + L - r\overline{v})\left(\underline{u}^{(1)} - \underline{u}\right) \\
&\leqslant \underline{u}^{(1)} - \underline{u}^{(1)}\left(\phi * \overline{u}^{(1)}\right) - r\underline{u}^{(1)}\overline{v}^{(1)},
\end{aligned}
\tag{9.21}
$$

$\overline{v}^{(1)}$ 满足

$$
\begin{aligned}
\overline{v}_t^{(1)} - \overline{v}_{xx}^{(1)} &= -b\underline{u}\overline{v} + L\left(\overline{v} - \overline{v}^{(1)}\right) \\
&= -b\underline{u}^{(1)}\overline{v}^{(1)} + b\underline{u}^{(1)}\overline{v}^{(1)} - b\underline{u}\overline{v}^{(1)} + b\underline{u}\overline{v}^{(1)} - b\underline{u}\overline{v} + L\left(\overline{v} - \overline{v}^{(1)}\right) \\
&= -b\underline{u}^{(1)}\overline{v}^{(1)} + b\overline{v}^{(1)}\left(\underline{u}^{(1)} - \underline{u}\right) + (L - b\underline{u})\left(\overline{v} - \overline{v}^{(1)}\right) \\
&\geqslant -b\underline{u}^{(1)}\overline{v}^{(1)},
\end{aligned}
\tag{9.22}
$$

$\underline{v}^{(1)}$ 满足

$$
\begin{aligned}
\underline{v}_t^{(1)} - \underline{v}_{xx}^{(1)} &= -b\overline{u}\underline{v} + L\left(\underline{v} - \underline{v}^{(1)}\right) \\
&= -b\overline{u}^{(1)}\underline{v}^{(1)} + b\overline{u}^{(1)}\underline{v}^{(1)} - b\overline{u}\underline{v}^{(1)} + b\overline{u}\underline{v}^{(1)} - b\overline{u}\underline{v} + L\left(\underline{v} - \underline{v}^{(1)}\right) \\
&= -b\overline{u}^{(1)}\underline{v}^{(1)} + b\underline{v}^{(1)}\left(\overline{u}^{(1)} - \overline{u}\right) + (L - b\overline{u})\left(\underline{v} - \underline{v}^{(1)}\right) \\
&\leqslant -b\overline{u}^{(1)}\underline{v}^{(1)}.
\end{aligned}
\tag{9.23}
$$

由 (9.20)—(9.23) 可知, $\left(\overline{u}^{(1)}, \overline{v}^{(1)}\right)$ 和 $\left(\underline{u}^{(1)}, \underline{v}^{(1)}\right)$ 是问题 (9.1) 的一对上下解.

假设 $\left(\overline{u}^{(k)}, \overline{v}^{(k)}\right)$ 和 $\left(\underline{u}^{(k)}, \underline{v}^{(k)}\right)$ 是问题 (9.1) 的一对上下解. 类似于上述过程可得, 对任意 $(x, t) \in I_T \cup B_T$ 有

$$
\underline{u}^{(k)} \leqslant \underline{u}^{(k+1)} \leqslant \overline{u}^{(k+1)} \leqslant \overline{u}^{(k)}
$$

和

$$
\underline{v}^{(k)} \leqslant \underline{v}^{(k+1)} \leqslant \overline{v}^{(k+1)} \leqslant \overline{v}^{(k)}.
$$

另外, 由于 $\left(\overline{u}^{(k+1)}, \overline{v}^{(k+1)}\right)$ 和 $\left(\underline{u}^{(k+1)}, \underline{v}^{(k+1)}\right)$ 是问题 (9.1) 的一对上下解, 则结合 (9.18) 可知, 对任意 $k = 0, 1, 2, \cdots, (x, t) \in I_T \cup B_T$ 有

$$\underline{u} \leqslant \underline{u}^{(1)} \leqslant \underline{u}^{(2)} \leqslant \cdots \leqslant \underline{u}^{(k)} \leqslant \overline{u}^{(k)} \leqslant \cdots \leqslant \overline{u}^{(2)} \leqslant \overline{u}^{(1)} \leqslant \overline{u}$$

和

$$\underline{v} \leqslant \underline{v}^{(1)} \leqslant \underline{v}^{(2)} \leqslant \cdots \leqslant \underline{v}^{(k)} \leqslant \overline{v}^{(k)} \leqslant \cdots \leqslant \overline{v}^{(2)} \leqslant \overline{v}^{(1)} \leqslant \overline{v}.$$

进一步, 存在 (u, v) 和 $(\mathfrak{u}, \mathfrak{v})$ 满足

$$\lim_{k \to \infty} \underline{u}^{(k)} = u, \quad \lim_{k \to \infty} \underline{v}^{(k)} = v, \quad \lim_{k \to \infty} \overline{u}^{(k)} = \mathfrak{u} \quad \text{和} \quad \lim_{k \to \infty} \overline{v}^{(k)} = \mathfrak{v}.$$

另一方面, (u, v) 和 $(\mathfrak{u}, \mathfrak{v})$ 可以看作是问题 (9.1) 的一对上下解, 因此 $u = \mathfrak{u}, v = \mathfrak{v}$. 从而问题 (9.1) 的解 (u, v) 是有界的. □

下面, 进一步证明对任意初值条件, 问题 (9.1) 都存在解.

定理 9.3 对任意非负有界初值 $u_0(x)$ 和 $v_0(x)$, 问题 (9.1) 的解都是存在的.

证明 要证明上述结论成立, 由定理 9.2 知只需构造合适的上下解 $(\overline{u}, \overline{v})$ 和 $(\underline{u}, \underline{v})$, 使其满足 $\overline{u}(x, 0) \geqslant u_0(x) \geqslant \underline{u}(x, 0)$ 和 $\overline{v}(x, 0) \geqslant v_0(x) \geqslant \underline{v}(x, 0)$ 即可. 显然, $(\underline{u}, \underline{v}) = (0, 0)$ 是系统 (9.1) 的下解. 下面构造上解.

因为 $u_0(x)$ 和 $v_0(x)$ 是非负有界的, 则存在 $M > 0$ 使得对任意 $x \in \mathbb{R}$ 有

$$|u_0(x)| \leqslant M \quad \text{和} \quad |v_0(x)| \leqslant M.$$

因此, 令 $\overline{u} = Me^t, \overline{v} = M$, 则

$$\begin{cases} \overline{v}_t \geqslant \overline{v}_{xx} - b\underline{u}\,\overline{v}, & (x, t) \in I_T, \\ \overline{v}(x, 0) = M \geqslant v_0(x), & x \in \mathbb{R} \end{cases}$$

和

$$\begin{cases} \overline{u}_t = \overline{u}_{xx} + \overline{u} \geqslant \overline{u}_{xx} + \overline{u}(1 - \phi * \underline{u} - r\underline{v}), & (x, t) \in I_T, \\ \overline{u}(x, 0) = M \geqslant u_0(x), & x \in \mathbb{R} \end{cases}$$

成立. 所以对任意非负有界初值 $u_0(x)$ 和 $v_0(x)$, 都有 $(\underline{u}, \underline{v})$ 和 $(\overline{u}, \overline{v})$ 满足 (9.4) 和 (9.5). □

最后, 给出解的唯一性.

定理 9.4 对任意 $(x, t) \in I_T \cup B_T$, 问题 (9.1) 都存在唯一有界解.

证明　由定理 9.3 知, 问题 (9.1) 存在解. 从而要证明最终的结论, 只需证明问题 (9.1) 至多存在一个有界解.

假设 (u_1, v_1) 和 (u_2, v_2) 是问题 (9.1) 在 $I_T \times I_T$ 上的两个有界解, 则 u_i $(i = 1, 2)$ 满足

$$u_i(x,t) = \int_{\mathbb{R}} \Phi(x-y)u_0(y)dy + \int_0^t \int_{\mathbb{R}} \Phi(x-y, t-s)$$
$$\times \left[u_i(y,s) \left(1 - \int_{\mathbb{R}} \phi(y-z)u_i(z,s)dz - rv_i(y,s) \right) \right] dyds,$$

其中 $\Phi(x,t)$ 是热传导方程的基本解. 此外, v_i $(i = 1, 2)$ 满足

$$v_i(x,t) = \int_{\mathbb{R}} \Psi(x-y, t)v_0(y)dy - \int_0^t \int_{\mathbb{R}} \Psi(x-y, t-s)bu_i(y,s)v_i(y,s)dyds,$$

其中 $\Psi(x,y)$ 是热传导方程的基本解.

令 $\widetilde{u} = u_1 - u_2, \widetilde{v} = v_1 - v_2$, 则

$$\widetilde{u}(x,t) = \int_0^t \int_{\mathbb{R}} \Phi(x-y, t-s) \left[\widetilde{u}(1 - (\phi * u_1) - rv_1) - u_2(\phi * \widetilde{u}) - ru_2\widetilde{v} \right] dyds. \tag{9.24}$$

另外, 同样可以得到

$$\widetilde{v}(x,t) = -\int_0^t \int_{\mathbb{R}} \Psi(x-y, t-s)(bu_1\widetilde{v} - bv_2\widetilde{u})dyds. \tag{9.25}$$

由定理 9.2 知, u_1, v_1, u_2, v_2 在 $I_T \cup B_T$ 上是非负有界的. 因此存在一个 $K > 0$ 使得对任意 $(x,t) \in I_T \cup B_T$ 都有

$$0 \leqslant u_1, \ u_2, \ v_1, \ v_2 \leqslant K.$$

定义

$$M_1 := 1 + K + rK, \quad M_2 := rK, \quad M_3 := bK.$$

则由 (9.24) 和 (9.25) 可得, 对任意 $t \in (0, T)$ 都有

$$\|\widetilde{u}(\cdot, t)\|_{L^\infty(\mathbb{R})} \leqslant \int_0^t M_1 \|\widetilde{u}(\cdot, s)\|_{L^\infty(\mathbb{R})}ds + \int_0^t K\|\widetilde{u}(\cdot, s)\|_{L^\infty(\mathbb{R})}ds$$
$$+ \int_0^t M_2 \|\widetilde{v}(\cdot, s)\|_{L^\infty(\mathbb{R})}ds$$

和

$$\|\widetilde{v}(\cdot,t)\|_{L^\infty(\mathbb{R})} \leqslant M_3 \int_0^t (\|\widetilde{v}(\cdot,s)\|_{L^\infty(\mathbb{R})} + \|\widetilde{u}(\cdot,t)\|_{L^\infty(\mathbb{R})}) ds.$$

进一步, 对任意 $t \in (0,T)$ 有

$$\|\widetilde{u}(\cdot,t)\|_{L^\infty(\mathbb{R})} + \|\widetilde{v}(\cdot,t)\|_{L^\infty(\mathbb{R})}$$

$$\leqslant (M_1 + M_2 + M_3 + K) \int_0^t \|\widetilde{v}(\cdot,s)\|_{L^\infty(\mathbb{R})} + \|\widetilde{u}(\cdot,t)\|_{L^\infty(\mathbb{R})} ds.$$

由 Gronwall 不等式得

$$\|\widetilde{u}\|_{L^\infty} + \|\widetilde{v}\|_{L^\infty} = 0$$

成立. 结合 $\widetilde{u}$ 和 $\widetilde{v}$ 是连续的, 得 $\widetilde{u} \equiv \widetilde{v} \equiv 0$, 也就是在 I_T 上有 $u_1 \equiv u_2$ 且 $v_1 \equiv v_2$. □

定理 9.5 问题 (9.1) 的非负解都是一致有界的, 也就是说, 存在一个正常数 $C > 0$, 使得对任意 $(x,t) \in \mathbb{R} \times \mathbb{R}^+$ 都有

$$0 \leqslant u(x,t) \leqslant C \quad \text{和} \quad 0 \leqslant v(x,t) \leqslant C.$$

证明 将分两部分证明最终的结论. 首先证明 u 是一致有界的, 因为 v 是非负的, 由比较原理可得 u 比初值问题

$$\begin{cases} s_t = s_{xx} + s(1 - (\phi * s)), & (x,t) \in I_T \cup B_T, \\ s(x,0) = s_0(x), & x \in \mathbb{R} \end{cases}$$

的解要小. 由文献 [11] 可得 s 有界. 那么 u 也是一致有界的.

下面, 证明 v 的一致有界性. 选取足够小的 $M > 0$, 使得 $M - bu \leqslant 0$. 并且选取足够大的 $M_1 \geqslant 0$, 因此

$$v_t = v_{xx} - Mv + (M - bu)v$$

$$\leqslant v_{xx} - Mv$$

$$\leqslant v_{xx} - Mv + M_1.$$

由比较原理, 得到 v 比下面常微分问题

$$\begin{cases} \dfrac{ds}{dt} = M_1 - Ms, \\ s(0) = \|v_0\|_\infty \end{cases}$$

的解要小. 通过计算可得

$$s \leqslant \max \left\{ \|v_0\|_\infty, \ \frac{M_1}{M} + C \right\},$$

其中 C 是一个常数, 因此 v 是一致有界的. □

注 9.1　由上面定理, u, v 都是一致有界的. 进一步结合定理 9.4, 问题 (9.1) 存在唯一全局解.

注 9.2　由定理 9.5 知, 系统 (9.1) 的解不会爆破.

9.1.4　数值模拟

在本节中, 探讨系统 (9.1) 的解的稳定性, 并通过理论分析和数值模拟来展现解的具体形式.

作为比较, 首先考虑经典的 B-Z 系统:

$$\begin{cases} u_t = Du_{xx} + u(1 - u - rv), & (x,t) \in \mathbb{R} \times (0, \infty), \\ v_t = v_{xx} - buv, & (x,t) \in \mathbb{R} \times (0, \infty). \end{cases} \tag{9.26}$$

显然, 系统 (9.26) 具有三个平衡点: $(1,0)$, $(0,0)$ 和 $\left(0, \dfrac{1}{r}\right)$. 主要讨论平衡点 $(1,0)$ 处的稳定性, 通过对系统 (9.26) 在平衡点 $(1,0)$ 处的线性分析, 得出线性方程式如下

$$\begin{cases} u_t = Du_{xx} - u - rv, \\ v_t = v_{xx} - bv. \end{cases} \tag{9.27}$$

选取具有如下形式的试验函数

$$\begin{pmatrix} u \\ v \end{pmatrix} = \sum_{k=1}^{\infty} \begin{pmatrix} C_k^1 \\ C_k^2 \end{pmatrix} e^{\lambda t + ikx}, \tag{9.28}$$

其中 k 是一个实参数. 将 (9.28) 代入 (9.27) 可得

$$\begin{vmatrix} -Dk^2 - \lambda - 1 & -r \\ 0 & -b - k^2 - \lambda \end{vmatrix} = 0,$$

它等价于

$$(Dk^2 + \lambda + 1)(b + k^2 + \lambda) = 0.$$

因此可以得到 $\lambda < 0$, 这意味着平衡点 $(u,v) = (1,0)$ 是稳定的. 接下来给出相应的数值模拟. 在进行数值模拟之前, 首先给问题 (9.26) 选取一个初值.

令

$$u(x,0) = \begin{cases} 1, & x \leqslant L_0, \\ 0, & x > L_0 \end{cases} \tag{9.29}$$

和

$$v(x,0) = \begin{cases} 0.001, & x \leqslant L_0, \\ 0, & x > L_0. \end{cases} \tag{9.30}$$

结合初值条件 (9.29) 和 (9.30), 可以用 MATLAB 中的 pdepe 函数对系统 (9.26) 进行数值模拟 (图 9.1). 通过图 9.1, 我们发现经典 B-Z 系统的平衡点 $(u,v) = (1,0)$ 是稳定的, 这与理论分析结果相同. 接下来主要研究非局部 B-Z 系统 (9.1). 具体来说, 我们将考虑在两个不同的核函数和三个不同的初值条件下, 系统 (9.1) 的解的具体形式. 首先选择形式为 $\phi(x) = \dfrac{1}{2\sigma} e^{-\frac{|x|}{\sigma}}$ 的核函数, 其中 $\sigma > 0$ 是一个常数. 令 $w(x,t) = (\phi * u)(x,t) = \displaystyle\int_{\mathbb{R}} \dfrac{1}{2\sigma} e^{-\frac{|x-y|}{\sigma}} u(y,t) dy$, 则系统 (9.1) 可以改写为

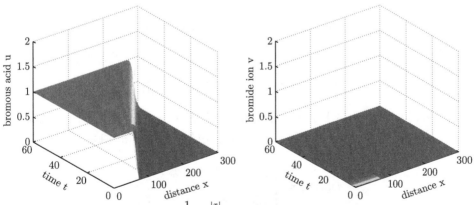

图 9.1　表示当核函数为 $\phi_\sigma(x) = \dfrac{1}{2\sigma} e^{-\frac{|x|}{\sigma}}$ 时, 非局部方程反应扩散方程 (9.26) 的时空演化图. 其中计算区域为 $x \in [0, 300]$, $t \in [0, 60]$, 并且相应的参数为 $L_0 = 70$, $b = 0.6$, $D = 1$, $r = 3$ (彩图请扫封底二维码)

$$\begin{cases} u_t = u_{xx} + u(1 - w - rv), \\ v_t = v_{xx} - bvu, \\ 0 = w_{xx} + \dfrac{1}{\sigma^2}(u - w). \end{cases} \tag{9.31}$$

显然, 问题 (9.31) 具有平衡点: $(0,0,0)$, $(0,R,0)$ 和 $(1,0,1)$, 其中 R 是实数. 我们主要讨论平衡点 $(1,0,1)$ 附近的稳定性.

类似地, 将系统 (9.31) 在平衡点 $(1,0,1)$ 附近线性化得

$$\begin{cases} u_t = u_{xx} - rv - w, \\ v_t = v_{xx} - bv, \\ 0 = w_{xx} + \dfrac{1}{\sigma^2}u - \dfrac{1}{\sigma^2}w. \end{cases} \tag{9.32}$$

取具有如下形式的试验函数

$$\begin{pmatrix} u \\ v \\ w \end{pmatrix} = \sum_{k=1}^{\infty} \begin{pmatrix} C_k^1 \\ C_k^2 \\ C_k^3 \end{pmatrix} e^{\lambda t + ikx}, \tag{9.33}$$

其中 k 是一个实数. 将 (9.33) 代入 (9.32), 可得

$$\begin{vmatrix} -k^2 - \lambda & -r & -1 \\ 0 & -b - k^2 - \lambda & 0 \\ \dfrac{1}{\sigma^2} & 0 & -\dfrac{1}{\sigma^2} - k^2 \end{vmatrix} = 0,$$

等价于

$$(\lambda + b + k^2)\left[(\lambda + k^2)\left(\frac{1}{\sigma^2} + k^2\right) + \frac{1}{\sigma^2}\right] = 0.$$

通过计算, 可得 λ 始终小于零, 这意味着平衡解 $u = 1$ 是稳定的. 与经典系统 (9.26) 的结果类似, 考虑初始条件, 我们选择初始值 (9.29) 和 (9.30), 那么

$$w(x,0) = \begin{cases} 1 - 0.5e^{\frac{x-L_0}{\sigma}}, & x \leqslant L_0, \\ 0.5e^{-\frac{x-L_0}{\sigma}}, & x > L_0. \end{cases} \tag{9.34}$$

由 (9.29), (9.30), (9.34), 可以用 MATLAB 中的 pedpe 函数进行模拟 (参见图 9.2).

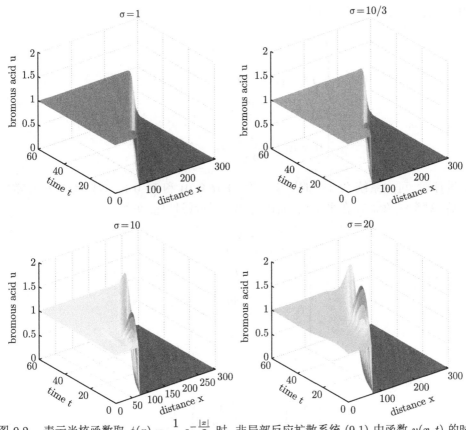

图 9.2   表示当核函数取 $\phi(x) = \frac{1}{2\sigma}e^{-\frac{|x|}{\sigma}}$ 时, 非局部反应扩散系统 (9.1) 中函数 $v(x,t)$ 的时空演化图. 其中计算区域为 $x \in [0, 300]$, $t \in [0, 60]$. 并且相应的参数为 $L_0 = 70$, $b = 0.6$, $r = 3$. 另外, σ 的取值依次为 1, $\frac{10}{3}$, 10, 20 (彩图请扫封底二维码)

图 9.2 显示系统 (9.1) 的解随着 σ 的增加而发生 "波峰", 但是系统 (9.1) 的平衡解 $u = 1$ 总是稳定的. 这与经典结果有很大不同.

此外, 我们考虑了另一个核函数 $\phi(x) = \frac{A}{\sigma}e^{-\frac{|x|}{\sigma}} - \frac{1}{\sigma}e^{-\frac{|x|}{\sigma}}$, 其中 $A = \frac{3a}{2}$, $a \in \left(\frac{2}{3}, \sqrt{\frac{2}{3}}\right)$. $\phi^+(x) = \frac{A}{\sigma}e^{-\frac{|x|}{\sigma}}$ 和 $\phi^-(x) = \frac{1}{\sigma}e^{-\frac{|x|}{\sigma}}$. 定义

$$\tilde{u}(x,t) = (\phi^+ * u)(x,t) \quad \text{和} \quad \hat{u}(x,t) = (\phi^- * u)(x,t),$$

则有

$$\tilde{u}_{xx} = -\frac{a^2}{\sigma^2}(3u - \tilde{u}) \quad \text{和} \quad \hat{u}_{xx} = -\frac{1}{\sigma^2}(-2u - \hat{u}).$$

因此, 系统 (9.1) 可以改写为

$$
\begin{cases}
u_t = u_{xx} + u(1 - \tilde{u} - \hat{u} - rv), \\
v_t = v_{xx} - bvu, \\
0 = \tilde{u}_{xx} + \dfrac{a^2}{\sigma^2}(3u - \tilde{u}), \\
0 = \hat{u}_{xx} + \dfrac{1}{\sigma^2}(-2u - \hat{u}).
\end{cases}
\tag{9.35}
$$

通过计算, 可知系统 (9.35) 的平衡点为 $(0, R, 0, 0)$ 和 $(1, 0, 3, -2)$, 其中 R 是常数. 然后, 对系统 (9.35) 在平衡点 $(1, 0, 3, -2)$ 附近线性化, 可得

$$
\begin{cases}
u_t = u_{xx} - rv - \tilde{u} - \hat{u}, \\
v_t = v_{xx} - bv, \\
0 = \tilde{u}_{xx} + \dfrac{3a^2}{\sigma^2}u - \dfrac{a^2}{\sigma^2}\tilde{u}, \\
0 = \hat{u}_{xx} - \dfrac{2}{\sigma^2}u - \dfrac{1}{\sigma^2}\hat{u}.
\end{cases}
\tag{9.36}
$$

选取试验函数

$$
\begin{pmatrix} u \\ v \\ \tilde{u} \\ \hat{u} \end{pmatrix}
= \sum_{k=1}^{\infty}
\begin{pmatrix} C_k^1 \\ C_k^2 \\ C_k^3 \\ C_k^4 \end{pmatrix}
e^{\lambda t + ikx},
\tag{9.37}
$$

其中 k 是一个实参数. 将 (9.37) 代入 (9.36), 可得

$$
\begin{vmatrix}
-k^2 - \lambda & -r & -1 & -1 \\
0 & -b - k^2 - \lambda & 0 & 0 \\
\dfrac{3a^2}{\sigma^2} & 0 & -\dfrac{a^2}{\sigma^2} - k^2 & 0 \\
-\dfrac{2}{\sigma^2} & 0 & 0 & -\dfrac{1}{\sigma^2} - k^2
\end{vmatrix} = 0,
$$

等价于

$$
(\lambda + b + k^2)\left[(-\lambda + k^2)\left(\frac{1}{\sigma^2} + k^2\right)\left(\frac{a^2}{\sigma^2} + k^2\right)\right.
$$

$$-\left(\frac{1}{\sigma^2}+k^2\right)\frac{3a^2}{\sigma^2}+\frac{1}{\sigma^2}\left(\frac{a^2}{\sigma^2}+k^2\right)\Bigg] = 0.$$

易知, 当 σ 足够小时, 存在 $\lambda > 0$. 因此, 系统 (9.1) 的平衡解 $u = 1$ 可能不稳定.

类似地, 对系统 (9.35) 选取一个初值. 选择与 (9.29), (9.30) 相同的初值 $u(x,0)$, $v(x,0)$, 然后得到

$$\tilde{u}(x,0) = \begin{cases} 3 - \dfrac{3}{2}e^{\frac{a(x-L_0)}{\sigma}}, & x \leqslant L_0, \\[2mm] \dfrac{3}{2}e^{-\frac{a(x-L_0)}{\sigma}}, & x > L_0. \end{cases} \tag{9.38}$$

$$\hat{u}(x,0) = \begin{cases} -2 + e^{\frac{x-L_0}{\sigma}}, & x \leqslant L_0, \\[2mm] -e^{-\frac{x-L_0}{\sigma}}, & x > L_0. \end{cases} \tag{9.39}$$

利用 (9.29), (9.30), (9.38), (9.39), 系统 (9.36) 可以用 MATLAB 中的 pedpe 函数进行模拟 (参见图 9.3 和图 9.4).

图 9.3 显示, 随着 σ 的增长, 平衡解 $v = 0$ 总是稳定的 (这与先前的结果相似. 此外, 以下关于溴离子 v 的结果与此类似). 从图 9.4 可以看出, 随着 σ 的增加, 溴酸 u 不仅会出现 "波峰", 而且 $u = 1$ 的稳定性也会发生变化. 有可能出现周期性的稳态. 换句话说, 引入非局部效应将导致系统 (9.1) 可能处于周期性稳态, 这是一个新的且更有趣的结果.

最后, 我们考虑了不同初值对解具体形态的影响. 选择初值为

$$u(x,0) = \begin{cases} 1 - \tau \sin(bx), & x \leqslant L_0, \\[2mm] 0, & x > L_0, \end{cases} \tag{9.40}$$

则

$$\tilde{u}(x,0)$$
$$= \begin{cases} 3 - \dfrac{3}{2}e^{\frac{a(x-L_0)}{\sigma}} - \dfrac{3\tau a^2}{m^2\sigma^2 + a^2}\sin(mx) + \dfrac{3\tau\sigma ma}{2(m^2\sigma^2+a^2)}e^{\frac{a}{\sigma}(x-L_0)} \\[2mm] \times\left(\cos(mL_0) + \dfrac{a}{\sigma m}\sin(mL_0)\right), & x \leqslant L_0, \\[3mm] \dfrac{3}{2}e^{-\frac{a(x-L_0)}{\sigma}} + \dfrac{3\tau\sigma ma}{2(m^2\sigma^2+a^2)}e^{-\frac{a}{\sigma}(x-L_0)}\left(\cos(mL_0) - \dfrac{a}{\sigma m}\sin(mL_0)\right), & x > L_0. \end{cases}$$
$$\tag{9.41}$$

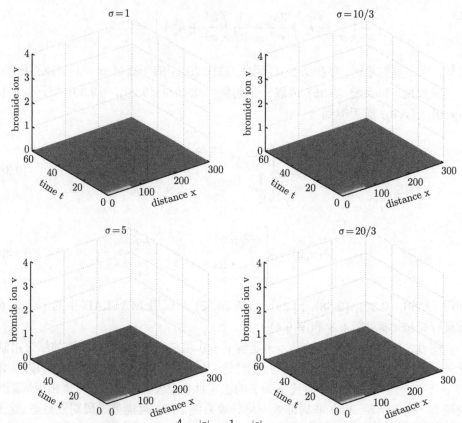

图 9.3   表示当核函数取 $\phi(x) = \dfrac{A}{\sigma}e^{-\frac{|x|}{\sigma}} - \dfrac{1}{\sigma}e^{-\frac{|x|}{\sigma}}$ 时, 非局部反应扩散系统 (9.1) 中函数 $v(x,t)$ 的时空演化图. 其中计算区域为 $x \in [0,300]$, $t \in [0,60]$. 并且相应的参数为 $L_0 = 70$, $b = 0.6$, $r = 3$, $a = 0.7$. 另外, σ 的取值依次为 $1, \dfrac{10}{3}, 5, \dfrac{20}{3}$ (彩图请扫封底二维码)

$\hat{u}(x,0)$

$$= \begin{cases} 3 - \dfrac{3}{2}e^{\frac{a(x-L_0)}{\sigma}} - \dfrac{3\tau a^2}{m^2\sigma^2 + a^2}\sin(mx) + \dfrac{3\tau\sigma ma}{2(m^2\sigma^2 + a^2)}e^{\frac{a}{\sigma}(x-L_0)} \\ \times \left(\cos(mL_0) + \dfrac{a}{\sigma m}\sin(mL_0) \right), & x \leqslant L_0, \\ 3 + \dfrac{3\tau\sigma ma}{2(m^2\sigma^2 + a^2)}e^{-\frac{a}{\sigma}(x-L_0)}\left(\cos(mL_0) - \dfrac{a}{\sigma m}\sin(mL_0) \right), & x > L_0. \end{cases}$$

(9.42)

利用 (9.30), (9.40)—(9.42), 系统 (9.1) 可以用 MATLAB 中的 pedpe 函数进行模拟 (参见图 9.5). 图 9.5 说明了当初始值为周期性时, 系统的解最终可能具有周期

性稳态. 值得注意的是, 此时核函数的形式为 $\phi(x) = \dfrac{A}{\sigma}e^{-\frac{|x|}{\sigma}} - \dfrac{1}{\sigma}e^{-\frac{|x|}{\sigma}}$, 即此时解的形式主要取决于核函数的形式.

下面, 选取另外一个初值为

$$u(x,0) = \begin{cases} 1 - \tau\sin(bx), & x \leqslant L_0, \\ 1, & x > L_0. \end{cases} \tag{9.43}$$

则

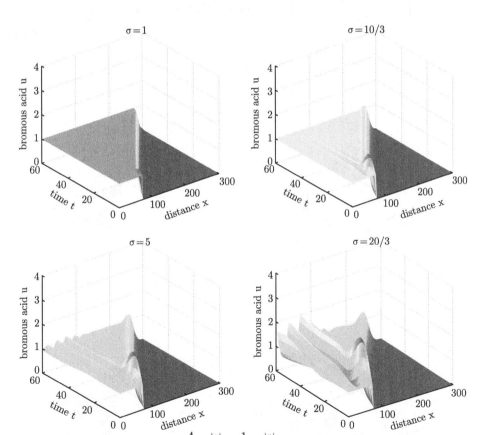

图 9.4   表示当核函数取 $\phi(x) = \dfrac{A}{\sigma}e^{-\frac{|x|}{\sigma}} - \dfrac{1}{\sigma}e^{-\frac{|x|}{\sigma}}$ 时, 非局部反应扩散系统 (9.1) 中函数 $u(x,t)$ 的时空演化图. 其中计算区域为 $x \in [0,300]$, $t \in [0,60]$. 并且相应的参数为 $L_0 = 70$, $b = 0.6$, $r = 3$, $a = 0.7$. 另外, σ 的取值依次为 1, $\dfrac{10}{3}$, 5, $\dfrac{20}{3}$ (彩图请扫封底二维码)

$$\tilde{u}(x,0) = \begin{cases} -2 + e^{\frac{x-L_0}{\sigma}} + \dfrac{2\tau}{m^2\sigma^2+1}\sin(mx) - \dfrac{\tau\sigma m}{2(m^2\sigma^2+1)}e^{\frac{1}{\sigma}(x-L_0)} \\ \times \left(\cos(mL_0) + \dfrac{1}{\sigma m}\sin(mL_0) \right), & x \leqslant L_0, \\ -e^{-\frac{x-L_0}{\sigma}} - \dfrac{\tau\sigma m}{m^2\sigma^2+1}e^{-\frac{1}{\sigma}(x-L_0)}\left(\cos(mL_0) - \dfrac{a}{\sigma m}\sin(mL_0) \right), & x > L_0, \end{cases}$$

$$(9.44)$$

$$\hat{u}(x,0) = \begin{cases} -2 + e^{\frac{x-L_0}{\sigma}} + \dfrac{2\tau}{m^2\sigma^2+1}\sin(mx) - \dfrac{\tau\sigma m}{2(m^2\sigma^2+1)}e^{\frac{1}{\sigma}(x-L_0)} \\ \times \left(\cos(mL_0) + \dfrac{1}{\sigma m}\sin(mL_0) \right), & x \leqslant L_0, \\ -2 - \dfrac{\tau\sigma m}{m^2\sigma^2+1}e^{-\frac{1}{\sigma}(x-L_0)}\left(\cos(mL_0) - \dfrac{a}{\sigma m}\sin(mL_0) \right), & x > L_0. \end{cases}$$

$$(9.45)$$

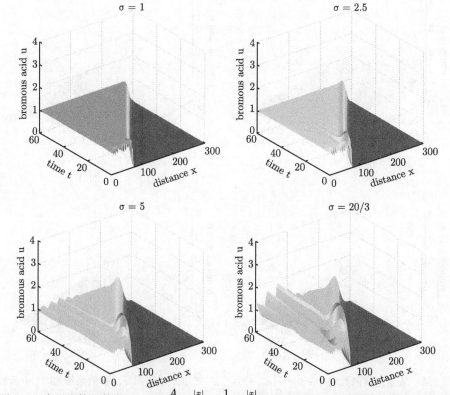

图 9.5 表示当核函数取 $\phi(x) = \dfrac{A}{\sigma}e^{-\frac{|x|}{\sigma}} - \dfrac{1}{\sigma}e^{-\frac{|x|}{\sigma}}$ 时, 非局部反应扩散系统 (9.1) 中函数 $u(x,t)$ 的时空演化图. 其中计算区域为 $x\in[0,300]$, $t\in[0,60]$. 并且相应的参数为 $L_0=70$, $b=0.6$, $r=3$, $a=0.7$, $\tau=0.2$, $m=3$. 另外, σ 的取值依次为 1, 2.5, 5, $\dfrac{20}{3}$ (彩图请扫封底二维码)

利用 (9.30), (9.43)—(9.45) , 系统 (9.1) 可以用 MATLAB 中的 pedpe 函数进行模拟 (参见图 9.6).

从图 9.6 中, 可以看到平衡解 $u = 1$ 是周期稳态. 尽管此时的解是周期性的, 但形式与先前的形式完全不同. 换句话说, 此时解的形状取决于核函数和初值的组合效果. 与图 9.1 到图 9.6 相比, 我们发现 (9.1) 系统比经典的 B-Z 反应系统具有许多有趣的新结果, 并且这些结果与核函数和初值的选取有关.

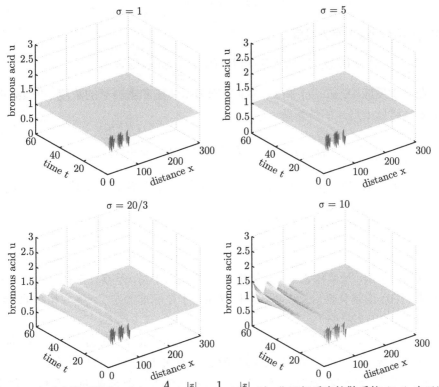

图 9.6 表示当核函数取 $\phi(x) = \dfrac{A}{\sigma}e^{-\frac{|x|}{\sigma}} - \dfrac{1}{\sigma}e^{-\frac{|x|}{\sigma}}$ 时, 非局部反应扩散系统 (9.1) 中函数 $u(x, t)$ 的时空演化图. 其中计算区域为 $x \in [0, 300]$, $t \in [0, 60]$. 并且相应的参数为 $L_0 = 70$, $b = 0.6$, $r = 3$, $a = 0.7$, $\tau = 0.2$, $m = 3$. 另外, σ 的取值依次为 $1, 5, \dfrac{20}{3}, 10$ (彩图请扫封底二维码)

9.2 非局部 Belousov-Zhabotinski 反应扩散系统的行波解

9.2.1 背景及发展现状

在这节, 进一步考虑 (具有非局部的) 系统的行波解. 具体地, 考虑如下带有非局部项的 B-Z 反应扩散系统

$$\begin{cases} u_t(x,t) = u_{xx}(x,t) + u(x,t)(1 - (\phi * u)(x,t) - rv(x,t)), & (x,t) \in \mathbb{R} \times (0,+\infty), \\ v_t(x,t) = v_{xx}(x,t) - bu(x,t)v(x,t), & (x,t) \in \mathbb{R} \times (0,+\infty), \end{cases}$$
$$(9.46)$$

其中 $r \in (0,1]$, $b > 0$ 都是常数, 且

$$(\phi_i * u)(x,t) := \int_{\mathbb{R}} \phi(x-y)u(y,t)dy, \quad x \in \mathbb{R}.$$

另外, 核函数 $\phi(x)$ 有界且满足

(H)　　$\phi(x) \geqslant 0$, $\phi(x) \in L^1(\mathbb{R}) \cap L^\infty(\mathbb{R})$, $\int_{\mathbb{R}} \phi(x)dx = 1$.

在化学反应中, $u(x,t)$ 和 $v(x,t)$ 分别表示溴酸和溴离子的浓度. (9.46) 的行波解是具有以下形式的特殊解

$$(u,v)(x,t) = (U,V)(\xi), \quad \xi = x + ct,$$

其中 $c > 0$ 表示波速, (U,V) 表示波形, 且如果 (U,V) 满足以下边界条件, 则

$$(U,V)(+\infty) = (1,0) \quad 和 \quad (U,V)(-\infty) = (0,k), \quad k > 0.$$

通过缩放 u 和 v, 可以取 $k = 1$. 注意, (9.46) 中的 r 是一个很重要的参数, 如果 $r \in (0,1]$, (9.46) 是单稳态的, 而如果 $r > 1$, 则 (9.46) 是双稳态的. 由于非孤立平衡解 $(1,0)$ 的退化性, 这里单稳态和双稳态不是标准的定义, 更多相关的详细信息, 参见 [169, 175].

在 $\phi(x) = \delta(x)$ 的情况下, 其中 $\delta(x)$ 是 Dirac 函数, (9.46) 可以转换为经典 B-Z 反应系统, 文章 [15, 52, 131, 132, 215] 中有关于此系统的具体介绍.

在本节中, 我们将研究系统 (9.46) 单稳态情况下行波解的存在性. 作变换 $w(x,t) = 1 - v(x,t)$, (9.46) 可以改写为

$$\begin{cases} u_t(x,t) = u_{xx}(x,t) + u(x,t)(1 - r - (\phi * u)(x,t) + rw(x,t)), \\ w_t(x,t) = w_{xx}(x,t) + bu(x,t)(1 - w(x,t)). \end{cases}$$
$$(9.47)$$

令 $(u(x,t), w(x,t)) = (U(\xi), W(\xi))$, $\xi = x + ct$, 则 (9.47) 改写为

$$\begin{cases} cU'(\xi) - U''(\xi) = U(\xi)(1 - r - (\phi * U)(\xi) + rW(\xi)), \\ cW'(\xi) - W''(\xi) = bU(\xi)(1 - W(\xi)), \end{cases}$$
$$(9.48)$$

其中

$$U(\xi) > 0, \quad W(\xi) < 1 \quad \text{和} \quad (\phi * U)(\xi) = \int_{\mathbb{R}} \phi(\eta) U(\xi - \eta) d\eta, \quad \xi \in \mathbb{R}.$$

现在, 给出主要结果.

定理 9.6 对任意的 $c > c^* = 2\sqrt{1-r}$, 存在行波解 $(U(\xi), W(\xi))$ 满足 (9.48) 及其边界条件

$$\liminf_{\xi \to +\infty} U(\xi) > 0, \quad \liminf_{\xi \to +\infty} W(\xi) > 0 \quad \text{和} \quad \lim_{\xi \to -\infty} U(\xi) = \lim_{\xi \to -\infty} W(\xi) = 0. \quad (9.49)$$

特别地, 存在一个 $Z_0 > 0$, 使得 u 和 v 在 $(-\infty, Z_0]$ 上都是单调递增的. 此外, 当 $c < c^*$ 时, 不存在行波解.

注 9.3 由于出现了非局部项是非线性的, 那么可能得不到 $(U, V)(+\infty) = (1, 0)$. 实际上, 在上一节中进行的数值模拟反映了 (U, V) 可能具有其他渐近行为, 例如周期性稳态.

剩余部分的结构如下. 首先给出了一些准备工作. 然后得到 (9.47) 的行波解的存在性. 最后完成定理 9.6 的证明.

9.2.2 解的存在性

这里所采用的方法是首先在有界区域上给出一个两点边值问题的解, 紧接着取极限, 从而得到整个 $\mathbb{R}$ 上问题的解. 特别地, 我们将通过构造上下解以及应用 Schauder 不动点定理得到两点边值问题的解.

上解 取

$$\overline{p}_c(x) = e^{\lambda_c x} \quad \text{和} \quad \overline{q}_c(x) = e^{\zeta_c x}, \quad x \in \mathbb{R},$$

其中 $\lambda_c > 0$ 是方程

$$\lambda_c^2 - c\lambda_c + 1 - r = 0$$

最小的根; $\zeta_c > 0$ 是方程

$$\zeta_c^2 - c\zeta_c + b = 0$$

最小的根, 则

$$c\overline{p}_c' - \overline{p}_c'' = (1-r)\overline{p}_c, \quad c\overline{q}_c' - \overline{q}_c'' = b\overline{q}_c.$$

下解 取

$$\underline{p}_c(x) = e^{\lambda_c x} - Ae^{(\lambda_c - \varepsilon)x}, \quad \underline{q}_c(x) = e^{\zeta_c x} - Be^{(\zeta_c - \varepsilon)x}, \quad x \in \mathbb{R},$$

其中 $\varepsilon \in (0, \min\{\lambda_c, \zeta_c\})$ 充分小, 满足

$$\kappa_c = -(\lambda_c - \varepsilon)^2 + c(\lambda_c - \varepsilon) - (1 - r) > 0$$

和

$$\iota_c = -\left(\zeta_c - \varepsilon\right)^2 + c\left(\zeta_c - \varepsilon\right) > 0.$$

另外, $A > 1$ 充分大且满足

$$\frac{\ln A}{\varepsilon} < \min\left\{\frac{1}{\lambda_c}\ln\frac{\kappa_c}{2Z^c}, \frac{1}{\zeta_c}\ln\frac{\kappa_c}{2r}\right\},$$

$B > 1$ 充分大且满足

$$\frac{\ln B}{\varepsilon} < \frac{1}{\lambda_c + \varepsilon}\ln\frac{B\iota_c}{2b},$$

其中

$$Z^c = \int_{\mathbb{R}}\phi(y)e^{\lambda_c y}dy.$$

从而对任意的 x 满足 $\underline{p}_c(x) > 0$ 和 $1 > \underline{q}_c(x) > 0$, 也就是, $\max\left\{\dfrac{\ln A}{\varepsilon}, \dfrac{\ln B}{\varepsilon}\right\} <$ $x < \min\left\{\dfrac{1}{\lambda_c}\ln\dfrac{\kappa_c}{2Z^c}, \dfrac{1}{\zeta_c}\ln\dfrac{\kappa_c}{2r}, \dfrac{1}{\lambda_c + \varepsilon}\ln\dfrac{B\iota_c}{2b}\right\}$, 有

$$c\underline{p}'_c - \underline{p}''_c - (1-r)\underline{p}_c + \underline{p}_c\left(\phi * \overline{p}_c\right) - r\underline{p}_c\underline{q}_c$$

$$= c\left[\lambda_c e^{\lambda_c x} - A\left(\lambda_c - \varepsilon\right)e^{(\lambda_c - \varepsilon)x}\right] - \left[\lambda_c^2 e^{\lambda_c x} - A\left(\lambda_c - \varepsilon\right)^2 e^{(\lambda_c - \varepsilon)x}\right]$$

$$\quad - (1-r)\left[e^{\lambda_c x} - Ae^{(\lambda_c - \varepsilon)x}\right] - \left[e^{\lambda_c x} - Ae^{(\lambda_c - \varepsilon)x}\right]\left(Z^c e^{\lambda_c x} + re^{\zeta_c x} - rBe^{(\zeta_c - \varepsilon)x}\right)$$

$$= e^{\lambda_c x}\left(c\lambda_c - \lambda_c^2 - (1-r)\right) + Ae^{(\lambda_c - \varepsilon)x}\left[-c\left(\lambda_c - \varepsilon\right) + \left(\lambda_c - \varepsilon\right)^2 + (1-r)\right]$$

$$\quad - \left[e^{\lambda_c x} - Ae^{(\lambda_c - \varepsilon)x}\right]\left(Z^c e^{\lambda_c x} + re^{\zeta_c x}\right)$$

$$< e^{\lambda_c x}\left(c\lambda_c - \lambda_c^2 - (1-r)\right) + Ae^{(\lambda_c - \varepsilon)x}\left[-c\left(\lambda_c - \varepsilon\right) + \left(\lambda_c - \varepsilon\right)^2 + (1-r)\right]$$

$$\quad + Ae^{(\lambda_c - \varepsilon)x}\left(Z^c e^{\lambda_c x} + re^{\zeta_c x}\right)$$

$$= Ae^{(\lambda_c - \varepsilon)x}\left[-\kappa_c + Z^c e^{\lambda_c x} + re^{\zeta_c x}\right]$$

$$< 0$$

和

$$c\underline{q}'_c - \underline{q}''_c - b\underline{p}_c + b\underline{q}_c\overline{p}_c$$

$$= c\left[\zeta_c e^{\zeta_c x} - B\left(\zeta_c - \varepsilon\right)e^{(\zeta_c - \varepsilon)x}\right] - \left[\zeta_c^2 e^{\zeta_c x} - B\left(\zeta_c - \varepsilon\right)^2 e^{(\zeta_c - \varepsilon)x}\right]$$

$$- b\left(e^{\lambda_c x} - Ae^{(\lambda_c - \varepsilon)x}\right) + b\left(e^{\zeta_c x} - Be^{(\zeta_c - \varepsilon)x}\right)e^{\lambda_c x}$$

$$= e^{\zeta_c x}\left(c\zeta_c - \zeta_c^2\right) + Be^{(\zeta_c - \varepsilon)x}\left[-c\left(\zeta_c - \varepsilon\right) + \left(\zeta_c - \varepsilon\right)^2\right]$$

$$\quad + b\left(e^{\zeta_c x} - Be^{(\zeta_c - \varepsilon)x}\right)e^{\lambda_c x}$$

$$< Be^{(\zeta_c - \varepsilon)x}\left[-c\left(\zeta_c - \varepsilon\right) + \left(\zeta_c - \varepsilon\right)^2\right] + be^{(\zeta_c + \lambda_c)x}$$

$$= e^{(\zeta_c - \varepsilon)x}\left[-B\iota_c + be^{\varepsilon x} + be^{(\lambda_c + \varepsilon)x}\right]$$

$$< 0$$

成立. 令

$$\widetilde{p}_c(x) = \max\left\{0, \underline{p}_c(x)\right\} \quad 和 \quad \widetilde{q}_c(x) = \max\left\{0, \underline{q}_c(x)\right\}, \quad x \in \mathbb{R},$$

则对任意的 $x \neq \dfrac{\ln A}{\varepsilon}$, 有

$$c\widetilde{p}_c' - \widetilde{p}_c'' \leqslant (1 - r)\widetilde{p}_c - \widetilde{p}_c\left(\phi * \overline{p}_c\right) + r\widetilde{p}_c\underline{q}_c,$$

而对任意的 $x \neq \dfrac{\ln B}{\varepsilon}$, 有

$$c\widetilde{q}_c' - \widetilde{q}_c'' \leqslant b\underline{p}_c - b\widetilde{q}_c\overline{p}_c$$

成立.

两点边值问题 对任意 $c > 2\sqrt{1 - r}$, 考虑有限区域 $(-a, a)$ 上的问题

$$\begin{cases} cu' - u'' = u\left(1 - r - \phi * \overline{u} + r\overline{w}\right), \\ cw' - w'' = b(1 - \overline{w})\overline{u}, \\ u(\pm a) = \widetilde{p}_c(\pm a), \ w(\pm a) = \widetilde{q}_c(\pm a), \end{cases} \tag{9.50}$$

其中 $a > \max\left\{\dfrac{\ln A}{\varepsilon}, \dfrac{\ln B}{\varepsilon}\right\}$, 且

$$\overline{u}(x) = \begin{cases} u(a), & x > a, \\ u(x), & x \in [-a, a], \\ u(-a), & x < -a, \end{cases} \qquad \overline{w}(x) = \begin{cases} w(a), & x > a, \\ w(x), & x \in [-a, a], \\ w(-a), & x < -a. \end{cases}$$

为了得到问题 (9.50) 解的存在性, 考虑如下两点边值问题

$$
\begin{cases}
cu' - u'' + (\phi * \overline{u}_0 - r\overline{w}_0)u = (1-r)u_0, \\
cw' - w'' + bw\overline{u}_0 = bu_0, \\
u(\pm a) = \widetilde{p}_c(\pm a), \quad w(\pm a) = \widetilde{q}_c(\pm a).
\end{cases}
\tag{9.51}
$$

定义凸集 $\mathcal{M}_a$ 为

$$
\mathcal{M}_a = \left\{ (u,w) \in C\left([-a,a], \mathbb{R}^2\right) \ \middle| \
\begin{array}{l}
\widetilde{p}_c(x) \leqslant u(x) \leqslant \overline{p}_c, x \in (-a,a), \\
\widetilde{q}_c(x) \leqslant w(x) \leqslant \overline{q}_c, x \in (-a,a), \\
u(\pm a) = \widetilde{p}_c(\pm a), \ w(\pm a) = \widetilde{q}_c(\pm a)
\end{array}
\right\}.
$$

令 Ψ_a 表示问题 (9.51) 的解映射, 也就是说 $\Psi_a(u_0, w_0) = (u, w)$. 显然问题 (9.50) 的解就是问题 (9.51) 的不动点. 易知 Ψ_a 是紧的、连续的. 接下来, 证明在映射 Ψ_a 下集合 $\mathcal{M}_a$ 是不变的. 给定 $(u_0, w_0) \in \mathcal{M}_a$, 因为 $(u, v) \equiv (0, 0)$ 是问题 (9.51) 的下解, 则对任意的 $x \in (-a, a)$, 有 $u(x) > 0$, $w(x) > 0$. 从而

$$
\begin{aligned}
c\overline{p}'_c - \overline{p}''_c + (\phi * \overline{u}_0 - r\overline{w}_0)\,\overline{p}_c &\geqslant c\overline{p}'_c - \overline{p}''_c \\
&= (1-r)\overline{p}_c \\
&\geqslant (1-r)u_0 \\
&= cu' - u'' + (\phi * \overline{u}_0 - r\overline{w}_0)u,
\end{aligned}
$$

其中 $r > 0$ 适当小, 并且

$$
\begin{aligned}
c\overline{q}'_c - \overline{q}''_c + b\overline{u}_0\overline{q}_c &\geqslant c\overline{q}'_c - \overline{q}''_c \\
&= b\overline{q}_c \\
&\geqslant b\overline{p}_c \\
&\geqslant bu_0 \\
&= cw' - w'' + bw\overline{u}_0,
\end{aligned}
$$

其中需要满足 $r + b > 1$, $u(\pm a) = \widetilde{p}_c(\pm a) \leqslant \overline{p}_c(\pm a)$, $w(\pm a) = \widetilde{q}_c(\pm a) \leqslant \overline{q}_c(\pm a)$. 进一步, 由最大值原理知, 对任意 $x \in (-a, a)$, 都有 $u(x) \leqslant \overline{p}_c(x)$ 并且 $w(x) \leqslant \overline{q}_c(x)$.

另一方面, 对任意 $x \in \left(\dfrac{\ln A}{\varepsilon}, a\right)$ 有

$$c\widetilde{p}_c' - \widetilde{p}_c'' + (\phi * \overline{u}_0 - r\overline{w}_0)\widetilde{p}_c \leqslant c\widetilde{p}_c' - \widetilde{p}_c'' + (\phi * \overline{p}_c - r\widetilde{q}_c)\widetilde{p}_c$$

$$\leqslant (1-r)\widetilde{p}_c$$

$$\leqslant (1-r)u_0$$

$$= cu' - u'' + (\phi * \overline{u}_0 - r\overline{w}_0)u.$$

对任意 $x \in \left(\dfrac{\ln B}{\varepsilon}, a\right)$ 有

$$c\widetilde{q}_c' - \widetilde{q}_c'' + b\overline{u}_0\widetilde{q}_c \leqslant c\widetilde{q}_c' - \widetilde{q}_c'' + b\overline{p}_c\widetilde{q}_c$$

$$\leqslant b\widetilde{p}_c$$

$$\leqslant bu_0$$

$$= cw' - w'' + bw\overline{u}_0,$$

其中 $u(a) = \widetilde{p}_c(a)$, $u\left(\dfrac{\ln A}{\varepsilon}\right) > 0 = \widetilde{p}_c\left(\dfrac{\ln A}{\varepsilon}\right)$, $w\left(\dfrac{\ln B}{\varepsilon}\right) > 0 = \widetilde{q}_c\left(\dfrac{\ln B}{\varepsilon}\right)$ 并且 $w(a) = \widetilde{q}_c(a)$. 再次应用最大值原理可知, 对任意 $x \in \left(\dfrac{\ln A}{\varepsilon}, a\right)$ 有 $u(x) \geqslant \widetilde{p}_c(x)$, 对任意 $x \in \left(\dfrac{\ln B}{\varepsilon}, a\right)$ 有 $w(x) \geqslant \widetilde{q}_c(x)$, 从而对任意 $x \in (-a, a)$, 都有 $u(x) \geqslant \widetilde{p}_c(x)$, $w(x) \geqslant \widetilde{q}_c(x)$. 因此, 集合 $\mathcal{M}_a$ 是不变的.

通过应用 Schauder 不动点定理, 可知 Ψ_a 在 $\mathcal{M}_a$ 上存在不动点 (u_a, v_a), 而它恰好就是问题 (9.50) 的解. 另外, 我们还有如下引理.

引理 9.1 存在一个不依赖于 a 和 $c > c^*$ (其中 $c^* = 2\sqrt{1-r}$) 的常数 M_0, 使得对任意 $a > \max\left\{\dfrac{\ln A}{\varepsilon}, \dfrac{\ln B}{\varepsilon}\right\}$ 和任意 $x \in (-a, a)$, 问题 (9.50) 的每一个解都满足

$$0 \leqslant u_a(x) \leqslant M \quad \text{和} \quad 0 \leqslant w_a(x) \leqslant M. \tag{9.52}$$

证明 假设在点 x_M 和 x_N 处分别得到区间 $[-a, a]$ 中 $u_a(x)$ 和 $w_a(x)$ 的最大值 M_u 和 M_w, 即

$$M_u = \max_{x \in [-a, a]} u_a(x) = u_a(x_M), \quad M_w = \max_{x \in [-a, a]} w_a(x) = w_a(x_N).$$

由于在 $[-a, -a]$ 中 $w_a < 1$, 那么存在一个常数 M_w 使得 $w_a < M_w$. 接下来, 证明 u_a 的一致有界性. 由于当 $x > \max \left\{ \dfrac{1}{\varepsilon} \ln \dfrac{A(\lambda_c - \varepsilon)}{\lambda_c}, \dfrac{1}{\varepsilon} \ln \dfrac{B(\zeta_c - \varepsilon)}{\zeta_c} \right\}$ 时, $u(-a) = \widetilde{p}_c(-a)$, $w(-a) = \widetilde{q}_c(-a)$ 并且 $\widetilde{p}_c(x)$, $\widetilde{q}_c(x)$ 是单调递增的, 那么有 $x_M \in (-a, a]$.

已知等式

$$cu_a'(x_M) - u_a''(x_M) = u_a(x_M)\left(1 - r - (\phi * \overline{u}_a)(x_M) + r\overline{w}_a(x_M)\right)$$

成立, 由于 $u_a(x)$ 在 $[-a, a]$ 处达到 x_M 的最小值, 因此

$$1 - r - (\phi * \overline{u}_a(x_M)) + r\overline{w}_a(x_M) \geqslant 0,$$

这意味着

$$(\phi * \overline{u}_a)(x_M) \leqslant 1. \tag{9.53}$$

另外, 我们有

$$cu_a' - u_a'' \leqslant u_a \leqslant M_u,$$

那么

$$u_a' e^{-cx} \geqslant -M_u e^{-cx}.$$

对不等式从 $x < x_M$ 到 x_M 进行积分, 由于 $u_a'(x_M) = 0$, 可得

$$-u_a' \geqslant \frac{M_u}{c}\left(e^{-c(x - x_M)} - 1\right), \quad x \in (-a, x_M).$$

再次从 $x < x_M$ 到 x_M 积分, 则有

$$
\begin{aligned}
u_a(x) &\geqslant M_u - \frac{M_u}{c}(x - x_M) + \frac{M_u}{c}\int_x^{x_M} e^{-c(x - x_M)}dx \\
&= M_u\left[1 - \frac{x - x_M}{c} + \frac{1 - e^{-c(x - x_M)}}{c^2}\right] \\
&= M_u\left[1 - (x - x_M)^2 h(c(x - x_M))\right] \\
&\geqslant M_u\left[1 - \frac{1}{2}(x - x_M)^2\right],
\end{aligned}
$$

其中 $h(y) = \dfrac{e^{-y} + y - 1}{y^2}$. 因为

$$u_a(-a) \leqslant e^{-\lambda_c a} \leqslant 1,$$

则

$$1 \geqslant M_u \left[1 - \frac{1}{2}(a + x_M)^2 \right]. \tag{9.54}$$

取 $x_0 := \sqrt{\dfrac{1}{2}}$, 那么若 $x_M \in (-a, -a + x_0)$, 由 (9.54) 可得

$$M_u \leqslant \left[1 - \frac{1}{2}(a + x_M)^2 \right]^{-1} \leqslant \left(1 - \frac{1}{2}x_0^2 \right)^{-1} \leqslant \frac{4}{3}.$$

若 $x_M \in (-a + x_0, a)$, 由 (9.52)—(9.53) 得

$$1 \geqslant (\phi * \overline{u}_a)(x_M) = \int_{\mathbb{R}} \phi(y)\overline{u}_a(x_M - y)dy$$

$$\geqslant \int_0^{x_0} \phi(y)\overline{u}_a(x_M - y)dy$$

$$\geqslant M_u \int_0^{x_0} \phi(y)\left(1 - \frac{y^2}{2} \right)dy.$$

由 $\displaystyle\int_0^{\sqrt{\frac{1}{2}}} \phi(y)dy < 1$, $x_0 = \sqrt{\dfrac{1}{2}}$ 和 $1 - \dfrac{y^2}{2} \geqslant 1 - \dfrac{x_0^2}{2} = \dfrac{3}{4}$, 经过计算有

$$M_u \leqslant \frac{4}{3}\left(\int_0^{\sqrt{\frac{1}{2}}} \phi(y)dy \right)^{-1}.$$

取

$$M = \frac{4}{3}\left(\int_0^{\sqrt{\frac{1}{2}}} \phi(y)dy \right)^{-1},$$

那么不等式 (9.52) 成立. □

随着 $a \to +\infty$, 对 u_a, v_a 取极限 由标准的椭圆估计以及引理 9.1, 可知存在 $M_0 > 0$ 使得

$$\|u_a\|_{C^{2,\alpha}\left(-\frac{a}{2}, \frac{a}{2}\right)} \leqslant M, \quad a > \max\left\{ \frac{\ln A}{\varepsilon}, \frac{\ln B}{\varepsilon} \right\},$$

并且

$$\|v_a\|_{C^{2,\alpha}\left(-\frac{a}{2}, \frac{a}{2}\right)} \leqslant M, \quad a > \max\left\{ \frac{\ln A}{\varepsilon}, \frac{\ln B}{\varepsilon} \right\},$$

其中 $\alpha \in (0,1)$ 是个常数. 令 $a \to +\infty$ (可能沿着某一子列), 则在 $C_{\text{loc}}^2(\mathbb{R})$ 上 $u_a \to u$ 和 $w_a \to v$, 并且 $(u(x), w(x))$ 满足

$$cu' - u'' = u(1 - r - \phi * u + rw), \quad x \in \mathbb{R}$$

和

$$cw' - w'' = bu(1 - w), \quad x \in \mathbb{R}.$$

进一步, 我们知道

$$\widetilde{p}_c(x) \leqslant u(x) \leqslant \min\{M, \overline{p}_c(x)\},$$

并且

$$\widetilde{q}_c(x) \leqslant w(x) \leqslant \min\{M, \overline{q}_c(x)\},$$

这说明

$$\lim_{x \to +\infty} u(x) = 0 \quad \text{和} \quad \lim_{x \to +\infty} w(x) = 0.$$

接下来, 分四步证明定理 9.6 的剩余部分.

第一步　证明存在一个 $Z_0 > 0$, 使得当 $x < -Z_0$ 时, $u(x)$ 和 $w(x)$ 都是单调递增的.

采用反证法. 假设随着 $x \to -\infty$, $u(x)$ 不是最终单调的, 则存在一个序列 $x_n \to -\infty$ 使得 $u(x)$ 在 x_n 处获得其局部最小值, 并且 $u(x_n) \to 0$, $w(x_n) \to 0$. 因为

$$cu'(x_n) - u''(x_n) = u(x_n)(1 - r - (\phi * u)(x_n) + rw(x_n)),$$

则对任意 $n \in \mathbb{N}$ 有

$$(\phi * u)(x_n) \geqslant 1. \tag{9.55}$$

另一方面, 因为 $u(x)$ 在 $C^2(\mathbb{R})$ 上都是有界的, 且 $\lim_{x \to -\infty} u(x) = 0$, 那么当 $n \to +\infty$ 时有

$$(\phi * u)(x_n) \to 0,$$

这与 (9.55) 产生矛盾. 对 $w(x)$ 有类似的结果, 假设随着 $x \to -\infty$, $w(x)$ 不是最终单调的, 则存在一个序列 $y_n \to -\infty$ 使得 $w(x)$ 在 y_n 处获得局部最小值, 并且 $u(y_n) \to 0$, $w(y_n) \to 0$. 因为 $w(y_n)$ 满足

$$cw'(y_n) - w''(y_n) = bu(y_n)(1 - w(y_n)),$$

并且 $w(x)$ 在 y_n 取得最小值, 则

$$cw'(y_n) - w''(y_n) \leqslant 0,$$

这与

$$bu(y_n)(1 - w(y_n)) \geqslant 0$$

相矛盾. 从而 $u(x)$ 和 $u(x)$ 是单调的.

第二步 证明当波速 $c < c^*$ 时, 系统不存在行波解. 采用反证法, 假设对于 $c < c^*$, 存在一个满足 (9.49) 的行波解. 取一个序列 $\{z_n\}$ 满足 $z_n \to -\infty$ $(n \to +\infty)$. 定义 $u_n(x) = u(x - z_n)/u(z_n), w_n(x) = w(x - z_n)/w(z_n)$, 则在 $\mathbb{R}$ 中有

$$cu_n'(x) - u_n''(x) = u_n(x)\left(1 - r - (\phi * \widetilde{u}_n)(x) + r\widetilde{w}_n(x)\right),$$

其中 $\widetilde{u}_n(x) = u(x - z_n)$ 和 $\widetilde{w}_n = w(x - z_n)$. 注意, 对任意的 $n \in \mathbb{N}$ 有 $u_n(0) = w_n(0) = 1$ 在 $(-\infty, Z_0 + z_n)$ 上单调递增的, 其中 Z_0 如在第一步中的定义. 因为当 $x \to -\infty$ 时 $u(x) \to 0$ 并且当 $x \to -\infty$ 时 $w(x) \to 0$, 可以得到当 $n \to +\infty$ 时, $(\widetilde{u}_n, \widetilde{w}_n)$ 局部一致收敛到 $(0, 0)$. 假设在 $C_{\text{loc}}^2(\mathbb{R})$ 中, 当 $n \to +\infty$ 时有 $u_n(x) \to \hat{u}(x)$, 其中 $\hat{u}(x)$ 满足

$$c\hat{u}' - \hat{u}'' = (1 - r)\hat{u}, \quad x \in \mathbb{R}, \tag{9.56}$$

显然 $\hat{u}$ 单调增加并且 $\hat{u}(0) = 1$. 此外, 可以证明 $\hat{u}(\cdot)$ 对于 $x \in \mathbb{R}$ 是正的. 实际上, 如果存在某个点 $x_0 \in \mathbb{R}$ 使得 $\hat{u}(x_0) = 0$, 则对任何的 $x < x_0$ 有 $\hat{u}(x) = 0$. 通过常微分方程解的唯一性, 在 $\mathbb{R}$ 上有 $\hat{u}(\cdot) = 0$, 这与 $\hat{u}(0) = 1$ 矛盾. 因此, 对任意的 $x \in \mathbb{R}$ 有 $\hat{u}(x) > 0$. 通过 $\hat{u}$ 的正性, 我们进一步得到对 $x \in \mathbb{R}$ 有 $\hat{u}'(x) > 0$. 因为等式 (9.56) 存在解 $\hat{u}$ 当且仅当 $c \geqslant 2\sqrt{1 - r}$, 我们有 $c \geqslant 2\sqrt{1 - r}$. 因此, 当 $c < 2\sqrt{1 - r}$ 时不存在行波解.

第三步 证明

$$\liminf_{x \to -\infty}(u(x) + w(x)) > 0.$$

采用反证法, 假设结论不成立, 则当 $n \to +\infty$ 时, 存在序列 $y_n \to -\infty$, 使得 $u(y_n) \to 0$ 和 $w(y_n) \to 0$. 作变换 $\widetilde{u}(x) = u(-x)$, $\widetilde{w}(x) = w(-x)$ 和 $\widetilde{c} = -c$, 则 $\widetilde{u}(-y_n) \to 0$, $\widetilde{w}(-y_n) \to 0$, 并且 $\widetilde{u}(x)$, $\widetilde{v}(x)$ 满足

$$c\widetilde{u}' - \widetilde{u}'' = \widetilde{u}\left(1 - r - (\phi \otimes \widetilde{u}) + r\widetilde{w}\right),$$

其中 $(\phi \otimes \widetilde{u})(x) = \displaystyle\int_{\mathbb{R}} \phi(y)\widetilde{u}(x + y)dy$. 则由前两步可知 $\widetilde{c} \geqslant 2\sqrt{1 - r}$, 这说明 $c \leqslant -2\sqrt{1 - r}$, 从而得到矛盾.

第四步 如果假设 (H) 成立, 则系统 (9.47) 的行波解 $(u(x), w(x))$ 满足

$$\liminf_{x \to +\infty}(u(x) + w(x)) > 0.$$

同样地, 采用反证法, 如果 $\liminf_{x \to +\infty} u(x) = 0$, 则它包含以下两种情形.

情形 1 存在一个序列 $x_n \to +\infty$, 使得 $u(x)$ 在 x_n 处达到极小值, 并且当 $n \to +\infty$ 时有 $u(x_n) \to 0$. 由于 $u(x)$ 满足

$$cu'(x) - u''(x) - u(x)(1 - r - \phi * u(x) + rw(x)) = 0, \quad x \in \mathbb{R},$$

令 $\hat{u}_n(x) := u(x_n + x)$ 和 $\hat{w}_n(x) := w(x_n + x)$, 那么 $\hat{u}_n(x) := u(x_n + x)$ 满足

$$c\hat{u}_n'(x) - \hat{u}_n''(x) - \hat{u}_n(x)(1 - \phi * \hat{u}_n(x) + r\hat{w}_n(x)) = 0, \quad x \in \mathbb{R}.$$

由引理 9.1 可知 $0 < u(x) \leqslant M$ 和 $0 < w(x) \leqslant M$, 那么对任意的 $x \in \mathbb{R}$ 有 $|1 - (\phi * \hat{u}_n)(x) + r\hat{w}_n(x)| \leqslant 1 + M + rM$. 由 Harnack 不等式知, 对任意 $Z > 0$ 都存在一个 $C > 0$, 使得对任意的 $n \in \mathbb{N}$, 有

$$\sup_{x \in [-Z, Z]} \hat{u}_n(x) \leqslant C\hat{u}_n(0), \tag{9.57}$$

从而 $\lim_{n \to +\infty} \hat{u}_n(0) = \lim_{n \to +\infty} u(x_n) = 0$. 则对 $\delta \in \left(0, \dfrac{1-r}{2}\right)$, 任意的 $x \in (-Z, Z)$ 和 $n > N$, 存在 $N \in \mathbb{N}$ 使得 $\hat{u}_n(x) \leqslant \delta$. 因此, 对任意 $x \in (x_n - Z, x_n + Z)$, $n > N$ 有 $u(x) \leqslant \delta$. 下面证明 $\lim_{n \to +\infty}(\phi * u)(x_n) = 0$. 对任意固定的 $\varepsilon > 0$, 存在 $Z > 0$ 使得 $\displaystyle\int_{(-\infty, -Z] \cup [Z, +\infty)} \phi(y) dy < \dfrac{\varepsilon}{2M}$. 选取 $\delta < \dfrac{\varepsilon}{2}$, 存在 $N \in \mathbb{N}$, 对任意 $y \in [-Z, Z]$ 和 $n > N$, 有 $u(x_n + y) = \hat{u}_n(x) < \delta$. 因此, 对任意 $n > N$, 我们有

$$(\phi * u)(x_n) = \int_{(-\infty, -Z] \cup [Z, +\infty)} \phi(y) u(x_n - y) dy + \int_{-Z}^{Z} \phi(y) u(x_n - y) dy < \varepsilon,$$

这意味着 $\lim_{n \to +\infty}(\phi * u)(x_n) = 0$. 因此, 对足够大的 n 有

$$cu'(x_n) - u''(x_n) = u(x_n)(1 - r - (\phi * u)(x_n) + rw(x_n))$$

$$\geqslant u(x_n)(1 - r - \varepsilon) > 0.$$

另一方面, 因为 $u(x)$ 在 x_n 处取得局部最小值, 所以

$$cu'(x_n) - u''(x_n) \leqslant 0,$$

显然这是不可能的.

情形 2 $\lim_{x\to+\infty} u(x) = 0$ 且存在一个充分大的 $Z > 0$ 使得对任意的 $x > Z$ 有 $u'(x) \leqslant 0$.

因为 $\lim_{x\to+\infty} u(x) = 0$ 且 $\liminf_{x\to-\infty}(u(x) + v(x)) > 0$, 则

$$\liminf_{x\to+\infty} w(x) > 0.$$

从而存在一个序列 $x_n \to +\infty$ $(n \to +\infty)$ 使得

$$\lim_{n\to+\infty} w(x_n) = \liminf_{x\to+\infty} w(x) = A > 0$$

和

$$\lim_{n\to+\infty} u(x_n) = 0,$$

其中 A 是一个常数. 令

$$\widetilde{u}_n(x) = u(x + x_n)/u(x_n), \quad \widetilde{v}_n(x) = v(x + x_n)/v(x_n).$$

则对任意的 $x \in \mathbb{R}$, 有

$$cu'_n(x) - u''_n(x) = u_n(x)\left(1 - r - \phi * \hat{u}_n(x) + r\hat{w}_n(x)\right),$$

其中 $\hat{u}_n(x) = u(x+x_n)$ 和 $\hat{w}_n(x) = w(x+x_n)$. 假设在 $C^2_{\mathrm{loc}}(\mathbb{R})$ 中当 $n \to +\infty$ 时, $u_n(x)$ 收敛到 $\widetilde{u}(x)$, $w_n(x)$ 收敛到 $\widetilde{w}(x)$. 因为 $\lim_{n\to+\infty} \hat{u}_n(0) = 0$, 由 Harnack 不等式 (如 (9.57)) 得到在 $C_{\mathrm{loc}}(\mathbb{R})$ 中, 当 $n \to +\infty$ 时 $\hat{u}_n(x) \to 0$. 另外, 假设在 $C^2_{\mathrm{loc}}(\mathbb{R})$ 中, 当 $n \to +\infty$ 时 $\hat{w}_n(x) \to \hat{w}(x)$. 因为对 $x > Z$ 有 $u'(x) \leqslant 0$, 所以对任意的 $x \in \mathbb{R}$ 有 $\widetilde{u}'(x) \leqslant 0$. 由于 $\lim_{x\to+\infty} u(x) = 0$, 则对任意的 $x \in \mathbb{R}$, $\widetilde{u}(x)$ 满足

$$c\widetilde{u}'(x) - \widetilde{u}''(x) = \widetilde{u}(x)\left(1 - r + r\hat{w}(x)\right).$$

从 $-x$ 到 0 积分, 对 $x > 0$ 有

$$c\widetilde{u}(0) - c\widetilde{u}(-x) - \widetilde{u}'(0) + \widetilde{u}'(-x) = \int_{-x}^0 \widetilde{u}(x)\left(1 - r + r\hat{w}(x)\right) dy > (1-r)\widetilde{u}(0)x.$$

$$(9.58)$$

因为 $\widetilde{u}(x) > 0$, $\widetilde{u}'(x) \leqslant 0$, $\widetilde{u}(0) = 1$, 所以对足够大的 x, 不等式 (9.58) 不成立. 因此 $\liminf_{x \to +\infty} u(x) > 0$ 成立.

类似可证

$$\liminf_{x \to +\infty} w(x) > 0.$$

因此完成了定理 9.6 的证明.

参 考 文 献

[1] Ai S. Traveling wave fronts for generalized Fisher equations with spatio-temporal delays. Journal of Differential Equations, 2007, 232: 104–133.

[2] Apreutesei N, Bessonov N, Volpert V. Spatial structures and generalized travelling waves for an integro-differential equation. Discrete and Continuous Dynamical Systems, Series B, 2010, 13: 537–557.

[3] Ashwin P, Bartuccelli M V, Bridges T J, Gourley S. Traveling fronts for the KPP equation with spatio-temporal delay. Zeitschrift Fur Angewandte Mathematik Und Physik, 2002, 53: 103–122.

[4] Alfaro M, Coville J. Rapid traveling waves in the nonlocal Fisher equation connect two unstable states. Applied Mathematics Letters, 2012, 25: 2095–2099.

[5] Alfaro M, Coville J, Raoul G. Travelling waves in a nonlocal reaction-diffusion equation as a model for a population structured by a space variable and a phenotypic trait. Communications in Partial Differential Equations, 2013, 38: 2126–2154.

[6] Alfaro M, Coville J, Raoul G. Bistable travelling waves for nonlocal reaction diffusion equations. Discrete and Continuous Dynamical Systems, 2014, 34: 1775–1791.

[7] Apreutesei N, Ducrot A, Volpert V. Competition of species with intra-specific competition. Mathematical Modelling of Natural Phenomena, 2008, 3: 1–27.

[8] Apreutesei N, Ducrot A, Volpert V. Travelling waves for integro-differential equations in population dynamics. Discrete and Continuous Dynamical Systems, Series B, 2009, 11: 541–561.

[9] Arnold A, Desvillettes L, Prévost C. Existence of nontrivial steady states for populations structured with respect to space and a continuous trait. Communications on Pure and Applied Analysis, 2012, 11: 83–96.

[10] Al-Omari J, Gourley S. Monotone travelling fronts in an age-structured reaction-diffusion model of a single species. Journal of Mathematical Biology, 2002, 45: 294–312.

[11] Berestycki H, Nirenberg L. Travelling fronts in cylinders. Annales de l'Institut Henri Poincaré C, Analyse Non Linéaire, 1992, 9: 497–572.

[12] Billingham J. Dynamics of a strongly nonlocal reaction-diffusion population model. Nonlinearity, 2004, 17: 313–346.

[13] Bogoyavlensky O. Integrable discretizations of the KdV equation. Physics Letters A, 1998, 134: 34–38.

[14] Britton N F. Aggregation and the competitive exclusion principle. Journal of Theoretical Biology, 1989, 136: 57–66.

[15] Belousov B P. A periodic reaction and its mechanism // Sb Ref Radiat Med (Collection of Abstracts on Radiation Medicine). Moscow: Medgiz, 1959: 145.

[16] Britton N F. Spatial structures and periodic travelling waves in an integro-differential reaction-diffusion population model. SIAM Journal on Applied Mathematics, 1990, 50: 1663–1688.

[17] Benichou O, Calvez V, Meunier N, Voituriez R. Front acceleration by dynamic selection in Fisher population waves. Physical Review E, 2012, 86: 041908.

[18] Bouin E, Calvez V. Travelling waves for the cane toads equation with bounded traits. Nonlinearity, 2014, 27: 2233–2253.

[19] Bouin E, Calvez V, Meunier N, Mirrahimi S, Perthame B, Raoul G, Voituriez R. Invasion fronts with variable motility: phenotype selection, spatial sorting and wave acceleration. Comptes Rendus Mathématique Académie des Sciences, Paris, Ser. I, 2012, 350: 761–766.

[20] Bates P W, Fife P C, Ren X, Wang X. Traveling waves in a convolution model for phase transitions. Archive for Rational Mechanics and Analysis, 1997, 138: 105–136.

[21] Busenberg S, Huang W. Stability and Hopf bifurcation for a population delay model with diffusion effects. Journal of Differential Equations, 1996, 124: 80–107.

[22] Bouin E, Henderson C. Super-linear spreading in local bistable cane toads equations. Nonlinearity, 2017, 30: 1356–1375.

[23] Bouin E, Henderson C, Ryzhik L. Super-linear spreading in local and non-local cane toads equations. Journal de Mathématiques Pures et Appliquées, 2017, 108: 724–750.

[24] Berestycki H, Jin T, Silvestre L. Propagation in a non local reaction-diffusion equation with spatial and genetic trait structure. Nonlinearity, 2016, 29: 1434–1466.

[25] Bai X, Li F. Classification of global dynamics of competition models with nonlocal dispersals I: Symmetric kernels. Calculus of Variations and Partial Differential Equations, 2018, 57: 35 pp.

[26] Bouin E, Mirrahimi S. A Hamilton-Jacobi approach for a model of population structured by space and trait. Communications in Mathematical Sciences, 2015, 13: 1431–1452.

[27] Boushaba K, Ruan S. Instability in diffusive ecological models with nonlocal delay effects. Journal of Mathematical Analysis and Applications, 2001, 258: 269–286.

[28] Berestycki H, Nadin G, Perthame B, Ryzhik L. The non-local Fisher-KPP equation: Travelling waves and steady states. Nonlinearity, 2009, 22: 2813–2844.

[29] Bao X, Shen W, Shen Z. Spreading speeds and traveling waves for space-time periodic nonlocal dispersal cooperative systems. Communications on Pure and Applied Analysis, 2019, 18: 361–396.

[30] Choudhury S R. Turing instability in competition models with delay. I. Linear theory. SIAM Journal on Applied Mathematics, 1994, 54: 1425–1450.

[31] Calsina A, Cuadrado S. Small mutation rate and evolutionarily stable strategies in infinite dimensional adaptive dynamics. Journal of Mathematical Biology, 2004, 48: 135–159.

[32] Cao J F, Du Y H, Li F, Li W T. The dynamics of a Fisher-KPP nonlocal diffusion model with free boundaries. Journal of Functional Analysis, 2019, 277: 2772–2814.

[33] Conley C, Gardner R. An application of the generalized Mores index to traveling wave solutions of a competition reaction-diffusion model. Indiana University Mathematics Journal, 1984, 44: 319–343.

[34] Caraballo T, Langa J, Robinson J. Stability and random attractors for a reaction-diffusion equation with multiplicative noise. Discrete and continuous dynamical systems, 2000, 6: 875–892.

[35] Chen S, Shi J, Wei J. A note on Hopf bifurcations in a delayed diffusive Lotka-Volterra predator-prey system. Computers & Mathematics with Applications, 2011, 62: 2240–2245.

[36] Chen S, Shi J. Stability and Hopf bifurcation in a diffusive logistic population model with nonlocal delay effect. Journal of Differential Equations, 2012, 253: 3440–3470.

[37] Chen S, Yu J. Stability and bifurcations in a nonlocal delayed reaction-diffusion population model. Journal of Differential Equations, 2016, 260: 218–240.

[38] Chen S, Yu J. Stability analysis of a reaction-diffusion equation with spatiotemporal delay and Dirichlet boundary condition. Journal of Differential Equations, 2016, 28: 857–866.

[39] Diekmann O. Thresholds and travelling waves for the geographical spread of infection. Journal of Mathematical Biology, 1978, 6: 109–130.

[40] Dunbar S. Travelling wave solutions of diffusive Lotka-Volterra interaction equations. Ph.D thesis, University of Minnesota, 1981.

[41] Deng K. On a nonlocal reaction-diffusion population model. Discrete and Continuous Dynamical Systems, Series B, 2008, 9: 65–73.

[42] Demin I, Volpert V. Existence of waves for a nonlocal reaction-diffusion equation. Mathematical Modelling of Natural Phenomena, 2010, 5: 80–101.

[43] Deng K, Wu Y X. Asymptotic behavior for a reaction-diffusion population model with delay. Discrete and Continuous Dynamical Systems, Series B, 2015, 20: 385–395.

[44] Deng K, Wu Y X. Global stability for a nonlocal reaction-diffusion population model. Nonlinear Anal: Real World Appl., 2015, 25: 127–136.

[45] Friedma A. Parabolic Differential Equations. Beijing: Science Press, 1984.

[46] Fife P C. Mathematical Aspects of Reacting and Diffusing System. Berlin: Springer-Verlag, 1979.

[47] Fisher R A. The wave of advance of advantageous genes. Annals of Eugenics, 1937, 7: 355–369.

[48] Faria T. Normal forms and Hopf bifurcation for partial differential equations with delays. Transactions of the American Mathematical Society, 2000, 352: 2217–2238.

[49] Fan X, Chen H. Attractors for the stochastic reaction-diffusion equation driven by linear multiplicative noise with a variable coefficient. Journal of Mathematical Analysis and Applications, 2013, 398: 715–728.

[50] Furter J, Grinfeld M. Local vs non-local interactions in population dynamics. Journal of Mathematical Biology, 1989, 27: 65–80.

[51] Faye G, Holzer M. Modulated traveling fronts for a nonlocal Fisher-KPP equation: A dynamical systems approach. Journal of Differential Equations, 2015, 258: 2257–2289.

[52] Field R J, Koros E, Noyes R. Oscillations in chemical systems. II. thorough analysis of temporal oscillation in the Bromate-Cerium-Malonic Acid system. Journal of the American Chemical Society, 1972, 94: 8649–8664.

[53] Faria T, Magalhaes L T. Normal forms for retarded functional-differential equations with parameters and applications to Hopf bifurcation. Journal of Differential Equations, 1995, 122: 181–200.

[54] Fang J, Wu J. Monotone traveling waves for delayed Lotka-Volterra competition systems. Discrete and Continuous Dynamical Systems, 2012, 32: 3043–3058.

[55] Fang J, Zhao X Q. Monotone wavefronts of the nonlocal Fisher-KPP equation. Nonlinearity, 2011, 24: 3043–3054.

[56] Gardner R. Existence and stability of traveling wave solutions of competition models: A degree theoretic approach. Journal of Differential Equations, 1982, 44: 343–364.

[57] Gourley S. Nonloal effects in predator-prey systems. Ph.D thesis, University of Bath, 1993.

[58] Gourley S. Traveling front solutions of a nonlocal Fisher equation. Journal of Mathematical Biology, 2000, 41: 272–284.

[59] Guo S. Stability and bifurcation in a reaction-diffusion model with nonlocal delay effect. Journal of Differential Equations, 2015, 259: 1409–1448.

[60] Gourley S, Chaplain M A J, Davidson F A. Spatio-temporal pattern formation in a nonlocal reaction-diffusion equation. Dynamical Systems, 2001, 16: 173–192.

[61] Gourley S, Britton N F. Instability of traveling wave solutions of a population model with nonlocal effects. IMA Journal of Applied Mathematics, 1993, 51: 299–310.

[62] Gourley S, Britton N F. A predator-prey reaction-diffusion system with nonlocal effects. Journal of Mathematical Biology, 1996, 34: 297–333.

[63] Gopalsamy K, Ladas G. On the oscillation and asymptotic behavior of $\dot{N}(t) = N(t)[a+bN(t-\tau)-cN^2(t-\tau)]$. Quarterly of Applied Mathematics, 1990, 48: 433–440.

[64] Guo J S, Liang X. The minimal speed of traveling fronts for the Lotka-Volterra competition system. Journal of Dynamics and Differential Equations, 2011, 23: 353–363.

[65] Gierer A, Meinhardt H. A theory of biological pattern formation. Kybernetik, 1972, 12: 30–39.

[66] Guo S, Ma L. Stability and bifurcation in a delayed reaction-diffusion equation with Dirichlet boundary condition. Journal of Nonlinear Science, 2016, 26: 545–580.

[67] Perthame B, Genieys S. Concentration in the nonlocal Fisher equation: The Hamilton-Jacobi limit. Mathematical Modelling of Natural Phenomena, 2007, 2: 135–151.

[68] Gourley S, Ruan S. Convergence and traveling fronts in functional differential equations with nonlocal terms: A competition model. Siam Journal on Mathematical Analysis, 2003, 35: 806–822.

[69] Gilbarg G, Trudinger N S. Elliptic Partial Differential Equations of Second Order. Berlin: Springer-Verlag, 2001.

[70] Gomez A, Trofimchuk S. Monotone traveling wavefronts of the KPP-Fisher delayed equation. Journal of Differential Equations, 2011, 250: 1767–1787.

[71] Genieys S, Volpert V, Auger P. Pattern and waves for a model in population dynamics with nonlocal consumption of resources. Mathematical Modelling of Natural Phenomena, 2006, 1: 65–82.

[72] Guo J S, Wu C H. Recent developments on wave propagation in 2-species competition systems. Discrete and Continuous Dynamical Systems, Series B, 2012, 17: 2713–2724.

[73] Gan Q, Xu R, Zhang X, Yang P. Travelling waves of a three-species Lotka-Volterra food-chain model with spatial diffusion and time delays. Nonlinear Analysis: Real World Applications, 2010, 11: 2817–2832.

[74] Guo S, Yan S. Hopf bifurcation in a diffusive Lotka-Volterra type system with nonlocal delay effect. Journal of Differential Equations, 2016, 260: 781–817.

[75] Guo S, Zimmer J. Stability of travelling wavefronts in discrete reaction-diffusion equations with nonlocal delay effects. Nonlinearity, 2015, 28: 463–492.

[76] Hosono Y. Singular perturbation analysis of traveling waves for diffusive Lotka-Volterra competitive models. Numerical & Applied Mathemections, Part II, Baltzer, Basel, 1988: 687-692.

[77] Hosono Y. The minimal spead of traveling fronts for a diffusive Lotka-Volterra competition model. Bulletin of Mathematical Biology, 1998, 66: 435–448.

[78] Huang W. Global dynamics for a reaction-diffusion equation with time delay. Journal of Differential Equations, 1998, 143: 293–326.

[79] Huang W. Problem on minimum wave speed for a Lotka-Volterra reaction-diffusion competition model. Journal of Dynamics and Differential Equations, 2010, 22: 285–297.

[80] Hsu C H, Lin J J, Yang T H. Travelling wave solutions for Kolmogorov-type delayed lattice reaction-diffusion systems. IMA Journal of Applied Mathematics, 2015, 80: 1336–1367.

[81] Huang W, Han M. Non-linear determinacy of minimum wave speed for a Lotka-Volterra competition model. Journal of Differential Equations, 2011, 251: 1549–1561.

[82] Haragus M, Iooss G. Local Bifurcations, Center Manifolds, and Normal Forms in Infinite Dimensional Dynamical Systems. London: Springer-Verlag London Ltd, 2011.

[83] Huang J, Lu G, Ruan S. Traveling wave solutions in delayed lattice differential equations with partial monotonicity. Nonlinear Analysis: Theory, Methods & Applications, 2005, 60: 1331–1350.

[84] Hamel F, Ryzhik L. On the nonlocal Fisher-KPP equation: Steady states, spreading speed and global bounds. Nonlinearity, 2014, 27: 2735–2753.

[85] Han B S, Yang Y, Bo W J, Tang H. Global dynamics of a Lotka-Volterra competition diffusion system with nonlocal effects. International Journal of Bifurcation and Chaos in Applied Sciences and Engineering, 2020, 30: 2050066, 19 pp.

[86] Han B S, Wang Z C. Traveling wave solutions in a nonlocal reaction-diffusion population model. Communications on Pure and Applied Analysis, 2016, 15: 1057–1076.

[87] Han B S, Wang Z C. Turing patterns of a Lotka-Volterra competitive system with nonlocal delay. International Journal of Bifurcation and Chaos in Applied Sciences and Engineering, 2018, 28: 1830021, 25 pp.

[88] Han B S, Wang Z C, Feng Z. Traveling waves for the nonlocal diffusive single species model with Allee effect. Journal of Mathematical Analysis and Applications, 2016, 443: 243–264.

[89] Han B S, Yang Y, Bo W J, Tang H L. Global dynamics of a Lotka-Volterra competition diffusion system with nonlocal effects, International Journal of Bifurcation and Chaos in Applied Sciences and Engineering, 2020, 30: 2050066, 19 pp.

[90] Hsu C H, Yang T H. Traveling plane wave solutions of delayed lattice differential systems in competitive Lotka-Volterra type. Discrete and Continuous Dynamical Systems, Series B, 2010, 14: 111–128.

[91] Han B S, Yang Y. On a predator-prey reaction-diffusion model with nonlocal effects. Communications in Nonlinear Science and Numerical Simulation, 2017, 46: 49–61.

[92] Han B S, Yang Y. An integro-PDE model with variable motility. Nonlinear Analysis: Real World Applications, 2019, 45: 186–199.

[93] Huang J, Zou X. Travelling wave solutions in delayed reaction diffusion systems with partial monotonicity. Acta Mathematicae Applicatae Sinica, English Series, 2006, 22: 243–256.

[94] Huang J, Zou X. Traveling wavefronts in diffusive and cooperative Lotka-Volterra system with delays. Journal of Mathematical Analysis and Applications, 2002, 271: 455–466.

[95] Huang J, Zou X. Existence of traveling wavefronts of delayed reaction-diffusion systems without monotonicity. Discrete and Continuous Dynamical Systems, Series A, 2003, 9: 925–936.

[96] Kan-on Y. Parameter dependence of propagation speed of traveling waves for competition-diffusion equations. SIAM Journal on Mathematical Analysis, 1995, 26: 340–363.

[97] Kan-on Y. Existence of standing waves for competition-diffusion equations. Japan Journal of Industrial and Applied Mathematics, 1996, 13: 117–133.

[98] Kan-on Y. Fisher wave fronts for the Lotka-Volterra competition model with diffusion. Nonlinear Analysis: Theory, Methods & Applications, 1997, 28: 145–164.

[99] Kan-on Y. Instability of stationary solutions for a Lotka-Volterra competition model with diffusion. Journal of Mathematical Analysis and Applications, 1997, 208: 158–170.

[100] Kan-on Y, Fang Q. Stability of monotone travelling waves for competition-diffusion equations. Japan Journal of Industrial and Applied Mathematics, 1996, 13: 343–349.

[101] Kolmogorov A N, Petrovsky I G, Piskunov N S. A study of the equation of diffusion with increase in the quantity of matter, and its application to a biological problem. Byul. Mosk. Gos. Univ. Ser. A: Mat. Mekh., 1937, 1: 1–25.

[102] Lotka A J. Elements of Physical Biology. New York: Wilhams and Wilkins, 1925.

[103] Lam K Y. Stability of Dirac concentrations in an integro-PDE model for evolution of dispersal. Calculus of Variations and Partial Differential Equations, 2017, 56: 32 pp.

[104] Lin G. Minimal wave speed of competitive diffusive systems with time delays. Applied Mathematics Letters, 2018, 76: 164–169.

[105] Lin G, Li W T. Traveling wavefronts in temporally discrete reaction-diffusion equations with delay. Nonlinear Analysis: Real World Applications, 2008, 9: 197–205.

[106] Lin G, Li W T. Bistable wavefronts in a diffusive and competitive Lotka-Volterra type system with nonlocal delays. Journal of Differential Equations, 2008, 244: 487–513.

[107] Lewis M, Li B, Weinberger H. Spreading speed and linear determinacy for two-species competition models. Journal of Mathematical Biology, 2002, 43: 219–233.

[108] Li B, Zhang L. Travelling wave solutions in delayed cooperative systems. Nonlinearity, 2011, 24: 1759–1776.

[109] Li K, Li X. Travelling wave solutions in diffusive and competition-cooperation systems with delays. IMA Journal of Applied Mathematics, 2009, 74: 604–621.

[110] Li K, Li X. Traveling wave solutions in a delayed diffusive competition system. Nonlinear Analysis: Theory, Methods & Applications, 2012, 75: 3705–3722.

[111] Li K, Li X. Traveling wave solutions in nonlocal delayed reaction-diffusion systems with partial quasimonotonicity. Mathematical Models and Methods in Applied Sciences, 2018, 41: 5989–6016.

[112] Lin G, Li W T. Asymptotic spreading of competition diffusion systems: The role of interspecific competitions. European Journal of Applied Mathematics, 2012, 23: 669–689.

[113] Lin G, Li W T. Travelling wavefronts of Belousov-Zhabotinskii system with diffusion and delay. Applied Mathematics Letters, 2009, 22: 341–346.

[114] Lam K Y, Lou Y. An integro-PDE model for evolution of random dispersal. Journal of Functional Analysis, 2017, 272: 1755–1790.

[115] Lin G, Li W T. Bistable wavefronts in a diffusive and competitive Lotka-Volterra type system with nonlocal delays. Journal of Differential Equations, 2008, 244: 487–513.

[116] Lin G, Li W T. Traveling waves in delayed lattice dynamical systems with competition interactions. Nonlinear Anal: Real World Appl, 2010, 11: 3666–3679.

[117] Lin G, Li W T, Ma M. Traveling wave solutions in delayed reaction diffusion systems with applications to multi-species models. Discrete and Continuous Dynamical Systems, Series B, 2010, 13: 393–414.

[118] Lin G, Li W T, Ruan S. Monostable wavefronts in cooperative Lotka-Volterra systems with nonlocal delays. Discrete and Continuous Dynamical Systems, 2011, 31: 1–23.

[119] Li W T, Lin G, Ruan S. Existence of travelling wave solutions in delayed reaction-diffusion systems with applications to diffusion-competition systems. Nonlinearity, 2006, 19: 1253–1273.

[120] Lin G, Ruan S. Traveling wave solutions for delayed reaction-diffusion systems and applications to diffusive Lotka-Volterra competition models with distributed delays. Journal of Dynamics and Differential Equations, 2014, 26: 583–605.

[121] Li W T, Ruan S, Wang Z C. On the diffusive Nicholson's blowflies equation with nonlocal delay. Journal of Nonlinear Science, 2007, 17: 505–525.

[122] Lan K, Wu J. Traveling wavefronts of scalar reaction-diffusion equations with and without delays. Nonlinear Analysis: Real World Applications, 2003, 4: 173–188.

[123] Li W T, Wang Z C. Traveling fronts in diffusive and cooperative Lotka-Volterra system with nonlocal delays. Zeitschrift Fur Angewandte Mathematik Und Physik, 2007, 58: 571–591.

[124] Liang D, Wu J. Travelling waves and numerical approximations in a reaction advection diffusion equation with nonlocal delayed effects. Journal of Nonlinear Science, 2003, 13: 289–310.

[125] Lv G, Wang M. Traveling wave front in diffusive and competitive Lotka-Volterra systems, Nonlinear Analysis: Real World Applications, 2010, 11: 1323–1329.

[126] Li W T, Wang Z C, Wu J. Entire solutions in monostable reaction-diffusion equations with delayed nonlinearity. Journal of Differential Equations, 2008, 245: 102–129.

[127] Li L, Jin Z. Pattern dynamics of a spatial predator-prey model with noise. Nonlinear Dynamics, 2012, 67: 1737–1744.

[128] Ma S. Traveling wavefronts for delayed reaction-diffusion systems via a fixed point theorem. Journal of Differential Equations, 2001, 171: 294–314.

[129] Murray J D. Mathematical Biology: Spatial Models and Biomedical Applications. New York: Springer, 2003.

[130] Ma L, Guo S. Stability and bifurcation in a diffusive Lotka-Volterra system with delay. Computers & Mathematics with Applications, 2016, 72: 147–177.

[131] Murray J D. Lectures on Nonlinear Differential Equations. Oxford: Clarendon Press, 1977.

[132] Murray J D. On travelling wave solutions in a model for Belousov-Zhabotinskii reaction. Journal of Theoretical Biology, 1976, 56: 329–353.

[133] Marion M, Temam R. Nonlinear Galerkin methods. SIAM Journal on Numerical Analysis, 1989, 26: 1139–1157.

[134] Ma S, Zou X. Existence, uniqueness and stability of travelling waves in a discrete reaction-diffusion monostable equation with delay. Journal of Differential Equations, 2005, 217: 54–87.

[135] Meng Y L, Zhang W G, Yu Z X. Stability of traveling wave fronts for delayed Belousov-Zhabotinskii models with spatial diffusion. Applicable Analysis, 2020, 99: 922–941.

[136] Nadin G, Perthame B, Rossi L, Ryzhik L. Wave-like solutions for nonlocal reaction-diffusion equations: A toy model. Mathematical Modelling of Natural Phenomena, 2013, 8: 33–41.

[137] Nadin G, Perthame B, Tang M. Can a traveling wave connect two unstable states? The case of the nonlocal Fisher equation. Comptes Rendus Mathématique, 2011, 349: 553–557.

[138] Niu H T, Wang Z C, Bu Z H. Curved fronts in the Belousov-Zhabotinskii reaction-diffusion systems in R^2. Journal of Differential Equations, 2018, 264: 5758–5801.

[139] Niu H T, Wang Z C, Bu Z H. Global stability of curved fronts in the Belousov-Zhabotinskii reaction-diffusion system in R^2. Nonlinear Analysis: Real World Applications, 2019, 46: 493–524.

[140] Okubo A, Maini P K, Williamson M H, Murray J D. On the spatial spread of the grey squirrel in Britain. Proceedings of the Royal Society of London, Series B, 1989, 238: 113-125.

[141] 欧阳颀. 反应扩散系统中的斑图动力学. 上海: 上海科技教育出版社, 2000.

[142] Ou C, Wu J. Traveling wavefronts in a delayed food-limited population model. SIAM Journal on Mathematical Analysis, 2007, 39: 103–125.

[143] Owolabi K M, Hammouch Z. Spatiotemporal patterns in the Belousov-Zhabotinskii reaction systems with Atangana-Baleanu fractional order derivative. Physica A: Statistical Mechanics and its Applications, 2019, 523: 1072–1090.

[144] Pan S. Asymptotic behavior of travelling fronts of the delayed Fisher equation. Nonlinear Analysis: Real World Applications, 2009, 10: 1173–1182.

[145] Pan S. Traveling wave solutions in delayed diffusion systems via a cross iteration scheme. Nonlinear Analysis: Real World Applications, 2009, 10: 2807–2818.

[146] Perthame B, Souganidis P E. Rare mutations limit of a steady state dispersion trait model. arXiv:1505.03420v1, 2015.

[147] Phillips B L, Brown G P, Webb J K, Shine R. Invasion and the evolution of speed in toads. Nature, 2006, 439: 803.

[148] Perthame B, Génieys S. Concentration in the nonlocal Fisher equation: The Hamilton-Jacobi limit. Mathematical Modelling of Natural Phenomena, 2007, 2: 135–151.

[149] Pan S, Liu J. Minimal wave speed of traveling wavefronts in delayed Belousov-Zhabotinskii model. Electronic Journal of Qualitative Theory of Differential Equations, 2012, 90: 1–12.

[150] Ruan S. Turing instability and travelling waves in diffusive plankton models with delayed nutrient recycling. IMA Journal of Applied Mathematics, 1998, 61: 15–32.

[151] Ruan S. Delay differential equations in single species dynamics // Arino O, Hbid M, Ait Dads E, eds. Delay Differential Equations with Applications. Dordrecht: Springer, 2006: 477–517.

[152] Ruan S, Wu J. Reaction-diffusion equations with infinite delay. Canadian Applied Mathematics Quarterly, 1994, 2: 485–550.

[153] Peng R, Yi F, Zhao X Q. Spatiotemporal patterns in a reaction-diffusion model with the Degn-Harrison reaction scheme. Journal of Differential Equations, 2013, 254: 2465–2498.

[154] Ruan S, Zhao X Q. Persistence and extinction in two species reaction-diffusion systems with delays. Journal of Differential Equations, 1999, 156: 71–92.

[155] Sattinger D H. On the stability of waves of nonlinear parabolic systems. Advances in Mathematics, 1976, 22: 312–355.

[156] Schaaf K. Asymptotic behavior and traveling wave solutions for parabolic functional differential equations. Transactions of the American Mathematical Society, 1987, 302: 587–615.

[157] Sigmund K. The population dynamics of conflict and cooperation. Doc. Math. J. DMV Extra Vol. ICM I, 1998: 487–506.

[158] Smith H. Monotone dynamical systems: An introduction to the theory of competitive and cooperative systems. Mathematical Surveys and Monographs, 41. Providence, RI: American Mathematical Society, 1995.

[159] Shi Q, Peng C. Wellposedness for semirelativistic Schrödinger equation with power-type nonlinearity. Nonlinear Analysis, 2019, 178: 133-144.

[160] Song Y, Peng Y, Han M. Traveling wavefronts in the diffusive single species model with Allee effect and distributed delay. Applied Mathematics and Computation, 2004, 152: 483–497.

[161] Su Y, Wei J, Shi J. Hopf bifurcations in a reaction-diffusion population model with delay effect. Journal of Differential Equations, 2009, 247: 1156–1184.

[162] Shi Q, Wang S. Klein-Gordon-Zakharov system in energy space: Blow-up profile and subsonic limit. Mathematical Models and Methods in Applied Sciences, 2019, 42: 3211–3221.

[163] Smith H, Zhao X Q. Global asymptotic stability of traveling waves in delayed reaction-diffusion equations. SIAM Journal on Mathematical Analysis, 2000, 31: 514–534.

[164] Song Y, Zhang T, Peng Y. Turing-Hopf bifurcation in the reaction-diffusion equations and its applications. Communications in Nonlinear Science and Numerical Simulation, 2016, 33: 229–258.

[165] Turing A M. The chemical basis of morphogenesis. Philosophical Transactions of the Royal Society of London, Series B, 1952, 237: 37–72.

[166] Troy W C. The existence of travelling wavefront solutions of a model of the Belousov-Zhabotinskii reaction. Journal of Differential Equations, 1980, 36: 89–98.

[167] Temam R. Infinite-Dimensional Dynamical Systems in Mechanics and Physics. New York: Springer-Verlag, 1977.

[168] Tang M, Fife P. Propagating fronts for competing species equations with diffusion. Archive for Rational Mechanics and Analysis, 1980, 73: 69–77.

[169] Trofimchuk E, Pinto M, Trofimchuk S. On the minimal speed of front propagation in a model of the Belousov-Zhabotinsky reaction. Discrete and Continuous Dynamical Systems, Series B, 2014, 19: 1769–1781.

[170] Trofimchuk E, Pinto M, Trofimchuk S. Traveling waves for a model of the Belousov-Zhabotinsky reaction. Journal of Differential Equations, 2013, 254: 3690–3714.

[171] Thieme H R, Zhao X Q. Asymptotic speeds of spread and traveling waves for integral equations and delayed reaction-diffusion models. Journal of Differential Equations, 2003, 195: 430–470.

[172] Tian Y, Zhao X Q. Bistable traveling waves for a competitive-cooperative system with nonlocal delays. Journal of Differential Equations, 2018, 264: 5263–5299.

[173] Volterra V. Variazione fluttuazioni del numero d'individui in specie animali conviventi. Memoria della Reale Accademia Nazionale dei Lincei, 1926, 2: 31–113.

[174] van Vuuren J H. The existence of travelling plane waves in a general class of competition-diffusion systems. IMA Journal of Applied Mathematics, 1995, 55: 135–148.

[175] Volpert A, Volpert V, Volpert V. Traveling Wave Solutions of Parabolic Systems, Translated from the Russian manuscript by Heyda J F. Translations of Mathematical Monographs, 140. Providence, RI: American Mathematical Society, 1994.

[176] Weinberger H. Long-time behavior of a class of biological model. SIAM Journal on Mathematical Analysis, 1982, 13: 353–396.

[177] Wu J. Theory and Applications of Partial Functional Differential Equations. New York: Springer-Verlag, 1996.

[178] Wang Y. General properties of discrete competitive dynamic systems and the convergence of solutions for reaction-diffusion equations. Ph.D thesis, University of Science and Technology of China, 2002.

[179] Weiss S, Deegan R D. Weakly and strongly coupled Belousov-Zhabotinsky patterns. Physical Review E, 2017, 95: 022215, 11 pp.

[180] Weinberger H, Lewis M, Li B. Analysis of linear determinacy for spread in cooperative models. Journal of Mathematical Biology, 2002, 45: 183–218.

[181] Wang Z C, Li W T. Monotone travelling fronts of a food-limited population model with nonlocal delay. Nonlinear Analysis: Real World Applications, 2007, 8: 699–712.

[182] Wang Z C, Li W T. Traveling fronts in diffusive and cooperative Lotka-Volterra system with nonlocal delays. Zeitschrift für angewandte Mathematik und Physik, 2007, 58: 571–591.

[183] Wang M, Lv G. Entire solutions of a diffusive and competitive Lotka-Volterra type system with nonlocal delays. Nonlinearity, 2010, 23: 1609–1630.

[184] Wang Z C, Li W T, Ruan S. Traveling wave fronts in reaction–diffusion systems with spatio-temporal delays. Journal of Differential Equations, 2006, 222: 185–232.

[185] Wang Z C, Li W T, Ruan S. Existence and stability of traveling wave fronts in reaction advection diffusion equations with nonlocal delay. Journal of Differential Equations, 2007, 238: 153–200.

[186] Wang Z C, Li W T, Ruan S. Traveling fronts in monostable equations with nonlocal delayed effects. Journal of Dynamics and Differential Equations, 2008, 20: 573–607.

[187] Wang Z C, Li W T, Ruan S. Entire solutions in bistable reaction-diffusion equations with nonlocal delayed nonlinearity. Transactions of the American Mathematical Society, 2009, 361: 2047–2084.

[188] Wu S L, Niu T C, Hsu C H. Global asymptotic stability of pushed traveling fronts for monostable delayed reaction-diffusion equations. Discrete and Continuous Dynamical Systems, 2017, 37: 3467–3486.

[189] Wang Z C, Wu J, Liu R. Traveling waves of the spread of avian influenza. Proceedings of the American Mathematical Society, 2012, 140: 3931–3946.

[190] Wu J, Zou X. Asymptotic and periodic boundary value problems of mixed FDEs and wave solutions of lattice functional differential equations. Journal of Differential Equations, 1997, 135: 315–357.

[191] Wu J, Zou X. Traveling wave fronts of reaction-diffusion systems with delay. Journal of Dynamics and Differential Equations, 2001, 13: 651–687.

[192] Wang Q R, Zhou K. Traveling wave solutions in delayed reaction-diffusion systems with mixed monotonicity. Journal of Computational and Applied Mathematics, 2010, 233: 2549–2562.

[193] Xu J, Yang G X, Xi H, Su J. Pattern dynamics of a predator-prey reaction-diffusion model with spatiotemporal delay. Nonlinear Dynamics, 2015, 81: 2155–2163.

[194] Yoshida K. The Hopf bifurcation and its stability for semilinear diffusion equations with time delay arising in ecology. Hiroshima Mathematical Journal, 1982, 12: 321–348.

[195] Yan X P, Chen J Y, Zhang C H. Dynamics analysis of a chemical reaction-diffusion model subject to Degn-Harrison reaction scheme. Nonlinear Analysis: Real World Applications, 2019, 48: 161–181.

[196] Yan X P, Li W T. Stability of bifurcating periodic solutions in a delayed reaction-diffusion population model. Nonlinearity, 2010, 23: 1413–1431.

[197] Yan X P, Li W T. Stability and Hopf bifurcations for a delayed diffusion system in population dynamics. Discrete and Continuous Dynamical Systems, Series B, 2012, 17: 367–399.

[198] 叶其孝, 李正元, 王明新, 吴雅萍. 反应扩散方程引论. 2 版. 北京: 科学出版社, 2011.

[199] Yi F, Liu J, Wei J. Spatiotemporal pattern formation and multiple bifurcations in a diffusive bimolecular model. Nonlinear Analysis: Real World Applications, 2010, 11: 3770–3781.

[200] Yi F, Wei J, Shi J. Bifurcation and spatiotemporal patterns in a homogeneous diffusive predator-prey system. Journal of Differential Equations, 2009, 246: 1944–1977.

[201] Yang X, Wang Y. Travelling wave and global attractivity in a competition-diffusion system with nonlocal delays. Computers & Mathematics with Applications, 2010, 59: 3338–3350.

[202] Yang G X, Xu J. Analysis of spatiotemporal patterns in a single species reaction-diffusion model with spatiotemporal delay. Nonlinear Analysis: Real World Applications, 2015, 22: 54–65.

[203] Yu Z X, Yuan R. Travelling wave solutions in non-local convolution diffusive competitive-cooperative systems. IMA Journal of Applied Mathematics, 2011, 76: 493–513.

[204] Yu Z X, Yuan R. Traveling waves of delayed reaction-diffusion systems with applications. Nonlinear Analysis: Real World Applications, 2011, 12: 2475–2488.

[205] Yao L H, Yu Z X, Yuan R. Spreading speed and traveling waves for a nonmonotone reaction-diffusion model with distributed delay and nonlocal effect. Applied Mathematical Modelling, 2011, 35: 2916–2929.

[206] Kapel A Y. Existence of travelling-wave type solutions for the Belousov-Zhabotinskii system of equations. Sibirskii Matematicheskii Zhurnal, 1991, 32: 47–59.

[207] Yan S, Guo S. Bifurcation phenomena in a Lotka-Volterra model with cross-diffusion and delay effect. International Journal of Bifurcation and Chaos in Applied Sciences and Engineering, 2017, 27: 1750105, 24 pp.

[208] Yan X P, Zhang C H. Direction of Hopf bifurcation in a delayed Lotka-Volterra competition diffusion system. Nonlinear Analysis: Real World Applications, 2009, 10: 2758–2773.

[209] Zhao X Q. Spatial dynamics of some evolution system in biology // Recent Progress on Reaction-Diffusion Systems and Viscosity Solutions. Singapore: World Scientific Publishing Co. Pvt. Ltd., 2009: 332–363.

[210] Zou X. Delay induced traveling wave fronts in reaction diffusion equations of KPP-Fisher type. Journal of Computational and Applied Mathematics, 2002, 146: 309–321.

[211] Zhang G B. Asymptotics and uniqueness of traveling wavefronts for a delayed model of the Belousov-Zhabotinsky reaction. Applicable Analysis, 2020, 99: 1639–1660.

[212] Zuo W, Song Y. Stability and bifurcation analysis of a reaction-diffusion equation with spatio-temporal delay. Journal of Mathematical Analysis and Applications, 2015, 430: 243–261.

[213] Zou X, Wu J. Existence of traveling wave fronts in delayed reaction-diffusion systems via the monotone iteration method. Proceedings of the American Mathematical Society, 1997, 125: 2589–2598.

[214] Zou X, Wu J. Local existence and stability of periodic traveling waves of lattice functional-differential equations. The Canadian Applied Mathematics Quarterly, 1998, 6: 397–418.

[215] Zaikin A N, Zhabotinskii A M. Concentration wave propagation in two-dimensional liquid-phase self oscillating system. Nature, 1970, 225: 535–537.